U0237923

人类学家及其理论生成

黄剑波 著

华东师范大学出版社
·上海·

图书在版编目（CIP）数据

人类学家及其理论生成 / 黄剑波著. —上海：华东师范大学出版社，2021

ISBN 978-7-5760-1023-7

Ⅰ.①人… Ⅱ.①黄… Ⅲ.①人类学—研究 Ⅳ.①Q98

中国版本图书馆 CIP 数据核字(2021)第 016812 号

人类学家及其理论生成

著　　者　黄剑波
责任编辑　顾晓清
审读编辑　赵万芬
责任校对　李琳琳
装帧设计　刘怡霖

出版发行　华东师范大学出版社
社　　址　上海市中山北路 3663 号　邮编 200062
网　　址　www.ecnupress.com.cn
客服电话　021-62865537
网　　店　http://hdsdcbs.tmall.com/

印 刷 者　上海盛隆印务有限公司
开　　本　787×1092　16 开
印　　张　20.25
字　　数　251 千字
版　　次　2021 年 2 月第 1 版
印　　次　2021 年 2 月第 1 次
书　　号　ISBN 978-7-5760-1023-7
定　　价　79.80 元

出 版 人　王　焰

目　录

上编　人类学理论史的写法

中编　人类学理论简史

上编

人类学理论史的写法

第一章 人类学理论史的写法

作为一门非常关注文化差异的学科，人类学对于自身的历史变化也有着很强的自我意识。哈登早在1910年就在探讨“人类学史”的问题；其后关于学科史，特别是学科发展史的著作也不少见，并且其中多有大家之作。就中国人类学的语境来说，在专门的理论史教科书方面，20世纪90年代最常用的教科书当数黄淑娉和龚佩华的《文化人类学理论方法研究》以及夏建中的《文化人类学理论流派》，更为深入的讨论则有王铭铭的一系列学科理论评述。另外，庄孔韶主编的《人类学通论》和《人类学概论》中都有关于人类学理论发展史的概要介绍，事实上几乎所有的人类学教科书都会专辟章节来介绍人类学的理论和方法。

在从外文翻译过来的教材中，托卡列夫的《外国民族学史》曾经是一本重要的参考著作，最近比较重要的有华夏出版社“西方人类学新教材译丛”推出的莱顿的《他者的眼光：人类学理论入门》和巴纳德的《人类学历史与理论》，两本书分别出版于2005年和2006年。莱顿和巴纳德都受训于英国社会人类学传统，对于人类学的理论渊源及历史过程有着非常精到的理解，而且他们的表述也相当简练明晰。无疑，这是两本非常优秀的理论史教材。美国人类学家穆尔的《人类学家的文化见解》于2009年由商务印书馆翻译出版，对学科史上的一些重要人类学家及其理论做出了很精炼的素描。与这些教材相比，美国人类学家亚当斯的《人类学的哲学之根》(2006)算不上严格意义上的教科书，而在哲学思辨上更为厚重，其理论概括也更为浓缩。再次需要提到的是，这些年来翻译出版的数十部导论、概论类的人类学教科书均有专门的人类学理论方法方面的介绍，值得提到的有埃里克森的《小地方，大论题——社会文化人类学导论》(2008)、科塔克的《简明文化人类学——人类之镜》(2011)、皮科克的《人类学透镜》(2009)、拉斯特的《人类学的邀请》(2008)、哈维兰的《文化人类学》(2006)等。

那么，是否还有必要为“人类学理论史”费神呢？

第1节　人类学（理论）史的写法

或许是受进步史观的影响，对于人类学学科史及理论史的叙述最为常见的是一种发展史。这种叙述通常会以历史时间为线索来试图整理出其发展的路线图，其中还时常隐含了后面的要优于前面的这种乐观倾向；尽管吊诡的是我们总试图从过去寻找思想的源头和支持。这种路径的代表性叙述当属哈里斯的《人类学理论的兴起》，其文化进步史观在"兴起"一词中就已明确地表达出来了。

在历史叙述中，时间当然是一个天然而且离不开的线索，但是发展史的进路容易使得历史过于简单化，过于线性，过于清晰，而掩盖了历史纷繁复杂的现实。发展史的叙事还可能存在的问题在于，它隐含着一种历史必然性，或者说有一些历史决定论的味道，而忘记了历史过程的偶然性。

以时间为刻度或线索的叙述甚至还可能被处理为简单的编年史，其中以一些标志性的人物，或者事件，例如某一重要著作的出版等来加以标记。然而这不是说否定了那种人物-理论式的历史描述，事实上，这方面的优秀著作亦不少见。其中，库伯的《人类学与人类学家》（1983）是对英国人类学理论史的精彩概括，但其讨论范围仅仅限于现代英国社会人类学。与哈里斯的《人类学理论的兴起》中过于明显的个人倾向相反，穆尔的《人类学家的文化见解》的立场显得更为持平，他选取了人类学历史上他认为比较重要的学者，从早期的泰勒、摩尔根，到近期的费尔南德斯、沃尔夫，为读者呈现了24幅"人物素描"。

与这种类似于个人英雄史的叙述相近的一种框架是按照所谓学派来进行

梳理，这种框架通常也同时是线性进步式的发展史。我们前面提到的 20 世纪 90 年代国内最常用的两本中文写作的理论史教科书总体来说属于这个类型。这种表述的好处在于容易掌握学派的理论要义，但和人物-理论的叙述一样都难以找到理论发展的整体脉络。

与此不同的则是将人类学的理论加以高度概括，其标准或者是某些理论的共同特征，或者是学科发展的某个时期的整体特征。奥特纳在 1984 年曾写过一篇广为流传的理论综述文章《六十年代以来的人类学理论》，将 20 世纪 60 年代的人类学理论高度概括为“自然”、“结构”、“符号”三个关键词，然后以“实践”为关键词讨论其后的相应发展。莱顿的《他者的眼光：人类学理论入门》也是如此，主要关注现代人类学仍然存在的几个理论范式，分别讨论了功能主义、结构主义、互动理论、马克思主义、社会生态学和后现代主义。拉波特和奥弗林的《社会文化人类学的关键概念》则更是从深描、暴力、家庭、权力等具体概念切入，分别进行论述。这些思想史或观念史角度的叙述都试图从学科之“上”来加以概括，虽说较为凝练，具体脉络却难于厘清，而且在历时变化这个方面也疏于关注。

有鉴于此，我也曾试图换一个角度，兼顾已有的分解与归纳的办法，即将人类学理论进程划分为六个主要阶段或角度加以介绍，分别为：进化论（1890 年代以前），传播与社会、文化（1890—1950 年代），功能论（1920—1950 年代），自然、结构与符号（1950—1960 年代），结构马克思主义与实践理论（1970—1980 年代）以及后现代主义与人类学的重构（1980 年代以来）。这样的表述一方面希望能让读者对重要的理论和代表人物有一个比较详细的认识，另一方面也容易让读者对人类学理论的发展进程及其理论脉络有一个整体上的把握。

关于人类学的学科史，巴纳德简练地概括了五种进路或视角：（1）事件或新理念的顺序；（2）时间框架延续；（3）思想体系，随时间而变化；（4）一组平行的国家传统；（5）议程跳转（agenda hopping）的过程。我们前面所提及的历史叙述大概属于前三种类型中的一种，或者兼有两种以上的特征。其中提到的第四种进路得到了越来越多人的关注，包括巴特等人所写的《人类学的四大传统——英国、德国、法国和美国的人类学》。亚当斯的《人类学的哲学之根》也在很大程度上试图处理这个问题，他明确提出他的研究目标之一就是要揭示美国人类学与其他国家的人类学的巨大差异，指出英国、德国、法国的人类学与美国的人类学是源自不同之根的不同之树，至少在20世纪里从来就没有什么同一的人类学，只有不同国家的传统，而且每个传统都有其独特的历史渊源和意识形态根源。总体来看，这种写法是思想史的进路，于学科之上来审视自己，同时也有社会史的角度，试图从具体的国家、社会、历史的处境中来理解人类学。

巴纳德提到，他所概括的五种进路都各具特色，而且其实一般来说也兼具了两种甚至更多的进路。他也坦承自己的立场大概属于第四和第五两种进路，他说："本书主要是围绕从历时到共时再到互动研究的历时转变，以及从对社会的强调到对文化的强调的历时转变来组织的。"①

---

① ［英］阿兰·巴纳德：《人类学历史与理论》，王建民等译，北京：华夏出版社，2006年，第15页。

第 2 节　人类学理论史的立体撰写

首先，前面提到，由于多数研究者限于某个单一理论内思考，或者仅仅在学科理论内思考，而基本上对其理论脉络或思想过程不甚了解，不能从一个更高或更广阔的视野来审视，因此缺乏对于人类学理论本身的反思能力，当然也就更难谈得上发展和创新。其次，目前对人类学理论的认识和介绍多以学派或个人为线索，或者是一种简单的编年史的线索，而缺乏对其内在演变机制，以及外在的社会过程和大的思想背景的关联。

我的期待是能突破这种限制，试图从思想史的高度来纵向把握人类学理论史的变迁过程，从社会史的宽度来横向把握人类学及人类学理论与其所处社会及社会运动的互动关系。在这个纵横坐标和骨架的基础上，再从个人生活史的深度来展开对个人生活经验及思考的探讨，从而使一个一般来说比较枯燥的理论史变得有血有肉。

在思想史方面，亚当斯的《人类学的哲学之根》试图梳理美国人类学主要的哲学根源，相当关注思想的传承。亚当斯的尝试可以给我们一点启发。即使我们不一定像他那样从哲学的角度来考量人类学的理论发展轨迹，但他至少提供了一种探讨的新角度和新方法，让我们不再限于就理论谈理论，或只在人类学理论之内来整理人类学理论，而是找一个更高、或更深、或更广的基点和平台来进行审视。这也许会是人类学理论研究的一番新天地，或许还能带给我们想象不到的惊喜和发现，因为正如爱因斯坦所说，你绝不可能用造成问题的那个同样的思路来解决这个问题。

在社会史方面，在众多相关的著作和论述之外，葛兆光在《思想史的写法》中对于“一般思想”的关注对于我的阅读和思考很有意义，一方面使我的眼光可以在不再局限于人类学的英雄史，另一方面使我更为留意到社会史的层面，或者说对于学者个体及学科整体思考来说，其所处时代和社会强大的形塑力量。

对于个人生活史的强调一方面与我们非常注重对个体的深度访谈的研究方法有关，另一方面则与巴纳德所说的“议程跳转”类似，虽然他主要谈的是社会或学科整体在研究兴趣或关注上的变化，但实际上个人生活何尝不是如此呢？在不同的生活阶段和生活处境下，当然也与其生活经历相关，研究者个体的生活也在其田野研究和理论思考上起着重要的作用，甚至人类学历史上的一些“英雄神话”也是这样得以形成的，最著名的当属马林诺夫斯基对西太平洋岛民的研究以及之后的系列著述。格尔茨在其学术自传式的《追寻事实——两个国家、四个十年、一位人类学家》（2011）中也给我们展现了这样一个绝佳的例证，他对于印尼和北非的长期研究以及相关的众多著作其实也多与他自己的生活经历息息相关。

简言之，关于人类学理论史，我期待看到的是一种包含了思想史、社会史和个人生活史三个维度的立体撰写。这并不是说试图对于同一个历史用三次或三种方法来叙述，如同柯文在《历史三调》中对于义和团的历史叙述那样，而是试图在叙述中同时考虑到这三个维度。然而，就目前看到的包括国内外的理论史概括，除了那些就理论谈理论的简单介绍之外，比较深入的探讨基本上只注重前述三个维度的其中之一，或最多两个，因此还不能达到我们所期待的那种比较立体的呈现。实际上我在这里所呈现出来的也还远远达不到这个期待，但至少是心向往之。

这样进行处理的另一个原因在于我一方面相信“英雄造时势”，同时也承认“时势造英雄”。或者说，这些在人类学理论发展过程中得以留下印迹的学者个体本身一方面无法完全脱离其所处时代和社会的整体思潮或问题关注，同时又需要看到正是由于他们对当时的思想框架的某一点超越而构成了对原有理论的挑战和推进。因此，我们看到的不仅是被社会结构所形塑的人类学家个体，也是人类学家对于其学术共同体及更大的社会结构的冲击和形塑。

更为重要的是，透过思想史、社会史和个人生活史的立体式梳理要处理的一个核心问题是，对处于今天的中国人类学或作为个体的我们来说，这意味着什么？能对我们的思考和研究有何可借鉴之处？或者说，历史上这些人物和理论的生成过程才是我们所真正关注的问题。因此，最后关于中国思想资源的探讨既是我们这里全部阅读的落脚点，也是我们有可能对普遍意义上的人类学有所贡献的出发点。

第3节　说明和定位

在论述框架上，我综合采纳了巴纳德、莱顿以及其他学科理论史家的方案，一方面用历时、共时和互动这三个主要的范式来进行高度概括，同时也尽量顾及一般所论及的学派、人物-理论及时代发展的说法，总之，希望对现代人类学的百年理论史有一个比较清楚的把握。但是，尽管有这样的立意，实际上必须承认的是没有任何的历史事实是可以被规范化地描述出来的。因此，这里有必要先做几个简要的说明，并交代一下本书的基本定位。

首先要说明的是分类或范式的问题。大体上我采用巴纳德的说法，历时范式部分讨论进化论、传播论；共时范式部分讨论社会决定论、历史特殊论、功能论、结构主义、象征研究、阐释论；互动范式部分讨论冲突论和过程论、实践论、后现代主义。但是，无论哪种框架其实都无法完全准确地描述事实，只不过勉强加以归类和概括，以便从整体上掌握。一些理论观点可能既有一部分是历时性的，又有一部分是共时性的，例如文化区域研究。也有一些理论观点同时是共时性的和互动性的，例如功能论和阐释论。而马克思主义则既有互动性的方面，又在一定意义上是历时性的，因为它也试图处理文化或社会的变迁的问题。

其次，我选取了数位熟悉的人类学家作为重点介绍，通过上述“思想史、社会史及个人生命史”三个方面入手，去观看一个人类学家及其理论的“生成过程”。其中一些人物的选择显然有很大的主观性和个人性，例如阿萨德。另外，在一些人类学家理论归类上也有很多可商榷之处，有些是因为他们的理论观点本身是综合性的，难以归类，例如埃文思-普里查德，他既可以说是在英国社会人类学大传统之下，也可以因为其对现象学及阐释学的强调而归入阐释主义的立场。萨林斯这样的情况就更是难以简单归类了，他既有早期的新进化论立场，又有后期逐渐发展的实践论进路，甚至还有文化符号决定论的倾向。

其三，时间的问题。尽管本书试图按照理论之时段来安排，但并不是严格意义上的时间先后。众所周知，一些理论流派的发展和影响跨越了几个不同的时代，并沉积在整个学科的大理论库中。同样，每个时期又有不同的理论模式共存，只能说在某个时期某个或某几个理论模式占据主导地位，尤其是 1990 年代以后的人类学几乎可以说进入了一个垄断性的“主义”缺失的时代。

最后，关于本书的定位。作为一门基础学科，人类学具有很强的理论性。然而我们注意到在很多人类学研究中，其田野研究与理论思考几乎是脱节的，这显然与研究者对于相关理论本身的把握不准确甚至误解有关，更为重要的则是因为对理论应该具有的角色和意义，以及人类学理论的思想渊源和产生过程缺乏认识。在相当多的研究中，理论要么被当成一种摆设甚至被用来炫耀，尤其是借用一些看似玄奥的宏大术语用来吓唬人，要么则是简单套用。事实上，从整体来说，目前国内的人类学研究基本上仍然处于简单借用西方成论的阶段，因此国内的研究很容易流于一种简单的理论套用，常常只是为某一理论提供素材和注脚。

近些年来则出现了另一种有意思的倾向，即简单地拒绝现代人类学已有的知识体系和学科规范，将其斥为西方文化霸权而加以抵制。这种对本土知识的主体性和自觉性的强调当然是有意义的，甚至可以说是必要的，但有些时候则极端化为过度的民族主义甚至民粹主义。在倒掉“洗脚水”的同时，把“孩子”也给扔掉了。

因此，我在这里的目标绝不是所谓重写人类学史，或人类学理论史，更不是企图重新界定人类学，尽管在最后关于中国人类学的思想资源和走向的讨论中会提及一些新的线索和发展。我试图表达的也绝不是“历史就是如此”（the history），而不过是历史叙述的一种（a history）。另外，我所做的也不过是一个简要的梳理（brief history），这不仅体现在涉及范围的有限性，也体现在对众多具体理论介绍的简略性上。可以说，这更像是一个简明的理论史纲。

略言之，我的工作目标可以表述为：梳理作为一门现代学科的人类学之理论渊源及其发展，从其中一些关键人物的生活及著述体察理论的产生过程，从而帮助人类学研习者展开自己的思考和研究。

最后略为交代一下本书的具体章节安排：上编，介绍人类学理论史的写法，除了写法的关注之外，重点处理本书涉及的三个关键词：人类学、理论、历史。中编乃是一个对人类学理论简史的回顾，按照历时、共时与互动三个框架来分别介绍人类学历史上的主要理论发展和论述。下编，则以我们较为熟悉的若干人类学家为个案考察他们及其理论的生成过程。最后则是关于中国思想资源对于人类学的可能意义和贡献的一个简要讨论。

第二章　人类学、 理论与历史

何为人类学理论史？ 乍一看，这似乎是一个无须回答的简单问题，所谓人类学理论史不过就是人类学理论的历史。 但深究下去却绝不简单，因为连这个问题中的三个关键词本身都是问题。

首先是“人类学”（anthropology）这个词。 几乎所有的教科书，特别是人类学概论或导论都试图做一个词源学上的最低定义，即“人类学是对人的研究”（study of man），也就是 anthropos 与 logos。 但这显然是不明确的，甚至可以说是非常含混的说法。事实上，不同的人类学传统和人类学者关于“何为人类学”有着相当多样的理解，甚至连“哪些研究算是人类学”这样一个看似基本的问题也都难以达成共识。

其次是“理论”一词。 到底我们所探讨的是具体的理论（theory），还是观念（idea），或是更广义的思想（thought）？ 或者，按照亚当斯的说法，是哲学（philosophy），是意识形态（ideology），还是更为含混的学说（doctrine）？ 进一步来说，是“人类学的理论”（anthropological theory），还是“人类学理论”（theory in anthropology）？

最后关于“史”。 在过去几十年中，历史学或我们对于历史的看法发生了一些重大的变化，历史知识也前所未有地多样化。 如果说有一个共识的话，那就是很难有任何的共识了。这个讨论当然不是我们这里所能涵盖的，就人类学理论史这个议题来说，我们至少需要处理这样一个问题：到底我们所要关注的是学科史、思想史，还是理论史?

简言之，“理论史”才是我在这里的核心关注，尽管这当然无法脱离整体的学科史的框架，而且我也相信必须在思想史的高度上才能更准确和全面地理解理论史。

第 1 节　作为现代人文 / 社会科学的人类学

1995 年，萨林斯应邀到约翰霍普金斯大学做“西敏司讲座”，在讲座一开始他就指出如今的（至少是汉语）人类学界常常忽略的一个事实，即在欧美传统的人类学这个词的使用上本身至少就有两个层面上的涵义：作为一门文化学科的学术人类学（academic anthropology as a cultural discipline），以及作为西方社会的本土人论（native anthropology of western society）[①]。如果考虑到西方基督教神学意义上的人论与哲学意义上的人论的差异，或许可以将后者称为“人观”。如此，我们所通常使用的“人类学”一词就具有了三个相关、重叠，但又有所不同的层面或涵义：（基督教）神学意义上的人论，哲学意义上的人观（如康德的《实用人类学》），以及现代学科意义上的人类学。

这还只是在西方学术传统中能够观察到的三层意义上的“人类学”，如果把中国，以及世界各地或文明自身关于人、关于自己与他人、关于宇宙观等看法也看作广义的“人类学”的话，例如将民族志写作追溯到司马迁或徐霞客等所做的这类努力，那么所谓“人类学”就可以说更为丰富多样，甚至可以说与我们一般所认为的现代学科意义上的人类学相去甚远。

一、人类学的史前史

亚当斯在《人类学的哲学之根》中表示，他的第一个研究目标就是追溯

---

① 参见［美］马歇尔·萨林斯：《甜蜜的悲哀》，王铭铭、胡宗泽译，北京：生活·读书·新知三联书店，2000 年，第 1 页。

并纠正人类学理念发展的历史记载，提出人类学不是始于启蒙运动的道德哲学（后演变为包括社会学、心理学、人类学、政治学、经济学等学科的社会科学）或文艺复兴的人文主义，而是与人类的历史同样久远。按照哈登的说法，人类学理论的起源，根据历史及西方文化的知识体系，大概可以追溯到古希腊哲学。①

然而，尽管亚当斯十分强调人类学的思想根源比文艺复兴和启蒙运动久远，但他并不因此忽略一个事实：人类学本身是一门现代学科，是现代科学和现代社会发展的结果。一般认为，作为一门现代学科，人类学（或民族学）直到19世纪中期才开始形成一个较为独立的研究领域。稍晚一些，人类学才在大学、博物馆等研究机构中被正式承认，例如1880年泰勒负责组建牛津大学民族学博物馆，1896年在牛津大学组建人类学系，并成为该系第一位人类学教授。

一般认为，康德晚年的《实用人类学》（1798）是其一生哲学思考的总结之作，试图从本质上讨论"人是什么"这个总体性问题。事实上，康德曾对自己的哲学研究定位为要解决四个问题：1. 我能知道什么？（形而上学）2. 我应做什么？（道德学）3. 我可以希望什么？（宗教学）接着是第四个，也是最后一个问题：人是什么？（人类学）由此可见这本薄薄的小册子在康德自己眼中的重要性。

《实用人类学》一书包括两个部分，第一部分为人类学教学法，论述人的认识、情感与欲望等诸种能力；第二部分为人类学的特性，简要探讨人类在个体、性别、民族、种族、种类方面的特性。对于何以为人，康德如此说，"人能够具有'自我'的观念，这使人无限地提升到地球上一切其他有生命的存在物之上，因此，他是一个人"。②

① 参见［英］哈登：《人类学史》，廖泗友译，济南：山东人民出版社，1988年。
② ［德］伊曼努尔·康德：《实用人类学》，邓晓芒译，上海：上海人民出版社，2005年，第3页。

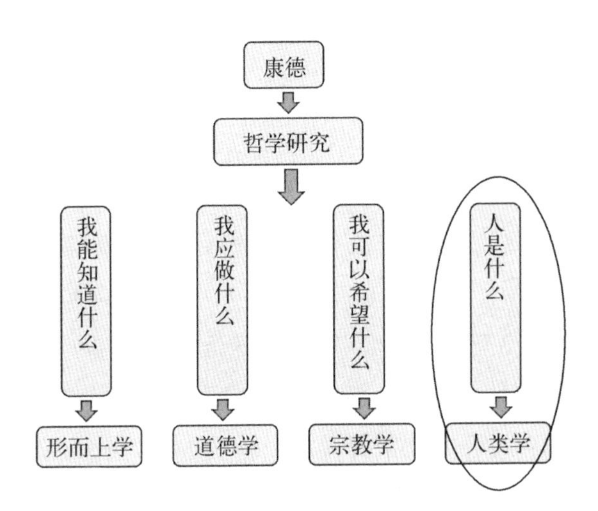

康德的这个说法需要参照历史更为久远的基督教神学对于“人是什么”的教义才能更好地理解。在传统的基督教神学体系中，“人论”（anthropology）是一个不可或缺的重要部分，事实上，它几乎涉及了基督教神学的所有关键话题。例如，在上帝论和创造论层面上，它认为人与万物一样是上帝所创造的，并且人作为万物之灵具有独特的尊贵和荣耀①。在救赎论层面上，它认为正是因为人犯罪堕落，无法自救，耶稣基督作为上帝的独生子才降生为人，替人赴死。而这两点本身就构成了基督教人论中一个独特的悖论性传统，即一方面人是具有“上帝形象和样式”的独特造物，另一方面又“全然败坏”。这一点经过加尔文的进一步阐释以及在日内瓦的应用，再经清教徒的实践而成为后来美国三权分立的现代政治哲学的一个神学根源。

事实上，按照萨林斯在《甜蜜的悲哀》中的梳理，基督教神学传统中的人-神绝对差别这一点成为整个西方思想以及整个资本主义经济体系的基础甚至根本动力。在萨林斯看来，悲哀是常态，是根本性的，而甜蜜则是一种试

① 参见《圣经·新约·希伯来书》2：7：“你叫他暂时比天使小，赐他荣耀、尊贵为冠冕，并将你手所造的都派他管理，叫万物都服在他的脚下。”

图缓解悲哀的努力。而这种努力或追求越是恒久，其“悲哀性”则更持久地被显明出来。因为人之有限性（finitude）是一切罪恶的根源。这显然是循着奥古斯丁对于罪（sin）的经典论证，即恶为善的缺失。上帝并没有创造罪恶本身，但是人有犯罪的可能。人作为有缺乏和需求的不完美的造物之本性，既是罪之因（cause），也是其恶之果（crime）。[①] 萨林斯继续引用奥古斯丁的名言，“惩罚就是罪行”，即人有自己的不足或缺乏，但又试图“与上帝一样”，因此人成了自己需求的奴隶，摘那知善恶树上的果子不过是人因着自己的欲望而发出的具体的行动而已。[②] 从这个意义上来看，资本主义经济体系，所有这些试图满足人无尽之欲望的努力，都不过是缓解人-神之别所带来的根本性悲哀的尝试而已。

需要看到的是，萨林斯这个对西方主流社会科学“话语”的更深层、更全面的“知识考古”，所强调的是文化观念的延续性和深刻性，甚至在所谓现代性的“革命”范式下也仍然得以承留[③]。这和我们在这里试图强调的观点一致，即作为现代人文/社会科学的人类学，从其“现代”这一点固然有其“新”和“不同”，以及和西方思想传统的某种“断裂”，但是一些根本议题或者核心关注仍然在很大程度上得以延续和保留。要理解西方现代人类学的基本关怀，需要参照其脱胎而来的基督教神学意义上的人类学，以及西方哲学意义上的人类学，尽管这并不意味着否认现代人类学的独特贡献及其已经建立起来的学科地位。

二、人类学的“创世记”

前面已经提到，人类学的思想古已有之，但现代人类学之形成则是比较

---

① 在此需要特别留意 sin 与 crime 的区分，前者重在“罪性”，后者重在“罪行”。

② ［美］马歇尔·萨林斯：《甜蜜的悲哀》，第 8 页。

③ 黄剑波：《甜蜜何以是一种悲哀？》，《世界宗教文化》2011 年 6 期，第 80—83 页。

晚近的事情。亚当斯认为，人的自我认识很大程度上与对他者的理解有关，这个对他者的想象或道德比较也是由来已久。以西方知识传统来说，早已有与东方的波斯帝国、印度甚至中国的交流，而阿拉伯人、北非人以及北欧所谓蛮族更是其知识体系中长期直接互动的“异邦”，构成了他们对于文明与野蛮、自我与他者，或西方与非西方这样的认识结构。

随着新大陆的发现以及持续的殖民过程，欧洲人开始越来越多地面对在体质和文化上都与他们迥然相异的人群，这引起了许多学者的兴趣。到17、18世纪，欧洲人对于他者的想象逐渐形成了几个现代人类学意义上的问题：人与动物的区别是什么？什么是抽象意义上的人（human species）？人的天性或本质是什么？

与神学和哲学传统上相对比较抽象的核心问题“人是什么”相比，这些问题的重点似乎转为了更为具体的“什么是人”，而这显然与当时亟需处理的现实问题有关，即如何认识这些无论是在体质上，语言上，还是文化上，特别是宗教上与欧洲人迥异的人。其中一个最基本的问题就是，“他们是人吗？是和欧洲人一样的人吗？”如果是，那么这说明什么是抽象意义上的人及本质呢？另外，相应地，如果答案为“是”的话，又如何解释这种差异，或者说差异是如何形成的呢？

到了19世纪中期，法、英、德等国先后纷纷建立“民族学会”和“人类学会”，普遍表达了这种关注。他们一致赞成应当研究异民族，尤其是这些非欧洲民族，但对于是否所有这些人都应被视为“真正的人”（truly human），而不是某种非人的灵长类，则有着不同的看法。对于为什么会出现如此体质和文化差异的原因，更是无法形成一致的意见。当时比较流行的解释有二。一种理论认为人类是以完美的状态被创造出来的，但自从亚当被逐出伊甸园之后便开始退化（degeneration），只不过部分民族（如：非白人）退化的程度更为严重。另一种理论则认为上帝在造人之时就已经将他们分成不同的民族。显然，这两种解释所参照的都是宗教传统，而不是根据系统性观察得出的结论。因此，一些学者开始寻求其他可能的解释，而进化论就成了挑战神学传统之首选，并进而发展成为人类学历史上第一个成熟的理论范式。

据此也就可以理解为什么早期人类学如此强调对于不同民族间体质差异的比较研究，以及对于考古特别是史前考古的高度关注。事实上，按美国人类学四分支的体系来看，直至今天体质人类学和考古人类学仍然是以进化论为主导的理论范式，而且也是四分支中最为关注历时过程的学科。

另一个可以直接观察到的差异就是语言上的不同，尽管按照圣经传统有巴别塔的解释，即人类语言原本一样，但巴别塔之后口音变乱，人们之间不再能直接交流。在进化论人类学范式下，不同的语言也被按照语音、语法、句法等复杂程度的不同归类纳入文明的进化过程来加以解释，存在从简单到复杂、低级到高级的序列。但有意思的是，语言人类学在人类学四分支中最为强调普遍性，一直有着寻求普同性的“基因”，某种意义上可以说是在寻找巴别塔之前的那种语言，无论是在语音的层面上，还是在语言结构，或者列维-斯特劳斯意义上的“普遍语法”的层面上均是如此。

后来经过进一步发展，社会文化人类学的那些研究关注则留意到了不同民族之间文化上的巨大差异，其结果就是：与强调历时过程的体质人类学和考古人类学，以及相对关注普遍性的语言人类学相比，社会文化人类学总体来说更为强调“差异”和多样性，尽管这不意味着没有人类学家试图寻求或建立普适性的解释。其中早期人类学家讨论最多的就是婚姻家庭、政治组织、经济交换、宗教等领域的差异，因为对于欧洲人来说，这些都是不可思议和需要解释的问题：不是一夫一妻制的婚姻家庭形式何以可能？没有国家的社会如何组织和运作？物品（包括礼物）如何流动以及经济关系如何形成？最重要的是，没有（基督教的）上帝怎么可能使得世界可以被理解，生活可以有意义？以今天的观点看来，这些问题过于简单，几近无聊，而且还带有强烈的西方文化中心论的色彩，但正是他们对这些问题的真诚探索和广泛讨论才使得我们如今能看到这些问题的局限。事实上，早期人类学家的这些分别的探讨后来逐渐形成社会文化人类学传统上的四大基础领域。

三、人类学的争论与基本共识

盘点现代人类学的百年历史，学科知识库中沉淀了历代学者的探索和思考，从早期的古典进化论，历经传播论、历史特殊论、社会决定论、功能论，再到新进化论、结构主义、象征人类学、结构马克思主义、政治经济学派、实践论，最终在后现代主义思潮下的一片反思中回归对学科本质的根本讨论，力图更深刻地认识文化和人性。在这一点上，人类学的独特贡献就在于对"他者"的关注和探求，尽管这个他者并不一定是地理上或时间上的他者，而是文化意义上的"他者性"，因为他者紧紧关联着对自身的研究与认识。

从这个意义上讲，我们可以说人类学的元问题就是要探索文化的多样与人性的普同。或者说，人类学是通过探讨和解释人类文化的不同，最终旨在寻求人之为人的本质是什么。而这也就与哲学意义以及神学意义上的人类学在根本问题上达成了一致，尽管它们之间无论从研究问题、研究进路，还是思考方式都有着巨大的差别。

人类学理论发展史上的另一个显著特征就是论争不断，其中比较著名的有维尔纳对马林诺夫斯基的批评、弗里德曼对米德的批判、萨林斯和奥贝耶斯科里之争等。

事实上，除了这些著名论争的个案之外，人类学中不同思想范式、不同理论阵营、不同研究进路之间的互相批评非常普遍，以至于有人评论说连"什么是人类学"都是一个没有定论的争议。然而，更根本的论争是自学科产生以来一直进行的关于文化本质和学科性质的讨论，其中有三组根本性问题：

文化与人性；个体与群体；科学与人文。[①]

文化与人性这组问题不仅涉及先天（nature）与后天（nurture）这样的所谓生物性与文化性之间的关系问题，还涉及人及人群与其环境，包括自然环境和社会环境的互动关系。

个体与群体之争源于不同人类学家的研究进路：是从个体出发，还是从群体出发。相关的则是，是强调群体及文化整体对于个体的人的决定性或影响，还是强调个体的能动性及其对社会文化的冲击。

科学与人文之争则主要涉及不同人类学家对于人类学学科定位的不同看法，到底研究是以自然科学为范本进行的“科学解释”，还是以体验和理解为依归的“人文阐释”。这种学科定位及人类学家对自己研究角色的界定会在根本上影响研究者个体的立场以及理论倾向。

必须承认的是，这些争论至今仍然没有任何定论，但人类学却并没有因为这些不断的争执而瓦解，这说明学科深层存在一些共识：承认和尊重文化多样性；承认文化是个人认同的组成部分；承认文化的整体性。简短概括这些论争和共识，大概可以用两对概念来说明：文化相对，伦理互通；历史特殊，人性普同。[②] 这也表明人类学将继续探讨人性与文化的问题，新的理论还会继续产生，新的洞见将不断被添加到人类自我认识的知识宝库中。

---

① 参见［美］埃尔曼·R·瑟维斯：《人类学百年论争：1860—1960》，贺志雄等译，昆明：云南大学出版社，1997年。

② 参见张海洋：《文化理论轨迹》，见庄孔韶主编《人类学通论》，太原：山西教育出版社，2002年，第70—73页。

第 2 节　理论的意义及其生成过程

简而言之，在自然科学和社会科学中，理论就是对于某些现象概括而成的结论性话语、观点或陈述。相应地，人类学理论就是对文化或社会的概括，是对民族志调查的意义的总结。从这个意义来说，理论一点儿都不神秘，也不是只有那些成名成家者的专利，而是几乎每个人都可以做，并且实际上随时都在进行的活动。但从另一方面来说，很多时候我们所谓的理论其实不过是一种隐喻性的表达，或者说不过是一种类比，而并没有对认识事物本身产生什么推进，或者说并没有产生真正意义上的知识累积。这种做法在当今盛产理论和术语的时代比比皆是。然而，一个恰当的类比或隐喻确实可以帮助人对事物有更直观和深刻的理解，例如林耀华用“竹竿”的说法来说明平衡论的观点，费孝通用“差序格局”来说明中国传统的人际关系。

虽然每个人都可以生产理论，但理论确实有高下之分，或解释力大小之别。一种理论或一套理论的流行当然有所谓的历史偶然因素，但大体来说，我们可以从问题、假设、方法、证据四个方面去评估一个理论的价值。从理论学习者的角度来说，我们大概可以从这四个方面去看一个理论是如何被生产出来的，提出了什么样的问题，使用了哪些方法，采用了哪些证据来说明和支持其观点。更为重要的是，它的假设是什么，因为其他方面我们大都可以在民族志文本中看到，而假设作为理论的前设则常常被认为是不证自明的立场而被忽略，甚至被有意地掩藏。这就有必要去探讨知识生产的先验性问题，探讨哲学传统、社会思潮、个人生活经历对于研究者自身的影响和形塑。

一、知识的经验性与先验性

确实，人类学通常被认为是与社会学等其他社会科学一样，首先是一门经验研究的科学；换言之，人类学的知识生产主要从田野工作的经验调查而来，是对田野工作得来的材料的概括、归纳和抽象，并经整理成为民族志。也是因为这样，田野工作在人类学中被赋予了极高的地位，甚至被作为学科规范最重要的界定标准。然而，田野工作既不是人类学的专利，也难以作为研究方法来界定一门现代学科。

田野工作作为一个学术词汇首先被博物学家所使用，当时动物学、生物学、地质学等已经广泛进行“野外作业”（field work），之后才逐渐专业化，形成各自独立的学科。后来，哈登将“田野”概念引入人类学领域。1879 年，哈登在剑桥大学获得自然科学学位后，在那不勒斯进行了为期六个月的动物学田野调查。十年之后，他才把在那不勒斯使用的调查方法转化为社会人类学术语，试图解释人类物种适应地理条件的多样性，呼吁对单一的部落或者人群的自然聚集进行详细研究。1898 年，他在托雷斯海峡进行的第一次人类学田野调查，就是“为了研究动物群、结构以及珊瑚礁形成的方式”。[①] 不过，他所使用的仍然是自然历史学的术语。事实上，最初的人类学研究大概可以归属于一种研究早期人类的自然科学，而且当时做田野调查也就意味着从事自然历史的研究，其研究对象乃是聚居于某个具体区域的尚处于“自然原始状态的原始人类”。与哈登类似，博厄斯 1883 年到巴芬岛进行首次田野调查时，所使用的方法则是来自于其接受

---

① George W. Stocking, Jr., *The Ethnographer's Magic and Other Essays in the History of Anthropology*, Madison, The University of Wiconsin Press, 1992, p. 21.

的地理学训练。

因此，尽管如今的人类学在追述其田野调查方法形成之“创世记”时几乎都会将之归功于马林诺夫斯基所推动的“田野调查革命”。但是事实上，在他之前已经有一些学者在实践和倡导田野调查了。在英国有哈登和里弗斯，在美国则有曾在印地安人中调查的摩尔根、亨利·斯库尔克拉夫特（Henry Schoolcraft）以及弗兰克·库辛（Frank Cushing）等人，当然博厄斯被公认为是最为关键的人物。更为重要的是，我们需要承认，田野调查方法绝不是人类学的独创，而是19世纪末20世纪初所有自然历史科学发展的一部分，虽然这并不意味着消解了人类学田野工作作为一种方法和方法论的独特意义，及其对于学科自身的价值。

这个简单的“知识考古”要指出的是田野工作以及相应的民族志当然是人类学知识生产的重要方法，但它在开始就是借用或参照了自然科学的知识生产模式，即以归纳法或经验性作为最主要的来源。然而，我们需要进一步叩问的是，人类学真的仅仅是一种经验科学，或者说人类学的知识真的仅仅或主要来自经验认识吗？按照哲学认识论的说法，这主要是一种归纳法的认识，然而我们都知道人的认识同时还有演绎法这个路径，更准确地说，人类的认识方式是归纳和演绎的整合。就算是被认为够“硬”的自然科学，按照库恩的研究，也有范式转移的问题，或者说，一些理论前设或框架会决定或极大地影响具体的科学研究和理论。[①]

换言之，人类学家自己的哲学传统、时代精神、个人生活经历等先验性的知识结构在实际上构成了其田野工作和理论思考的假设或前设，甚至会影响到提出什么样的问题，采用哪种方法，以及会发现和使用哪些材料作为证据。回到田野工作与理论生产的关系，或许我们可以说人类学家是在田野工

---

① 参见［美］托马斯·库恩：《科学革命的结构》，金吾伦、胡新和译，北京：北京大学出版社，2003年。

作中思考理论的问题，在理论思考中咀嚼田野的味道，正如巴纳德所说："每一位人类学家在一定程度上都是一个理论家，正如每一位人类学家都是一个田野工作者一样。"①

在这一点上，或许格尔茨可以作为我们最佳的例证。一般认为，格尔茨是20世纪后期最有创见的人类学家之一，在其对于印尼和摩洛哥的长期研究中，他写出了众多脍炙人口的民族志，例如《尼加拉——十九世纪巴厘剧场国家》、《小贩与王子》等，但他影响更为广泛的显然是一系列讨论文化理论的文章，从早期的《文化的解释》和《地方性知识》，到后来的《论著与生活》和《烛幽之光——哲学问题的人类学省思》。可以说，格尔茨一方面带着现象学、诠释学的哲学影响以及问题意识一头进入了其长期的田野工作中，另一方面又是在经验研究中思考一向被认为抽象的哲学问题，是在民族志经验研究和描述中为哲学思考提供有摩擦力的"粗糙地面"。事实上，维特根斯坦在其晚期的《哲学研究》中提出"回到粗糙的地面去"，强调语言意义与语言游戏紧密相关，脱离日常生活、脱离人类生活的共同体，离开具体的、特定的语言实践，关于规则的讨论将没有什么意义，因此哲学应该放弃追求轮廓明晰的逻辑形式、系统和先验归纳，回到日常生活，回归生活形式，回到"纯粹是描述的"哲学。在这个意义上甚至可以说，格尔茨帮助维特根斯坦圆了一个梦。②

二、 人类学理论与哲学议题

在对美国人类学史的考察中，亚当斯提出有五个最为重要的思想根源，

① ［英］阿兰·巴纳德：《人类学历史与理论》，第7页。
② 此处参考了罗文宏：《人类学家格尔兹的哲学思考》，未刊稿。

分别是进步论、原始论、自然法则、德国唯心主义（或理想主义）和“印第安学”。[①] 其中后两者主要与特定的国家传统有关，我将会在后文讨论。这里先探讨前三个影响了所有人类学传统的哲学概念。

其中，进步论是最根本的思想基础，是“根中之根”。所谓进步论，就是一种认为人类文化史是逐渐进步的学说或意识形态，可以归纳为三个基本原则：第一，认为人类历史是沿着一个持续、必然和有序的轨迹前进的。第二，认为人类历史轨迹是因果律法则持续作用的结果。第三，认为人类历史的进步已经并将继续改善人类的生存状况。显然，进步论是对文化战胜自然状况进行庆祝的一种理论倾向。进步论者都会津津乐道地提及“对野蛮的征服”、“对河流的利用”、“对荒漠的开垦”及“对野蛮人的教化”。而且考虑到由于人们目前把进步界定为科技和艺术的发展，因此进步论也是人们对精神战胜物质状况进行庆祝的理论。对进步论者而言，黄金时期应当是现在，或应当是将来，因为进步论通常都是乌托邦式的理论。因此，进步论必然是关于历史的哲学，同样地，也是关于史前史的哲学。事实上也是如此，进步论学者，尤其是在人类学领域，通常都是拿现在与比较久远的史前史，而非刚刚过去的历史做对比。总之，无论是对于某个国家的传统或理论学派，还是对于某个具体的人类学家来说，亚当斯认为进步论已经深深地扎根于人类学架构之中。

原始论则是进步论这枚硬币的另一面。它作为一种意识形态带着遗憾的眼光看待文明的发展。与此紧密相连的是原始社会和原始人的理想化形象。它经常表现为一种自我谴责，用高尚的野蛮人来与在文明的奢华中现代人的腐化做对比。它在不稳定和动荡的时代中产生和风行，正如进步论之于乐观的时代。有趣的是，由于原始论主要关注的是情感而不是理智，这使许多美

---

① 参见［美］威廉·亚当斯：《人类学的哲学之根》，黄剑波、李文建译，桂林：广西师范大学出版社，2006 年。

国人类学家得以同时是进步论者和原始论者。

自然法则是广泛流布于全世界的一个观念，而且从古至今一直持续、没有断代。在几乎所有人类社会里都可以找到以不同面貌出现的同一个理念：重复出现的人类行为和信仰是自然或神设秩序的一部分。19世纪以后，自然法则这个术语被驱逐出社会科学家的词汇库，但是其基本思想仍然以其他名称继续存在于人类学研究和思想里。我们用以分析文化的基本分类框架就含有对人类普同性的直觉的信仰。结构主义对普同性的信仰非常明显，而跨文化研究也经常用经验方法寻找人类普同性。人类学家主张人人平等的传统信念也反映了启蒙运动将自然法则与普世性权利等同的思想。简言之，亚当斯指出，人类学研究的一些方法和观念，如基本分类框架和人人平等的理想，明显是自然法则的信念：人类信仰和行为存在基本共性，共同的就是自然的，而自然的就是正确的。

亚当斯进一步把所有的人类学理论归为三大类型，分别是普世论、比较论、特殊论。几乎自从学科开创之时起，三者就一直并存。普世论的理论，如结构主义，力图发现和解释为所有民族所共享的那些东西。比较论的理论，如社会进化论，则力图在某个普遍原则的基础上解释不同民族的差异。特殊论的理论，如文化形貌论，则力图去理解每个文化的不同特质，以及它们是怎样产生的。这些不同的理论倾向也赋予他者不同的角色：他者即我们（普世论）；他者乃以前的我们（比较论）；他者是非我（特殊论）。就前面提到的五个主要哲学根基而言，进步论和原始论是比较论的方法；自然法则是普世论的；德国唯心主义和“印第安学”则是特殊论的。

确实，在回顾人类学理论发展的过程时，我们可以观察到哲学思潮对人类学理论的深刻影响。从这个意义上讲，人类学与哲学的关系十分紧密，甚至可以说哲学是作为一个学科的人类学的“头”。①

① 参见张海洋：《文化理论轨迹》，见庄孔韶主编《人类学通论》，第70—73页。

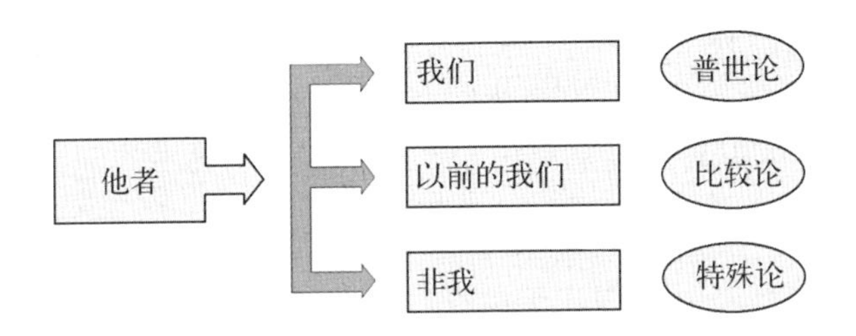

三、现代人类学的主要思想资源

在前述几个主要哲学根基的影响之上，人类学在19世纪中后期学科逐渐得以确立的过程中，也不断受到一些具体的思想家及其观点的影响。其中，早期进化论人类学受到斯宾塞的社会进化论和达尔文的生物进化论的双重影响。而根据巴纳德的梳理，他将现代人类学的思想源头主要回溯至孟德斯鸠，特别是1748年出版的《论法的精神》。在其后的标志性时间和历史事件中，他提到了1871年，在这一年达尔文的《人类的由来及性选择》和泰勒的《原始文化》相继出版。1896年博厄斯在哥伦比亚大学开始讲授人类学则标志着美国现代人类学的发端。1922年里弗斯逝世，马林诺夫斯基和拉德克利夫-布朗分别发表《西太平洋上的航海者》和《安达曼岛人》，标志着英国社会人类学进入功能论一统天下的时代。

尽管以上所提及的人物在人类学历史上扮演了重要角色，但一般认为，现代人类学的三个主要思想资源来自马克思（1818—1883）、韦伯（1864—1920）及涂尔干（1858—1917）。当然，与社会学共享这三个主要思想资源也说明了人类学和社会学紧密的姊妹学科关系。[①] 尽管不同的学者以及学派对于他们的理解和接受程度不一样，而且显然在他们之外也有其他

① 参见［英］罗伯特·莱顿：《他者的眼光——人类学理论入门》，蒙养山人译，北京：华夏出版社，2005年。

的一些思想资源，但从总体上来说，以上提到的三位思想家确实可以说是对于理解现代人类学理论发展过程的主要参照。

这三位思想家都很难说是现代人类学意义上的人类学家，其中或许涂尔干后期可算为例外，因为他从前期主要专注于关于欧洲社会的《自杀论》等社会学研究，到后来主要专注于关于“原始文化”的研究和写作，出版了《宗教生活的基本形式》、与莫斯合作的《原始分类》等。关于涂尔干的研究后文还有一些介绍，在此我们主要讨论他对人类学理论的持续性影响，而且不仅仅是法国人类学，而是几乎所有的现代人类学传统都不同程度、不同角度地受益于涂尔干及其学生们的一系列创见。他的“社会事实自成一类”的说法以及对“集体表象”展开的研究实践在两个方面上启发了人类学后来的研究关注和理论思考，一是对于结构的关注，表现于拉德克利夫-布朗意义上的社会结构，也表现于列维-斯特劳斯意义上的心智结构；二是对于象征的关注，这尤其可见于特纳对仪式的研究，以及玛丽·道格拉斯对象征世界和宇宙观的探讨。

关于马克思和韦伯这两位德国人的介绍和研究可以说是汗牛充栋，我们在此仅仅讨论他们对现代人类学的意义。虽然马克思曾经为摩尔根的《古代社会》做了详细的笔记，在中国学界给他的众多头衔中，也曾经有过“民族学家”或“人类学家”的说法，但他显然更多的是一位哲学家，更准确地说是一位社会思想家。他所主要处理的问题是人类文明历史发展的问题，其直接批判对象就是资本主义社会，并且他一直强调重要的不是思想家，而是行动者。在马克思广博的思想库中，对人类学研究的启发之一正是其强烈的批判精神，尤其是对权力的批判，在人类学中特别体现为后殖民批判。而其关于行动及行动者的强调则很大地帮助了实践论的发展。此外，当然还有各种直接声称受益于马克思或马克思主义的理论学说，如结构马克思主义、政治经济学派、文化唯物主义等。

作为经典社会学家，当时的韦伯更多被认为是经济学家和历史学家。韦伯的早期著作通常与工业社会学有关，但他最知名的贡献是后来在政治社会学和宗教社会学上的研究。然而，对于人类学来说，韦伯更为关键的影响在于他在社会科学中所实践的反实证主义的路线，强调社会科学与自然科学在本质上的差异，因为他认为人类的社会行为过于复杂，不可能用传统自然科学的方式加以研究。韦伯将人类的社会行为分类为传统行为、感情行为、目的理性行为和附带行为，这种复杂性所要求的不仅仅是一种科学的解释（explanation），更需要一种对意义的阐释（interpretation）。这一点后来在格尔茨那里得到精彩的应用和发展，并影响了众多人类学家对于人类文化、社会行为以及学科本身的基本看法和倾向。

第3节　人类学的历史与历史中的人类学

人类学不仅与哲学的关系难解难分，与历史也是如此。一方面，历史固然可以是人类学的一个研究领域或范围，从而成为某种“历史田野”，但作为一种“田野”的历史对于人类学研究，特别是田野工作有何意义？不少学者都认为，历史对于人类学这门学科来说是一种必需。半个世纪之前，米尔斯指出：“每一门考虑周全的社会科学，都需要具备观念的历史视野以及充分利用历史资料。”[①] 他提出四个理由来说明历史的重要性，并且认为社会科学家们应该具备一种“社会学想象力”，而“它是这样一种能力，涵盖从最不个人化、最间接的社会变迁到人类自我最个人化的方面，并观察二者间的联系。在应用社会学想象力的背后，总是有这样的冲动：探究个人在社会中，在他存在并具有自身特质的一定时代，他的社会与历史意义何在”。[②] 从这个意义上讲，任何一门社会科学都逃不过历史。因此，历史之于人类学，绝不仅仅是研究对象，甚至不仅仅是研究角度这么简单。难怪美国人类学家安德鲁·斯特拉森如此说：“每个人类学家必须在一定程度上是一个历史学家。”[③]

另一方面，人类学有其自身的历史过程，更重要的是，人类学本身就是在历史中得以逐渐形成、确立、发展和延伸的。因此对思想史的梳理是有必要的。此外，人类学家个体也是在具体的历史文化处境中生活、成长、研究

---

① ［美］C·赖特·米尔斯：《社会学的想象力》，陈强、张永强译，北京：生活·读书·新知三联书店，2005年，第157页。

② 同上，第5—6页。

③ ［美］安德鲁·斯特拉森、帕梅拉·斯图瓦德：《人类学的四个讲座》，梁永佳、阿嘎佐诗译，北京：中国人民大学出版社，2005年，第4页。

和写作的，这让我们再一次看到社会史和个人生活史的维度必须得到恰当的处理。还有一个不可忘却的事实是，现代人类学从 19 世纪中后期形成以来，就已经处于一个从历史上来说很新近的民族国家语境下，主权国家的传统得到前所未有的关注和重视。

一、历史中的人类学

在对人类学历史进行梳理的过程中，亚当斯发现，19 世纪 60 年代之后社会进化理论在人类学中的崇高地位准确地反映了进步论在公众中的流行程度。它在维多利亚时代的乐观情绪中继续占据着学科的绝对中心地位，在一战前后由于世界失去了对进步的信心而被抛弃，在二战之后科学占据绝对统治地位的时代以新进化论的面目重新粉墨登场，在现在这个自我怀疑和动荡的时代又再次走向衰弱。

这个观察注意到了人类学理论发展史的社会史角度，换言之，由于社会的不同处境和问题意识，在人类学理论和研究上就反映为所谓的议程跳转。例如，在早期人类学的发生过程中，美洲大陆的发现给各路学者和思想家提供了一个认识他者的机会。进步论者在美洲原住民中找到了民族志的“缺失的环节”（missing link），而这是他们一直只能想象的原始社会形态的活化石。[①] 原始论者则找到了高尚的野蛮人。自然法则的信徒则据此证实了所有人类社会皆由同样的规律掌管，而且这些规律必定也是自然秩序的一部分，理性主义者则发现作为自然秩序一部分的这些规律必定也是合理的。后来的德国唯心论者则在其文化完全独特的意义上找到了最满意的他者，美国印第安学家则找到了与自己同住一片土地的他者。所有这些视角都成为美国人类

---

① 参见 Ronald Meek，*Social Science and the Ignoble Savage*，Cambridge，Cambridge University Press，2011。

学遗产的一部分直至今日。尽管其成熟果实过了很久才真正结出来，但人类学，至少是美国人类学在新大陆发现的那个时刻就不可避免地诞生了。

再回到我们已经提到过的维多利亚时代（女王在位时间为 1837—1901 年），我们可以清楚地看到古典进化论人类学所呈现出来的对社会发展的乐观态度。简言之，19 世纪末期英国学界沉浸于维多利亚时代向外扩张的乐观主义氛围中，非常鼓励个人对异文化的实地考察。尽管后来这些自然学科开始分化，但是这些新分化的领域仍然继续共同关注田野调查。

有意思的是，田野调查的兴起与社会阶层地位的变化似乎存在着某种共谋关系。在 19 世纪早期，主要来自贵族阶层的知识精英是不屑于亲自去进行田野工作的，认为那是一项不文雅、不体面的活动，是地位低下的没有技能的人所从事的工作，而他们自己所从事的则是解释自然多样性的理论工作。而且，19 世纪自然标本的商品化以及摇椅上的学者与其资料的提供者之间单纯的商业关系使得贵族阶层更加轻视田野调查，似乎收集者充其量不过是一些有成就的手工制品商人。[①] 但是，到了 19 世纪末期，随着大学体系的发展，这种情形被完全颠覆，追求实践目的的经验研究得到了空前的重视，摇椅上的理论家受到了前所未有的挑战和批评。科学教育的最佳地点被认为不再是演讲厅，而是直接调查的现场，无论是实验室还是田野点。田野调查者指出，摇椅上的理论家对科学训练和他们推测的事物的个人经验方面一无所知，无论遇到什么经验材料他们都没有能力去辨识其意义。进入 20 世纪后，这种趋势进一步得到发展，在人类学领域中，泰勒、弗雷泽等早期学者被贴上“摇椅上的人类学家”的标签而成为笑柄。

除了田野调查这个“新”研究方法的兴起和倍受重视之外，维多利亚时代的人类学在研究领域和关注上也与当时时代的主要问题相关。例如，早期

---

① 参见［美］库克利克：《伊斯梅尔之后：田野调查传统及其未来》，见［美］古塔、弗格森编著：《人类学定位》，骆建建、袁同凯、郭立新等译，北京：华夏出版社，2005 年，第 58 页。

人类学家梅因、巴霍芬、麦克伦南（John McLennan）、摩尔根等人都关注婚姻家庭问题，甚至包括恩格斯的名著《家庭、私有制和国家的起源》，其实质更多的是法律和财产的问题。事实上，这些早期人类学家很多人就是律师，或者在后来被尊为现代法学的先驱者。早期人类学家多有研究宗教，特别讨论宗教之起源和发展阶段的问题，这也与当时基督教传统下的欧洲人试图理解其他宗教或信仰体系的总体问题意识有关。

从这个角度来看二战以后的人类学可以发现，与盟军的胜利以及美国的兴起相关的乐观主义情绪，在人类学中则表现为进化论的重新被发现，历史进步论再次成为学界及公共领域中的主导话语。同时，与苏联等社会主义国家的发展有关，马克思及马克思主义也被重新发现。这个时期更为广泛的民族国家的独立，一方面导致了人类学领域内后殖民批判的出现，另一方面则间接地影响了结构主义的诞生及流行，因为原来的西方宗主国人类学家不能继续到原来的殖民地进行田野调查工作，转而更倾向那种更为思辨、更为强调普遍性的理论和观点。

20 世纪 80 年代以来的人类学被各种各样的后现代主义思潮冲击，对各种传统的、权威的、宏大的叙事提出批判，解构、质疑、多样化等这个时代的基本精神反映在人类学理论上就是后结构主义、实验民族志、女性主义等各种主张。总体来说，这个时代的人们越来越怀疑理性主义的效度和信度，而日渐强调身体、感官、主体等关键词。

简言之，人类学的历史发展和理论探讨其实与具体历史的进程和社会的主导思想紧密相关，就算不是那种简单的决定论的关系，也肯定不是在具体理论上的简单因果关系。至少，在乐观或悲观的基本态度，集中处理哪些关键话题的问题意识，甚至在强调普遍性还是多样性的倾向上有很大的影响。

二、社会中的人类学家

与作为整体的人类学学科的历史性和社会性一样，人类学家个体也是具体社会中的“产物”及参与者。后面我们会选择一些重要学者进行讨论，在这里仅指出一点，即人类学家的某个理论或研究与他是谁、他的家庭背景、他的生活经历和社会处境等紧密相关。我们这里不主要讨论马林诺夫斯基那种“戏剧化”或偶然性的田野工作经历，以及由此而诞生的人类学英雄神话；也不主要关注本尼迪克特因美国军方需要了解如何处理战后日本的问题而做的关于日本国民性的著名研究（她的《菊与刀》已经成为经典，在中国一直稳居畅销书的行列），这种独特的生活经历当然会带来研究议题和理论关怀上的重大影响，其实我们还可以看到一些基本的家庭和个人素材对于理解一个人的研究和理论有何影响和意义。

一个可见的简单事实是，人类学与其他很多学科一样，其中有相当多的重要学者有着犹太人的背景，如早期的博厄斯、马林诺夫斯基、涂尔干、莫斯，再到晚些的列维-斯特劳斯、萨林斯，这还没算上马克思、弗洛伊德、爱因斯坦等从整体上影响了现代人类学甚至现代思想的那些响当当的名字。虽然他们每个人都有自己的独特处境，但总体来说，作为在基督教主导的文化中生活的犹太人，无论这个犹太传统有多强烈，甚至力图逃离，都很容易产生一种社会的边缘感以及对自身传统的独特性的认定。这在博厄斯那里体现得淋漓尽致，他在相当长时间里都是流亡纽约的德国犹太人的精神领袖，终其一生都在倡导和推广文化相对的理念，期待那些被歧视、被压制、被忽视的文化传统，当然也包括其自身的犹太人传统，都能得到起码的认可、尊重和欣赏。

我们还可以看到人类学家其他一些背景对于其研究和理论的形塑。例如，性别的差异就会带来对同一个问题或同一个文化的不同观察，最好的例子就是维尔纳对马林诺夫斯基的批评。作为女性，维尔纳注意到男性学者没有留意的一些文化细节，甚至可以说男性无法进入的“圈子”。尽管维尔纳与马林诺夫斯基之争还必须看到有历史上的变化这个因素，也就是说维尔纳所看到的岛民生活已经不是马林诺夫斯基曾观察的岛民生活了，但是性别之差显然还是一个重要的理解维度。而这也可以说是女性主义人类学带给整个人类学理论的一个重要贡献。

人类学家自身的立场，无论是宗教的、政治的，还是其他的，都会对其研究关注和理论思考带来影响。例如，道格拉斯对《圣经·利未记》及洁净问题的探讨，除了她提到的分别是婆罗门和犹太人的两位朋友之外，她自己的天主教传统在其中也隐约可辨。而阿萨德对宗教的谱系、权力、现代性及世俗的形成等问题的关注，包括其早期的后殖民批判，都在一定程度上与其穆斯林的家庭背景有关。

另外，学者自己的阅读也会对其研究，至少是写作产生影响。例如，《格列佛游记》之于本尼迪克特，康拉德之于马林诺夫斯基。在这些广为人知的例子之外，其实几乎每个人类学家都有自己的阅读倾向和偏好。

实际上，还有其他一些因素和方面也值得继续探讨，例如研究者自己的性情和交往方式，这至少会影响到他进入田野以及与报道人建立关系的不同方式。简言之，人类学家首先是一个普通的人，是一个社会的人，只不过他们是具有理论思考和学术训练的人。这也就是说，细致观察人类学家的个人生活史可以帮助我们理解其研究关注和理论倾向。就这一点来说，谨此推荐阅读格尔茨的学术性自传《追寻事实》。

三、国家传统与人类学的历史

人类学家个体是具体的社会中的人，而作为一个学科的人类学也是在具体的社会历史中发展而来的，一个相关的议题是不同国家的社会处境及问题意识，产生了不同的人类学关怀以及由此而带来的复数的人类学史。在此仅简单提及四个主要的国家传统：英国社会人类学传统、法国社会学年刊传统、德国民族学传统以及美国文化人类学传统。

英国是早期进化论人类学发端的主要阵地。虽然泰勒是历史上第一位人类学教授，弗雷泽最早使用了“社会人类学”一词，但其社会人类学传统的形成更多地与马林诺夫斯基和拉德克利夫-布朗这两个名字有关。他们在不同意义上使用“功能”这个核心概念，并一道确立了现代人类学的田野工作规范。这一方面与英国长久的经验主义哲学传统有关，另一方面显然与大英帝国在世界范围内的殖民事业有关。也就是说，英国人类学的一个主要议题和研究关注是，如何认识殖民地文化以及如何进行殖民地管理。正是在这个问题上，马林诺夫斯基和拉德克利夫-布朗自己，以及他们所训练出来的一批批学生在世界各地，特别是非洲、南太平洋群岛等地做了大量的田野调查，在理论上也做出了杰出的贡献。他们确立了现代人类学的整体论，并传承了泰勒等人以来所主张的比较方法。

法国虽然也有殖民地的类似议题，一直有着对特别是非洲、远东等地的研究兴趣，但涂尔干、莫斯等人确立社会学年刊传统最核心的关键词就是“社会”，所有的问题都要到这里来寻找解答，甚至在一定程度上是社会决定论。虽然它承认文化的多样性，但显然其重点在于寻找一些更为普遍性的东西，无论是社会结构、心智结构，还是象征结构。

与法国对于共性的强调相反的是，德国民族学传统从一开始就主张“差异”，强调不同和差异性。这或许与德国在欧洲传统上相对边缘的地位有一定关系。从历史上来看，德国唯心主义产生于德语民族在早期现代社会的独特历史环境。他们在政治上被分化，且在技术上落后，但在理性和艺术成就上与其他欧洲国家相若。这种境遇使他们发展出了一套独特的哲学，关注文化和艺术的成就，而不是政治或物质的成就；他们认为心智（Mind）高于事物（Matter）。德国强调文化历史和文化特殊论的民族志传统后来通过泰勒传到英国，通过博厄斯传到了美国，并逐渐形成了美国人类学一种近乎意识形态的文化相对论传统。

而对近几十年来越来越重要的美国人类学来说，进步论的乐观、原始论对"高贵的野蛮人"的想象，以及自然法则理念下对共性问题的涉及都有所体现，但按亚当斯的梳理，美国人类学最主要的特色源于博厄斯版本的德国唯心主义以及独特的"印第安学"（Indianology）。确实，博厄斯在哥伦比亚大学集结了一批学生，他们几乎全部来自纽约的德裔美国人社区，早就深深浸淫于德国唯心主义的文学传统。博厄斯与其学生一道所开创的历史学派具有一些显著的德国唯心主义特征：强调文化而非社会应当是研究的单位、文化特殊论、文化相对论、基本上是历史性的看法，以及强调传播是文化变迁的主要推动力。尽管二战以后唯心主义受到了几个方面的冲击，包括英国社会人类学、正统马克思主义者、文化唯物主义，以及后来的阐释学和后现代主义等。然而，德国唯心主义在美国人类学界留下的遗产至今清晰可见，包括：继续强调文化是学科的基本组织概念和研究单位，继续重视历史的重要性，继续坚持文化相对论的信念。

印第安学是亚当斯创造的一个术语，用来指代致力于研究、理解和欣赏美洲原住民的一门人文学科。它在各个方面都与埃及学、汉学和古典学有可比性。与这些学科一样，它的源头在最广泛的意义上可以回溯到文艺复兴人文主义，更具体地说始于发现新大陆的时候。印第安学不是进步论、原始论和自然法则意义上的意识形态，因为它没有关于普同人性或历史的预设。它是一种特殊论的意识形态，因为它关注的不是抽象概念，而是具体人群。其实，它更多的是一种情感，而不要求什么理性或理智的证明。亚当斯还特别提出，对印第安学的长期关注积累了大量文献，这些文献包含了印第安人的民族学、语言学和考古学材料和信息，而美国人类学包括民族学、考古学、语言学和体质人类学的四分支传统也正是在此期间形成的。

虽然我们简单勾勒了一下四个主要的国家人类学传统，然而，国家传统与人类学理论渊源的关系并不是那么简单的，其中有很多交叉和互相影响之处。例如，英国社会人类学的结构功能论其实就受到了涂尔干法国社会学思想的重要影响，而德国传统经由博厄斯也得以在美国传承和发展。① 另外，这里所主要讨论的几个国家传统基本上仍然属于西方文明或欧洲传统，所以一些基本意识和倾向还是很接近的。更为重要的是，随着全球化和知识流动的加快，尽管我们还可以感受到这些不同国家的人类学传统的某些独特味道，但总体来说，互相学习和相互影响成为一个更为显著的走向。

---

① 巴纳德对不同国家传统及思想渊源有一个精彩的简明图表，参见［英］阿兰·巴纳德：《人类学历史与理论》，第192页。

中编

人类学理论简史

第三章　历时范式

在库恩看来，每一个科学发展阶段都有特殊的内在结构，而体现这种结构的模型即“范式”（paradigm）。范式以一个具体的科学理论为范例，表示一个科学发展阶段的模式，例如亚里士多德物理学之于古代科学，托勒密天文学之于中世纪科学，牛顿力学与爱因斯坦相对论之于近代以来科学发展的不同阶段。换言之，范式是学者群体所共同接受的一组假说、理论、准则和方法的总和，从本质上说是一种理论体系。借用这个概念，人类学中也可以辨识出一些在具体理论之上的理论范式，例如结构主义、功能主义等，而且在这些理论范式之上还可以看到三个更基础的研究范式：历时、共时和互动。

历时范式的主要关注是事物之间在时间上的关系，这也正是早期人类学的进化论和传播论的共性所在，尽管这两者之间互相批评，立场迥异。相较而言，古典进化论主要讨论历时或文明进程，而传播论则关注文化的变迁。与古典进化论对“社会”的关注相比，传播论更为侧重“文化”。而对于被模糊地统称为“新进化论”的诸多观点来说，普遍进化论大体上延续了古典进化论的一些议题，而多线进化论和文化生态学、社会生物学和突变论，以及文化唯物主义等新近的发展已经更多地具有了互动范式的特征，只不过为了便于安排而放在这里讨论。 实际上，从多线进化论到文化生态学的这个转变本身也可以说是一种历时性的过程。

第1节　古典进化论

进化（evolution）一词源于拉丁语 evolutio，本是“展开”的意思，指各种变化，不带有方向性。1862 年，斯宾塞将之界定为：“进化是通过不断的分化和整合，从不确定、不连贯、同质，向确定、连贯、异质的变化。”[①] 在这个定义中，进化有了方向性，即事物的结构和功能由简单向复杂发展，但仍没有作为意识形态的“进步”的含义，即进化的未必是进步的，未进化的未必是落后的。随着达尔文生物进化论及斯宾塞社会进化论的逐渐普及和引申，进化演变成为了一个带有“进步”或“发展”意义的概念。

一、进化论与进化论人类学

进化论本来是一个生物学概念。1801 年，法国博物学家拉马克最先明确地提出生物进化论。1859 年，达尔文发表《物种起源》[②]，系统阐述了生物进化理论，其理论可以简单归纳为三点：第一，物种不是永远不变的，而是不断变化的。第二，在变化过程中，生物的自然选择机制与高度的变异性起着重要作用。第三，自然选择就是把有利的变异保存下来，把不利的变异淘汰掉，从而使自己能适应不同的环境而生存下来。

此时，达尔文并没有太多关注自然选择与人类进化的关系。直到 1871

---

① Herbert Spencer, *First Principles*, London, Williams and Norgate, 1862, p. 215.

② ［英］达尔文：《物种起源》，谢蕴贞译，北京：科学出版社，1972 年。

年，他发表《人类的由来及性选择》，才明确提出了人类起源于猿猴的观点。[1] 达尔文的生物进化论直接影响了进化论人类学的产生。英国人类学家罗伯特·马雷特（R. R. Marett）甚至认为："人类学是达尔文的孩子，达尔文学说使人类学成为可能。取消了达尔文式的观点，就是同时取消人类学。"[2] 但深究之下，达尔文的理论只是为当时已经流行的关于人类社会持续进步的理念提供了生物学的证据。[3] 早在 1852 年，斯宾塞就已在《进化的假说》中将社会类比为生物有机体，并提出了社会单线进化的思想。

事实上，从古希腊时代以来，进步（progress）的观念，即相信人类状况从一个时代到下一个时代逐渐改善，成了西方历史和哲学思想的重要基石之一。

启蒙哲学崇尚个人自由和社会进步，提倡理性、自然、利益、秩序和进步。孟德斯鸠在其代表作《论法的精神》（1748）中将人类历史分为蒙昧（或狩猎）、野蛮（或游牧）及文明三个阶段。[4] 奥古斯特·孔德在《实证哲学教程》（1830—1842）中进一步提出人类理智发展的三阶段论，即神学（虚构）、玄学（抽象）和科学（实证）。这些观念和阶段划分方式固然带有浓厚的欧洲中心主义色彩，但其精髓则是针对基督教神权而伸张人性和自由，以及关于人性普同（psychic unity）的假设。正是在这些社会思想的影响下，并从胚胎学家冯·贝尔、地质学家查尔斯·赖尔（Charles Lyell）以及马尔萨斯

---

① 这种关于人的由来及动物之间关系的看法很大程度上得益于中世纪已经广为流传的"存在之链"（Great Chain of Being）的说法，其中论到人的位置，就认为是处于上帝与动物之间的一种独特造物。可以说，"存在之链"说是后来生物进化论的原型，尽管有着两点根本性的不同：被造还是自然过程；是否可能有种的变化。

② ［英］马雷特：《人类学》，吕叔湘译，上海：商务印书馆，1931 年，第 2 页。

③ 早期进化论人类学的发展就算不早于达尔文的生物进化论，也几乎与其同时，例如早期进化论人类学家梅因的研究和出版就要更早一些，另如 1871 年达尔文发表其《人类的由来及性选择》的同期，泰勒发表其《原始文化》。

④ 参见［法］孟德斯鸠：《论法的精神》，张雁深译，北京：商务印书馆，1978 年。

《人口论》那里得到灵感和支持，斯宾塞推衍出了适者生存的进化理论。[①] 这样，以斯宾塞社会进化论为代表的社会进步观念与达尔文的生物进化论一道构成了进化论人类学的两大思想来源。

泰勒、摩尔根和弗雷泽无疑是早期进化学派的代表性人物，在专门讨论他们之前，先简单介绍一下其他重要的进化论人类学家。

德国人巴斯蒂安（Adolf Bastian）是柏林人类学、民族学和史前史学会的创始人。他对人类学的最大贡献就是提出了“心理一致说”，此外，他还提出了两个重要概念，即“民族”和“地理区域”。前者是指每个民族自身会发展一定的思想，因而各有自己的文化模式或文化特征；后者是指每个民族文化有自己的分布区域，并受地理环境影响，反映了地方特色。

瑞士法学家巴霍芬的代表作《母权论》出版于1861年，提出了家庭起源于原始社会的性杂交关系。由于这种关系无法确认父亲，因此最初的家庭是以女性为线索计算世系。作为唯一能确认的亲长，母亲享有高度的威望，甚至达到了妇女统治的程度，即母权制（gynocracy）。

英国人麦克伦南通过《原始婚姻》（1865）、《古代史研究》（1876）和《父权制理论》（1885）这三本著作，比较系统地阐述了他的进化理论。他还提出了外婚制和内婚制的概念，并将抢婚的习俗归结为外婚制以及杀女婴习俗之传布。

另外还有一些重要的进化论人类学家，如拉伯克（John Lubbock）、马雷特等。这些早期的人类学家们通常被称为“单线进化论者”（unilineal evolutionist），因为他们坚信所有的文化基本上都沿着单一的发展线路以及同样的阶段在演变，即从野蛮到文明。

进化论人类学家相信人类和世界都遵从自然、外在和既定的进步规律，

---

① E. Adamson Hoebel, *Anthropology: The Study of Man*, New York, McGraw-Hill, 1966, p. 86.

从简单到复杂，从低级到高级，从同质不整合（机械团结）到异质整合（有机团结）的方向发展。因此，他们希望根据日益增多的民族学资料，参照生物学和地质学家的自然史来构拟人类文化史，探讨人类社会和文化事项的起源和过程，特别是宗教、法律、财产、家庭和国家的起源及进程。

尽管这些进化论人类学家们彼此的观点并不完全一致，有些理论之间甚至有冲突，关注的领域也不尽相同，但他们大体上形成了如下共识：第一，人类追求进步的心智和本质一致。第二，社会文化进步的路线和阶段一致。第三，社会文化与自然界的发展规律一致。[①]

需要看到的是，进化论者相信人类心理一致，并且愿意承认白人与非白人在基本能力上的平等，但他们却不愿意接受两者在文化上平等的观念。他们认为某些文化的确优于其他文化。他们所讲的进化，不仅仅意味着改变，还具有“进步”的含义。而这种观念极有可能导致极端的民族优越感和民族中心主义（ethno-centrism）。

二、摩尔根的社会进化观

摩尔根本来是一个专业律师。但从 1842 年开始，他参加了纽约的一个名为“大易洛魁社”的青年社团，其宗旨在于促进与印第安人的感情，并协助印第安人解决问题。在研究易洛魁人的过程中，摩尔根与他们建立了深厚的友谊，并多次进入易洛魁人的社区，直接参与他们的生活。1847 年，他帮助其中一个部落在与一个白人地产公司的官司中成功维护了该部落的土地权利，由此得到他们的信任，并被收为养子，取名 Tayadawahkugh，意思是“裂缝间的桥”。从此，摩尔根正式成为易洛魁人中的一员，这极大地便利了他对印

① 参见张海洋：《文化理论的轨迹》，见庄孔韶主编《人类学通论》，第 41 页。

第安人社会组织、文化生活、宗教信仰、风俗习惯以及婚姻家庭的研究。他的主要成就在于从亲属制度和家庭组织的角度探讨人类文化之进化。

摩尔根的经典的民族志作品《易洛魁联盟》(1851)详细描述了易洛魁人的组织结构、氏族制度以及生活习俗和宗教信仰。在此基础上，摩尔根出版了《人类家庭的血亲和姻亲制度》(1870)。他运用大量的新材料，系统地提出了家庭进化的理论，大胆地推断出人类从乱婚状态经过群婚的各个阶段与形式，并经过对偶婚阶段才达到文明时代的一夫一妻制。这个论断对于当时的主导理论直接发出了挑战，因为先前的历史学家普遍相信家庭始终是社会的细胞、一夫一妻制并以父系为主的家长制家庭自古以来就存在。值得注意的是，摩尔根在构建家庭发展历史的过程中，所使用的方法与泰勒的“残存法”极为类似。他是从亲属称谓的角度来分析和推论家庭制度的早期进化形态的第一人，在当时来说，称得上是人类家庭史研究的全新途径。

《古代社会》一书无疑是摩尔根一生中最为重要的著作。他在该书中全面地发展了社会进化的思想，并利用许多民族志材料来论证人类从蒙昧时代经过野蛮时代到文明时代的发展过程。[①] 对原始社会进行分期，摩尔根并不是第一人，但他却在前人的基础上进一步将蒙昧和野蛮时代分别细分为三个阶段，从而与文明时代一道构成了完整的文化演进模式。在摩尔根看来，文化的进步主要表现为技术的演进，他认为生产技术和生产工具的发明和发现正是划分每个阶段的具体标志。其社会进化大纲具体如下：

1. 蒙昧时代

(1) 低级蒙昧：以野果和坚果为食物

(2) 中级蒙昧：食用鱼类和使用火

(3) 高级蒙昧：发明弓箭

---

① 参见［美］路易斯·亨利·摩尔根：《古代社会》，杨东莼等译，北京：商务印书馆，1977 年。

2. 野蛮时代

(1) 低级野蛮：陶器制作技术

(2) 中级野蛮：动物的驯养（东半球）；用灌溉法种植玉米和使用土坯、石头来建造房屋（西半球）

(3) 高级野蛮：使用铁器

3. 文明时代：文字的发明和使用

摩尔根的杰出成就得到了众多的赞誉和承认。1879 年，他被推选为美国科学促进会的主席，这是当时美国学术界授予个人的最高荣誉。值得提出的是，摩尔根的研究对马克思和恩格斯的影响极为显著。马克思曾仔细阅读过《古代社会》，做了大量笔记，并有意撰写一部人类社会发展史。1883 年马克思去世后，恩格斯根据马克思遗留下来的这些笔记，在数月间就完成了《家庭、私有制和国家的起源》一书。

三、 泰勒的《原始文化》

泰勒出生于伦敦一个富有的贵格会教徒家庭，但自己却是非宗教的立场。事实上，在泰勒的著作中，自始至终都呈现出一种对所有传统基督教信仰和仪式（特别是罗马天主教）的强烈反感。在他看来，宗教这种思维模式适合于人们对自然相对无知的时代，而随着人类理性的发展，文明已经进化到一个更高级的阶段，科学的思考方式已经被人广为接受，因此也就不再需要对事物的这种“幼稚”的解释了。

有意思的是，泰勒自己没有上过大学，但却成为在大学讲坛上讲授人类学的第一人，并于 1896 年被牛津大学聘任为学科史上第一个人类学教授。在其名著《原始文化》中，泰勒首次为“文化”下定义，指出：“文化或文明，就其广泛的民族学意义来讲，是一个复合整体，包括知识、信仰、艺术、道德、法律、习俗以及作为一个社会成员的人所习得的其他一切能力和习惯。”在这个关于文化的经典定义之外，泰勒对人类学的主要贡献在于其系统的研究方法，如比较法、残存法和统计法。泰勒的残存法和泛灵论包含着他的进化观，他还是人类学主张采用统计方法进行研究的第一人。

残存（survival）这一概念在泰勒的理论中扮演着一个非常关键的角色。这与泰勒的进化观紧密相关。泰勒认为，文化的演进主要表现在“理性的进步”，文明和野蛮的差别就在于文明人已经进化到了屏除迷信习俗，转而依据科学或理性的原则。他提出人类有三种看待世界的基本方式：巫术的方式、宗教的方式和科学的方式。尽管这三种方式可能同时存在，但却代表着人类理性进步的三个阶段。他指出，残存是仪式、习俗、观点等，它们被习惯势力从它们所属的社会阶段带入到一个新的社会阶段，于是成为这个新文化由之进化而来的较古老文化的证据和实例。这样，通过分析和研究作为文化的历史证据的这些残存，就可以追溯发展的历史，从而重建文化的演进过程。

他认为，“现实中残存着无意义的习惯，它们在当时曾经具有实用意义，至少为了礼仪性的目的而曾为人们遵守，但当它被移植到新的社会后，由于完全丧失了其原先的意义，于是就成了无聊的旧习……可是根据这种或那种习惯的原来所拥有的、但在今天已经丧失了的意义，我们能够解释用其他方法所不能洞察其意的、一直被认为是完全不可思议的诸习惯”。①

对于宗教的研究，泰勒主要关注的是原始宗教，并提出万物有灵论或泛灵论（animism）。他指出，万物有灵论有两个基本信条：一是相信所有生物的灵魂在肉体死亡或消失之后能够继续存在；二是相信各种神灵可以影响和控制物质世界及人的今生来世，同时，神灵和人是相通的，人的行为会引起神灵的高兴或不悦。泰勒认为万物有灵论是宗教的最初形式，并据此构建了

① 转引自庄锡昌、孙志民：《文化人类学的理论构架》，杭州：浙江人民出版社，1988 年，第 6 页。

其进化图式的宗教发展史。先民们开始是对人的灵魂的信仰，后来延伸到动物、植物以及高山、大河等无生命的物体，形成泛灵信仰。之后，泛灵信仰发展为祖先崇拜（包括图腾崇拜），然后到精灵崇拜，再到多神崇拜，最后发展为一神崇拜。[①]这个宗教发展的历史过程，其实也是社会进化的三个阶段。

需要留意的是，泰勒对于宗教的研究的落脚点其实在于探讨“文化的科学”，也就是他所倡导的人类学，或者被其他人称为“泰勒先生的科学”。或者说，泰勒始终将宗教看作人类文化的一部分，也就是说，要认识宗教，必须要了解人类家庭生活和社会生活所组成的复杂网络。而对万物有灵论的探讨则是要揭示人类文化由低到高，由简单到复杂的演进历程。显然，泰勒试图要回答的是“宗教的起源”这个由缪勒（Max Muller）提出的问题，而且其切入点在于历史的起源，而不是弗洛伊德和涂尔干所关注的心理或社会的起源。

四、 弗雷泽的巫术与宗教研究

弗雷泽出生于苏格兰格拉斯哥的一个长老会家庭，但是他自己却一直持一种无神论，或至少是不可知论的立场。因此，与泰勒一样，弗雷泽认为自己是科学的宗教理论家，认定凡是诉诸某种神秘经验或超自然启示的宗教解释都是不能接受的。换言之，他的宗教研究是一种自然主义的进路，而这种科学式的研究要求尽可能广泛地收集事实和材料，然后进行分类和比较，只有这样才能形成一种可以解释所有宗教现象的普遍理论。而这也是他的巨著《金枝》之所以卷帙浩繁（长达5000多页，书中充满了从世界各地收集来的神话、故事及各种事例）的原因。

---

① 参见 Edward Burnett Tylor, *Religion in Primitive Culture*, New York, Harper & Row, 1958（1871）。

作为早期最为重要的人类学家之一，弗雷泽首创了“社会人类学”这个术语，后来这几乎成为了英国人类学的代名词。在其成名作《金枝》（1890—1915）中，他认为人类智力发展经历了三个有普遍意义的阶段，即巫术阶段、宗教阶段和科学阶段。《金枝》后来不断扩编达到12卷之多，对于此后关于宗教的思想和研究影响深远。在20世纪初，它在现代思想的几乎每一个领域中都留下了一定的印迹，从人类学到历史学，再到文学、哲学、社会学，甚至自然科学。

弗雷泽一生勤于著述，在巨著《金枝》外，他还出版了《图腾制》（1887）、《永生信仰和对死者的崇拜》（三卷本，1913—1924）、《〈旧约〉中的民俗》（三卷本，1918—1919）、《自然崇拜》（两卷本，1926）、《火起源的神话》（1930）和《原始宗教中对死者的恐惧》（两卷本，1933—1934）。按马雷特的说法，弗雷泽是“名副其实的书斋中的运动员，从不中断训练，确实像钢铁一样坚强”。事实上，他一生大多数时间都是在剑桥大学，是一位不折不扣的“象牙塔”学者。

正如其副标题“巫术与宗教之研究”所揭示的那样，《金枝》的研究主题之一是巫术。弗雷泽认为，虽然巫术现象千奇百怪，但实际上只有两个基本原理：相似律和接触律。相似律的意思是同类相生或同果同因，所产生的是顺势巫术或模拟巫术。这种巫术的要点在于结构上的交感，其典型体现在巫医的治疗行为上，巫医不必在病人身上做什么，而是让患者看着医生在他面前装作极其痛苦的样子在地上打滚，于是他就解除了所有的病痛和麻烦。例如北美印第安人相信，如果他们在地上画上人的形象，或者把任何一种事物认作他的身体，然后用长矛或其他武器猛刺这个事物，那么就会对它所代表的那个人造成同样的伤害。

接触律的意思是物体一经接触，在分隔之后还会远距离地互相作用，这个原则产生的是接触巫术。这种巫术的要点在于部分与整体的交感，巫术的对象是当事人的一部分，如头发、指甲、衣服、物品、影像、名字、脚印等。这种巫术在中国民间，甚至宫廷斗争中都常有出现，因此才出现对于头发、唾液、指甲等身体部分或分泌物的处置相关的各种禁忌和讲究。

对于巫术的深入讨论无疑是弗雷泽的一个研究重点，但一般认为《金枝》更为重要的是其巫术—宗教—科学三阶段说。其中更为引人关注的是，弗雷泽认为巫术与科学相近，而与宗教相远，这与很多人的看法完全相左，很多人认为巫术和宗教相近，甚至可以说是宗教的一部分。弗雷泽认为，巫术的一个重要作用就在于它有一种内在的因果逻辑，尽管这在科学看来是虚假的因果关联，而这与科学认知世界的方式是类似的。弗雷泽认为，巫术和科学都认定事件的演变发展是完全有规律的和确定的，并且由于这些演变是由不变的规律所决定的，因此是可以准确地预见到和推算出来的。因此，巫术是“科学的近亲”。他甚至说：“如果说巫术曾经做过许多坏事，那么，它也曾经是许多好事的根源；如果说它是谬误之子，那么它也是自由与真理之母。”

弗雷泽早年以研究古代文化史为主，后来因受泰勒《原始文化》的影响而转向人类学。弗雷泽对于宗教的解释进路和泰勒几乎完全一致，即主要从其史前起源来研究宗教，因为他们都认为解释宗教的关键就在于找出它是怎样开始的，以及它从其最原初、最简单的形态如何演变到现在的形态。另外一个共同点在于他们都是从个体出发去解释宗教及其缘起，也就是说，他们认为宗教起源于个体的“蒙昧人—哲学家”对自然世界的思考，之后逐渐将其关注和思想传递给其他人，并逐渐得到其他人的认同，从而变成公共的或社会的宗教。

应该说，以摩尔根、泰勒、弗雷泽等人为代表的进化论人类学在认识人性和文化方面做出了独特的贡献。首先，他们让有关人类起源的研究开始走向科学化，即运用一些系统性的方法，而不再一味地依赖某种理论或宗教传统的独断之见。其次，他们在先天遗传的生物特征与后天学习的社会行为之间做了一个明晰的区分，而这就很好地回答了人类学研究长久以来的一个主要争论："为什么人类看似相似，但表现的行为却大相径庭?"

然而，进化论人类学在方法论上确实存在缺陷。这与它所主要关注的起源问题的性质有关，因为其中许多命题都属于思辨范畴。另外，它在材料上不够充分和扎实，并且在取舍上过于简单。不过，后代学者批评最多的主要在于另外两个方面。一是它倾向于任意拆分文化特质，用来组装宏观理论模式，或者说是过分追求通则，而不顾文化的整体性。其二，它在论述文化问题时，往往由于材料不足而借助逻辑推理，或者干脆降低或简化到生物和心理等经验层次去寻求支持。这也导致了许多人类学家对起源问题的厌恶，转而从功能、结构等角度去关注具体的社会和文化，或者用文化相对论的观点来看待不同文化之间的差异。

第2节　新进化论

所谓“新进化论”（neo-evolutionism）是指一些人类学家继续坚持进化论的基本立场，但对众多针对古典进化论的批判做出回应和相应调整的一系列理论观点，是经过修正、改进的文化进化学说。其主要代表人物有英国的柴尔德、美国的怀特（Leslie White）、斯图尔德（Julian Steward）、塞维斯（Elman Service）、萨林斯、马文·哈里斯等人。

总体看来，新进化论与古典进化论显然具有一个原则上的共性，即强调社会和文化的进化与发展。但同时，新进化论也拥有一些超越古典进化论的理论创见和方法创新：第一，新进化论引进了更多的自然科学概念和方法，如能量学、生态学和遗传学等，极大地丰富了人类学的内涵。第二，在社会文化变迁的动力问题上，古典进化论大多认为文化进化是由人类心智的能力所决定的，而新进化论的角度更广，并提出了更为全面的看法。新进化论者超越心理解释的桎梏，对文化的广泛领域中，如物质文化、能量、生态、遗传以及象征符号等因素进行深入的讨论。第三，在文化变迁的路线问题上，古典进化论大多坚持单线进化，而新进化论同时还重视文化进化的多线性和特殊性。这主要是受历史特殊学派所主张的文化相对论的影响。第四，在研究方法上，新进化论不再受限于古典进化论那种过于抽象和包罗万象的宏大理论倾向，开始重视具体的民族的文化变迁的研究。事实上，由于结构功能学派田野工作方法的影响，具体的、整体性的民族志研究已成为新进化论研究的基础。[①]

① Sherry Ortner, “Theory in Anthropology Since the Sixties”, *Comparative Studies of Society and History*, 1984, 26: 127 - 160.

一、普遍进化论

20世纪20年代到50年代末期，英美人类学理论框架由两种主要的范式构成，分别是马林诺夫斯基和拉德克利夫-布朗传统下的英国结构功能主义，以及博厄斯的文化相对论体系，及其弟子玛格丽特·米德和鲁思·本尼迪克特等人的美国文化与人格研究（或心理学派）。在这两个主导范式下，还是有少数人类学家坚持进化论的立场，其中的主要代表是柴尔德和怀特。他们是政治上的左派，深受马克思和恩格斯的影响，因此在其研究中也更为关注对马克思和恩格斯有过重要影响的摩尔根。

尽管柴尔德和怀特强烈反对当时的功能论人类学对历史或时间的忽视，也反对文化相对论对于普遍性议题的抵制，但相对于之前的单线进化论者而言，他们的观点已经有所修订，放弃了那种对跨文化一致而且遍布世界的单线进化阶段的简单化确信，转而强调更广泛、普遍的进化阶段的存在，例如摩尔根所主张的蒙昧、野蛮、文明这样的经典划分。

1. 柴尔德的文化进化史观

1936年，英国考古学家柴尔德出版了《人类创造了自身》一书，提出了考古学上的石器、青铜器、铁器时代，以及与之相应的经济发展和社会进化的三段说。他还提出“新石器时代革命”、“城市革命”等术语，用来描述人类社会变迁的历史。通过这些新术语的引进，柴尔德使得进化论得以从“蒙昧”、“野蛮”等民族中心主义色彩浓重的描绘中解脱出来，试图树立起唯物主义的文化进化史观。

2. 怀特的文化进化标准

早在20世纪30年代，怀特就开始为恢复进化论的地位而奔走。他撰写了大量宣传进化的论著，并在其创建的密歇根大学人类学系专门开设课程讲授摩尔根、马克思、恩格斯等人的研究。认为人类文化是不断发展的，是从低级向高级的进步，而且世界上各种文化都必定经历几个相同的阶段。而这正是怀特的理论被归入进化论的原因。

1959 年，怀特发表了《文化的进化》，该书可以被认为是其进化思想的总结。他认为，尽管文化是一种超有机体，但也可以通过能量测算来计算其发展过程。而这也构成了怀特的新进化论与摩尔根不同的地方，即不是以食物和生产工具作为进化的标志和衡量的尺度，而是以能源的获取作为标准。

对怀特来说，文化的进步意味着每人每年利用能量总量的增长或利用能量的技术效率的提高。他进一步推演出一个文化发展的公式：

$$C = ET$$

其中，C 代表文化（culture），E 代表人均年利用能量（energy），T 代表能源开发的工具与技术的效率（technology）。这个公式集中表达了怀特的文化进化观，他认为文化是由技术、社会、意识形态三大体系构成的，其中技术体系决定另两个体系。对怀特来说，衡量文化进化阶段的唯一而又最合适的指标就是每人每年能够获得的能量，而先进的技术能使人类取得更多的能量。①

值得指出的是，怀特的文化观还极大地影响了人类学家看待文化的方式。怀特更为强调象征，他在《文化的科学》（1949）中将文化界定为由事件所组成的一种现象，这些事件依赖着人类独特的技能，即使用符号的能力。他指出，文化就是人们为了生存下去而适应自然界的一种机制，而没有符号和象征就不会有文化的产生。

① 参见 Leslie White，*The Evolution of Culture*，New York，McGraw-Hill，1959。

二、 多线进化论和文化生态学

到二战结束前，人类学已经逐渐走向专业化（specialization）。二战结束后，昔日处于工业社会边缘的非西方民族也迅速地卷入世界大体系中，文化交流日益频繁和深入。同时，西方国家本身也经历了一场社会、文化的危机和重组过程，能源危机、环境污染、共产主义运动等都迫使学者们重新审视其自身的价值观和制度体系。显然，对变迁的研究成为当代人类学的一个关键主题。

反法西斯盟国的胜利使得人们重新思考“社会是否越变越好”的问题，同时，民族与意识形态的分化使得人们不得不接受文化多样性这个现实。正是这两个看起来旨趣差异巨大的思考在人类学中推动了一股“重新发现”进化论的思潮。一方面强调“进步”，另一方面又关注进步的多线性。1957 年到 1958 年，美国华盛顿人类学会为纪念《物种起源》发表一百周年专门举行了一次学术研讨会，并出版了《进化与人类学：一百周年的评价》，重新确认进化论在人类学中的地位，并具体考察了 19 世纪进化论存在的一些问题。斯图尔德等人的多线进化论及文化生态学观点得到了相当广泛的认可，甚至 20 世纪 60 年代整个人类学界的关键词之一就是“自然”。

斯图尔德赞同怀特的进化论观点，但他的进化理论与怀特的理论有着很大的差异。他指出，对文化史的解释可以归结为三种观点：第一，单线进化论（unilinear evolution），主张所有的社会都要经历类似的发展阶段，只存在阶段的差别。第二，文化相对论，与单线进化论完全相反，强调各个民族文化发展的相对性和独特性，否认各种文化必须经历从低级到高级的每个阶段。第三，多线进化论（multilinear evolution），即他本人的立场，既主张进化，但又考虑到文化相对性。①

在斯图尔德看来，文化与其生态环境不可分离，是相互影响、相互作用、互为因果的。相似的生态环境下会产生相似的文化形态及发展线索，例如在近东和中美洲的农业发展都导致了极为类似的社会和政治发展。同样，世界上存在的多种生态环境也造就了与之相适应的多种文化形态和进化途径。换言之，如果说文化是人类适应环境的工具的话，那么各民族文化的发展便会随着生态的差异而走上不同的道路。

由于其对环境的关注，并强调生态环境对文化的影响，斯图尔德的学说也被称为“文化生态学”（cultural ecology）。这个研究取向主要探讨当人类在适应自然环境时，文化是如何发挥其动态功能的。他对印第安肖肖尼人（Shoshone）及其为生存而从事的活动进行了细致描述，除此之外，还综合分析了环境的压力和人类对环境的适应，指出由于当地居民稀少和技术的限制，肖肖尼人的社会结构已经退化至原始的状态。在这个研究的基础之上，斯图尔德提出了文化三要素观，即资源、技术和劳力。他认为资源和技术是基础，借着人类的劳力使它们得以结合。在人类试图在环境压迫下求得生存的努力中，劳力是常备的工具，而且几乎所有的社会都必须面对内在的社会压力和外在的环境限制。

简单而言，怀特和柴尔德与古典进化论者一样关注的是全人类社会的整体进化，而不是局限于某个特定社会。他们所坚持的仍然是单线进化的基本立场，尽管斯图尔德将怀特的进化理论称为“普遍进化”，而他本人则主张多线进化。另两位重要的新进化论者塞维斯和萨林斯则采取中间道路，将怀特和斯图尔德的理论进行综合和调和，提出了“一般进化”（general evolution）与“特殊进化”（specific evolution）并存的观点。一般进化就是怀特的“普

① 参见［美］怀特：《文化的科学》，沈原等译，济南：山东人民出版社，1988 年。

遍进化”，而特殊进化就是多线进化。

塞维斯还进一步展开，根据社会组织复杂的程度将文化进化划分为五个阶段，即队群（band）、部落（tribe）、酋邦（chiefdom）、国家（state）以及工业社会（industrial society）。这一著名的进化链划分方式后来在人类学界中被广为接受。①

三、文化唯物主义

新进化论还有一个影响广泛的理论支派文化唯物主义（cultural materialism），究其理论来源，文化唯物论实际上就是文化生态学与马克思的历史唯物主义的结合体，其主要倡导者是马文·哈里斯。罗伊·拉帕波特（Roy Rappaport）则是文化唯物主义的另一位主要代表人物。事实上，他的理论表述比哈里斯显得更为细致，其研究关注也更为具体。② 简言之，这一派学者的分析焦点不再是进化本身，而转向了用特定文化中特殊因素的适应或系统维护功能来解释这些因素的存在。这些研究有一个共同点，即把兴趣从环境如何刺激（或阻止）社会和文化形态的发展这个问题，转为了社会和文化形态如何维持与环境的既存关系的方式。

马文·哈里斯生长于美国纽约布鲁克林，在哥伦比亚大学求学期间受教于新进化论的两大宗师怀特和斯图尔德。由于他的成就突出，1952 年开始在哥伦比亚大学讲授人类学，并于次年获得该校的哲学博士学位，时年 26 岁。1963 年，他荣升为哥伦比亚大学教授，并于 1963 年到 1966 年期间担任人类学系主任。1980 年，他辗转到佛罗里达大学担任人类学教授。在此期

① 参见 Elman Service，*Profiles in Ethnology: A Revision of a Profile of Primitive Culture*，New York，London，Harper & Row，1963。

② 参见 Roy Rappaport，*Pigs for the Ancestors: Ritual in the Ecology of a New Guinea People*，New Haven and London，Yale University Press，1971。

间，他还曾担任过巴西教育部的技术顾问等职。

一般认为，20 世纪 60 年代以前的人类学，即便不存在统一的“范式”，亦有一枝独秀的理论。20 世纪 60 年代则是一个破除学术霸权的时代，人类学的格局发生了急剧变化，新的理论不断出现，其中代表一个认识世界的方法并成就一家之言的就是哈里斯的文化唯物主义。他身怀使人类学“重归科学大道”、建立科学理论范式的大志，结合自然科学和人文社会科学，努力探求人类社会文化的未解之谜。在哈里斯看来，文化唯物主义是认识世界唯一的科学方法，他也由此被其他美国同行视为“马克思主义人类学”的代表人物。

1968 年，哈里斯出版了长达 750 页的《人类学理论的兴起》，首次提出并系统地阐述了文化唯物主义的基本原则，并从文化唯物主义视角反省了人类学理论的历史。他从“科学”的角度对人类学史上出现的重要理论逐一加以批判，包括他的老师们所倡导的新进化论。该书可以说代表了文化唯物主义初具雏形，一经出版就引起了学界的轰动，当然也是毁誉参半。

如果说《人类学理论的兴起》是哈里斯文化唯物主义的锋芒初露，那么，他于 1979 年出版的《文化唯物主义：为创立文化科学而斗争》就毫无疑问是其巅峰之作。其时，哈里斯正好步入“知天命”之年。这是一部雄心勃勃的系统性理论著作，被《书刊与艺术编辑史》称为“哈里斯所写的最重要的一部著作”。他通过对文化唯物主义认识论、理论原则、理论范围和视野等问题的探讨，系统地阐述了文化唯物主义的立场、观点、概念和理论方法。他还运用文化唯物主义的视角对其他当代人类学的理论加以评论，以表明文化唯物主义具有科学性和合理性，是研究人类社会的“新策略”。

宗教并不是哈里斯的主要研究关注对象，但他的文化唯物主义却无疑为我们理解通常被认为奇特神秘的那些宗教文化现象提供了一种独具特色的视角。1974 年，哈里斯根据他在《自然历史杂志》定期发表的系列文章出版了

《母牛·猪·战争·妖巫——人类文化之谜》。在这些文章中，哈里斯试图向人们解释那些所谓的文化之谜："为何夸库特耳人要将栖息之地付之一炬；为何印度人对牛肉退避三舍，或者，为何犹太人对猪肉深恶痛绝；为何某一些人对救世圣贤矢志不渝，而其他人则对巫术坚信不疑。"

在解答这些"人类文化之谜"之前，哈里斯对那些主观或客观上造成"文化神秘主义"的做法进行了声讨。在他看来只有破除这种"只有上帝才知晓本象"的"宗教化"的解释，转而假定人类生活方式有章可循，从而脚踏实地、细致地观察，尽可能熟悉当地实际情况，才能探究各种"貌似稀奇古怪的信仰和做法，实际上都是基于极为普通、陈旧落后（有人称之为野蛮粗俗）的社会背景，以及精神需求和各种行为基础之上的"。同时，他针锋相对地批驳了那些极端持"主位"观点的同行，因为那些同行认为"那些坚持自己生活方式的人所做的解释是不容更改的事实"，人类的知识决不应该被视为"研究对象"，而且那些适用于物理和化学研究的科学模式，对生活方式的研究毫无助益。

对此，哈里斯指出："我们并不期望梦呓者去解释自己的梦境，同样我们也不会期望遵从自己生活方式的人们解释自己的生活方式。"这集中体现了哈里斯一向所坚持的科学主义和客位的优先地位。因此，他将印度农民宁肯饿死也不肯吃牛肉的"神秘莫测的东方思维方式"还原到从生态、经济、生计、能量消耗、阶层的角逐、富人和穷人之间不同策略等物质和文化背景有机结合的理性的角度来考量。他还认为"禁食猪肉的教规无疑成为一个合乎情理的对付生态环境的战略"。对于麦林族喜爱猪的缘由，他也同样是从他们的技术程度、环境条件、食品构成、人口增长、战争的需求给予解释。此外，原始部落的战争亦被哈里斯归入"适应生态环境的一种生活方式"。总之，在哈里斯看来："任何文化现象都是植根于现实生活的土壤之中的，都有其客观现实的基础。任何采取神秘主义态度的做法都是错误的。要想解开这些人类文化的谜团，就必须坚持客观、科学的态度，从现实中寻找答案。”该书可以说是哈里斯文化唯物主义理论的一次实际操练和应用，而他对印度圣牛以及犹太人和穆斯林对猪的禁忌的解释更是成为经典案例，尽管也存在批评乃至批判的声音。

延续这种思路，哈里斯出版了《食人族和王国：文化的起源》（1977），大胆地提出，“生殖压力、更大规模的食物生产和资源竭尽将提供理解家庭组织、财产关系、政治经济和宗教信仰，包括饮食嗜好以及食物禁忌的钥匙”。1985 年，哈里斯发表了又一部风靡一时的作品：《好吃：食物与文化之谜》。他继续运用文化唯物主义的原理，从生态、人口、生计等文化大背景，对世界各地诸如犹太教和伊斯兰教禁食猪肉，印度教徒不吃牛肉，美国人不喜欢山羊肉、狗肉以及法国人喜欢马肉等表面上似不合理而却有实用之功的饮食禁忌和饮食模式进行了探讨，解释了饮食偏好之谜，并由此成为饮食人类学的一个主流理论流派。

四、社会生物学和突变论

1975 年，美国人类学家爱德华·威尔逊（Edward Wilson）发表了《社会生物学》（*Sociobiology*），主张人类社会和文化不过是人类动物天性的简单附属品。他认为，运用达尔文的原则可以用跟解释蚂蚁、青蛙或狼等动物的社会生活几乎一样的方式来解释人类文化。在他看来，性选择影响了政治组织，群体选择导致了战争，伦理则主要与基因传递的愿望有关。这在生物学界得到了支持或响应，1976 年英国进化生物学家理查德·道金斯（Richard Dawkins）出版了《自私的基因》（*The Selfish Gene*），认为一个物种的进化是为了提升其整体适应度，即将自己的基因尽可能多地传给整个群体（而不是个别的个体）。于是，整个种群会朝向进化稳定策略（evolutionarily stable strategy）进化。道金斯进一步提出“迷因”（meme）一词，用以表示人类社会文化进化的基本单位，认为“自私”的复制机制同样适用于人类文化。①

与在生物学界得到的响应相反，人类学界对社会生物学则少有认同者，甚至有非常激烈的批评。例如，萨林斯在《生物学的使用与滥用》中强烈反对用人类的动物天性来解释文化，甚至认为人类学正是在生物学无法提供解释的领域发生作用，“人类学存在于生物学留下的虚空中”。哈里斯的批评更为严厉，他指出威尔逊的社会生物学其实就是生物简化论，文化根本不是由基因决定的，文化“与基因无涉”（gene free）。

另一个更少被人类学家接受但值得提及的观点是突变论（revolutionist），它与社会生物学一道被视为人类学中的“新达尔文主义”，其主要代表是英国人类学家克里斯·奈特（Chris Knight）。如果说社会生物学是渐进论的，更为接近经典达尔文进化论的那种缓慢、渐进式的变化，那么突变论则更接近生物进化论后期发展中出现的突变论，强调因为某种灾变或突然事件带来的剧变，只不过它被用于文化和社会领域，例如奈特对象征和语言的起源及进化过程的研究，集中见于他 1991 年出版的《血亲关系——月经与文化的起源》一书。②

---

① 在其三十周年纪念版前言中，道金斯认为更恰当的书名应该是“不死的基因”（the immortal gene）。

② 参见 Chris Knight，*Blood Relations: Menstruation and the Origins of Culture*，New Haven and London，Yale University Press，1991。

第3节　传播论

到19世纪70年代后期，人类学逐渐发展成为一个专业。随着西方殖民事业的日益扩展，欧洲人急需了解殖民地人民的文化和生活方式，以便更好地实现其殖民统治。而在美国，政府也很希望更多地了解处于开垦区和保留地的印第安人。在这个过程中，人类学家一方面扮演了出谋划策、协助统治殖民地或原住民的角色，另一方面，基于其科学探索的理想和人道主义的责任感，他们也极力记录那些即将灭绝或被遗忘的各地风俗。这就促成了民族学博物馆的大量产生，以及世界各地的民族志资料的大量收集。

从这一时期开始，人类学也开始了一系列的专业田野工作。人类学也开始被纳入大学正式课程，投身人类学研究的学者开始慢慢增加。随着民族学资料的日渐累积，以及学科专业化，人们对早期的进化理论开始不满，出现了一些新的观点和理论。在欧洲，主要表现为强调传播和迁徙的文化传播学派，其学说关键词是"传播"。

一、传播与传播论

传播（diffusion），或作"散播"、"扩散"。这与communication的内涵非常不同。后者是指两个主体之间的对话、交流，含有平等的意思。而前者则是指一个主体向外部的扩散，带有从中心向边缘的地位差异的色彩。

传播论（diffusionism）是人类学正规学科史上继进化论之后出现的第二个重要理论范式，它将人类社会文化的变化归因于物质文化和习得行为从一个起源社会散播到其他社会。换句话说，传播论认为文化变迁的过程主要是文化采借（cultural borrowing）的结果。传播论者大多信奉进化论，并试图构建文化史，把异民族文化看成时间上的“他者”。但他们反对进化论的“独立发明说”和“平行发展说”，认为传播是历史发展过程的主要内容，全部人类文化史归根结底是文化传播或借用的历史。为此，他们试图解释文化在全世界的分布现象和发展路线。

从思想史的角度来看，传播论源自德国唯心主义（理想主义）哲学。但其直接的理论先驱当数德国地理学家弗里德里希·拉策尔（Friedrich Ratzel）。拉策尔深受巴斯蒂安地理环境概念的影响。在其主要著作《人类地理学》和《民族学》中，他试图从地理条件的角度，运用把文化要素标在地图上的方法，描绘出一幅人类及其文化的分布图，并从各地区文化要素的相似形态中，推测其历史上的联系。

拉策尔之后，传播学派发展出两个变体：英国的埃及中心论和德奥的文化圈理论。埃利奥特·史密斯（Elliot Smith）和威廉·佩里（William Perry）将文化传播论推向极端，提出埃及中心论，认为人类文明和文化制度要素的起源最终都可以追溯到古埃及。他们坚信“历史绝不会重复”，所有的文化只能产生或发明一次，其余的都是由一个“文化中心”即古埃及传播出去的，现存的许多原始部落所呈现的正是古埃及文化的退化。

二、文化圈

传播论的正统当属德奥文化圈学派。该学派注重通过对物质文化形态特征的比较来构建区域文化的传播过程，并从中总结出不同文化的民族精神。他们认为文化或文明具有区域性，每个区域有自己的文化创造和变迁的中心。“文化圈”（kulurkreis）这个概念最早由莱奥·弗罗贝纽斯（Leo Frobenius）

提出。他认为整个文化圈都可以迁移和传播。

弗里茨・格雷布纳（Fritz Graebner）对文化圈理论的阐述更为系统和完整。他认为澳大利亚和大洋洲地区存在八个独立的文化圈，并分别指出这些文化圈的文化要素或文化特质。他还把各个文化圈内的每一种文化现象一一标示在地图上，发现有的文化圈彼此有部分重叠，形成“文化层”。据此，他相信可以推算出各文化层出现的时间顺序和文化现象的迁移路线。由此，他认为世界文化的历史，其实就是若干文化圈及其组合在世界范围内迁移的历史。换言之，在拉策尔和弗罗贝纽斯提出文化圈理论的空间维度的基础之上，格雷布纳进一步指出了其时间维度。格雷布纳还提出了鉴别“文化亲缘关系”的两个标准：形式标准和数量标准。他相信根据综合这两个标准，就可以分辨出散见于各地的文化要素之间是否存在关系，以及文化圈的发源地和传播路线。

奥地利天主教神甫威廉・施密特（Wilhelm Schimidt）在格雷布纳的形式标准和数量标准之上，又补充了“性质标准”、“连续标准”和“关系程度标准”。有意思的是，施密特的文化传播论带有相当明显的进化论色彩，被人称为“文化圈进化论”。但施密特理论的重心转到了确定文化的发展水平及其历史年代上。在他的理论中，文化圈的顺序所反映的已不仅仅是它们在这个或那个地理区域内出现的顺序，而是世界历史发展的依次阶段，从狩猎、采集到园艺种植、畜牧，再到农业文明，呈现出一幅完整的进化图式。从这个意义上说，“施密特与摩尔根进化模式之间的唯一区别，就是前者认为重要事件在历史上只发生过一次，而后者则认为曾多次发生”。[①]

三、传播论要点

尽管英国埃及中心论与德奥的传播论之间，甚至各自阵营内部也有不同

---

① Marvin Harris, *The Rise of Anthropological Theory*, New York, Crowell, 1968.

的见解，但从总体来看他们都基本同意以下观点：第一，相信传播是文化发展的主要因素；第二，认定文化采借多于发明；第三，认为不同文化间的相同性是许多文化圈相交的结果，由此，文化彼此相同的方面越多，说明发生过历史关联的机会就越多；第四，认为进化论忽略传播迁徙，并从传播角度重构人类文化史。①

可见，传播论其实与进化论有一个共同理想，即构建人类文化的宏大历史。从 1920 年代开始，这种以分散的特质及其机械组合来解释文化，甚至试图构建文化史的方法受到了来自英国功能论和美国文化模式论的直接挑战和激烈批评。这些批评者们认定社会文化是超有机整体，有其自身的结构或形貌。因此文化研究者必须考虑文化自身的主体和能动性，承认社会文化有选择、排斥及整合外来文化要素的能力，而不能任意地对文化进行拆分和组装。

尽管传播论的一些主张现在看来不过是一些臆想式的推测，但作为一个思想流派，传播论对人类学的贡献颇多。首先，它提出了收集民族志材料的系统方法，并将田野工作确定为人类学资料收集的主要方式。传播论者所积累下的大量翔实的文化地理资料，为后人进行跨文化比较（如列维-斯特劳斯的结构分析）留下了宝贵的原始依据。其次，它强调地理环境等因素，关注发明和适应等文化过程，从而填补了早期进化论者所欠缺的对自然环境影响的重视。再次，文化圈学说后来经博厄斯及其弟子发展为“文化区”理论，影响了美国人类学几乎一个时代的研究进路。最后，恐怕也是最重要的在于，传播论所一脉相承的德国唯心主义哲学，经由博厄斯的发展和倡导，使得文化相对论成为人类学的学科共识。

---

① 参见张海洋：《文化理论的轨迹》，见庄孔韶主编《人类学通论》，第 46—48 页。

第四章　共时范式（一）

与历时范式相对，共时范式主要关注的是事物之间在同一时间上的关系，其特点就是在不涉及时间前提下解释特定文化运作的研究，主要包括功能主义、结构主义、象征研究、认知研究、阐释主义等。另外，虽然社会决定论者如涂尔干等人对于文明和历史变迁基本上持进化论立场，但其研究关注主要不是时间意义上的“起源”问题，而是性质意义上的“根源”问题，从总体上说更接近共时范式。博厄斯等人所倡导的历史特殊论、文化区研究及后来发展的文化形貌论等虽然有着传播论的影响，但他们对于空间上的差异问题的关注要多于对时间意义上的变化问题，因此也归入共时范式来讨论。

另外需要指出的一点是，在进化论人类学发展的同时，荷兰人类学家高延（J. J. M. de Groot）则代表了一种不同的研究进路，他更为强调比较研究。① 事实上，他是最早进行田野工作的人类学家之一，更是最早到中国进行实地考察研究汉人社会的欧洲人类学家。在1877—1890年间，他在福建等地的汉人社区生活十余年，对闽南人和客家人有深入的研究。1882年，他出版了《厦门岁时记：中国人的民间信仰研究》（*Les fêtes annuellement célébrées à*

---

① 特别感谢施舟人（Francis Schipper）教授对这一点的指点。

Émou)。1892—1910 年间，他出版了六卷本《中国的宗教体系》(*The Religious System of China*)。高延的系统研究不局限于汉学领域，对整个社会科学有着重要的影响，并且深刻地影响了韦伯、葛兰言等重要学者。葛兰言则进一步影响了列维-斯特劳斯、乔治·杜梅泽尔(Georges Dumezil)、萨林斯等人类学家。

第 1 节　社会决定论

在德奥及英美仍然盛行进化论和传播论的 19 世纪末，法国开始出现一个新的文化研究思潮和理论学派，通常被称为“法国社会学派”。社会学派主要盛行于 20 世纪 20 年代至 30 年代，并对其后的社会学、人类学、心理学、历史学、经济学等学科产生了深远的影响。这个学派主要由法国社会学家涂尔干倡导发展而成，其主要成员也都是他的学生，最为著名的包括莫斯、吕西安·列维–布留尔（Lucian Levy-Bruhl）、罗伯特·赫尔兹（Robert Hertz）等人。作为社会学派的思想总导师，涂尔干与韦伯和马克思一道被视为西方现代社会理论及现代人类学的三个基本理论来源。英国人类学家埃文思–普里查德认为：“涂尔干既是当代社会学历史上最伟大的人物，也是对人类学思想最有影响的人物。”①

一、涂尔干和“社会学派”

涂尔干是法国犹太人，主要从事社会学研究，并出版了《社会分工论》（1893）、《社会学研究方法论》（1895）和《自杀论：社会学研究》（1897）。1898 年，他创办了《社会学年鉴》，这本刊物在当时法国社会学界产生了重大影响，以至于社会学派也常被称为“社会学年鉴学派”。1902 年，他转赴巴黎大学任教。此时，他的研究兴趣发生了重大转折，开始了文化人

① 转引自［英］莫里斯：《宗教人类学》，周国黎译，北京：今日中国出版社，1992 年，第 142 页。

类学的研究。1903 年，他与其外甥莫斯合著了《原始分类》。1912 年，他出版了人类学名著《宗教生活的初级形式》。

涂尔干认为社会虽然来自个体的组合，但已经超越了个体，拥有独特的性质而构成一个实体。他坚决反对依据个人或心理因素来解释社会的做法，并强调社会现象只能依据对社会本身的研究来解释。他明确提出："社会是一个由各个群体或者说各个分子组成的整体……不是一种简单的个人相加的综合……因此，要考察社会现象的原因，或者社会现象的产生，不能在那些组成集体的各个分子中去寻找，而必须对这个已经组成的集合体进行研究。"[①]

在《社会分工论》中，涂尔干还提出了"机械团结"与"有机团结"这一对概念。他认为，原始社会是建立在亲属关系上的共同一致的社会模式，是一种机械团结。机械团结的基础是把个人同化为具有共同信仰和感情的整体，其团结的取得是以牺牲个性为代价的，同时周期性的宗教仪式通常与机械团结紧密联系在一起。而在工业化社会的现代社会中，人的结合是由于相互需要，通过分工合作彼此结合，相互补充，是一种有机的团结。有机团结主张维护人的个性，个体部分的个性越鲜明，社会团结或合作越牢固，因为相互依赖的程度越高。

除了社会整体观和社会决定论之外，涂尔干的理论中对人类学有普遍性影响的概念是集体意识或集体观念。所谓集体意识（collective conscience）是指由某一特定的社会的大多数人所接受的共同信仰和感觉，是社会强加于个人的观念，不是人从直接的经验中取得的。对于涂尔干来说，这种集体观念就是"社会事实"，而社会学研究的主要对象就应该是这样的社会事实。涂尔干的这个集体观念理论对人类学研究产生了广泛的影响。莫斯进一步提出"集体表象"（collective representation）的思想，特别探讨了各个社会（尤

① ［法］迪尔凯姆：《社会学研究方法论》，胡伟译，北京：华夏出版社，1988 年，第 82—83 页。

其是原始社会）中个人和“自我”的概念所反映的社会集体观念。

涂尔干对人类学研究的贡献集中体现于《宗教生活的初级形式》[①] 这一名著中。在该书中，他运用社会整体观、社会决定论以及跨文化比较方法，对早期澳大利亚原始宗教的宗教礼仪和信仰仪式进行了严密而细致的分析。在宗教起源的问题上，他反对泰勒关于宗教起源于“万物有灵”的观点，并主张任何宗教观念产生的真正和唯一的渊源就是社会。而对于宗教的功能，他认为宗教的核心不是教义，而是仪式。在仪式上，人们交流思想和感情，增加社会道德责任感，使人们产生向心力，加强团结，同时也使个人觉得更坚强，更有自信心。

二、列维-布留尔和“原始思维”

社会学派的其他成员在接受和采用涂尔干的理论和方法之外，也做出了相应的发展和扩展。莫斯的《论馈赠》（或译《礼物》）和赫尔兹的《右手的优越》等著作都成为了人类学历史上的经典之作。在此我们主要介绍经常被忽视的列维-布留尔及其《原始思维》。

列维-布留尔生于巴黎，卒于巴黎，曾就读于巴黎高等师范学校，并长期在巴黎大学任教（1899—1927 年），可以说是一位道地的巴黎人。从族源上说，他是一位散居欧洲的犹太人，与同属社会学年鉴学派的涂尔干、莫斯等人一样。作为一位被广泛认可的社会学家和民族学家，1917 年，他当选为法兰西道德与政治科学院院士。同时，他也被视为一位重要的哲学家。确实，他最初接受的是哲学训练，早年专注于西方哲学史的研究，其主要作品有《孔德的哲学》（1900）。而且他对于思维的讨论也足以让他位列重要哲学家的

① ［法］E・杜尔干：《宗教生活的初级形式》，林宗锦、彭守义译，北京：中央民族大学出版社，1999 年。

行列。

事实上，列维-布留尔最为人所知的就是他所提出的“原始思维”这个概念。他前后一共出版了六部著作来探讨这一问题，分别是《土著如何思考》（1910）、《原始人的心灵》（1922）、《原始人的灵魂》（1927）、《原始人与超自然》（1931）、《原始神话》（1935）和《神秘经验与原始象征》（1938）。

与强调人类心理一致的古典进化论人类学家不同，列维-布留尔认为，原始人与西方文明人的思维方式从根本上有着不同。在《土著如何思考》中，他把人类思维分为两类：“原始思维”和“逻辑思维”。他认为，原始思维具有自己特殊的规律，使用一种不同于文明人的逻辑方式，即所谓“前逻辑”，也就是认定不存在原因和结果的分离。换言之，列维-布留尔认为，原始人的心灵受“互渗律”的支配，以为个人与外界通过神秘的方式相互渗透，并以此认识和把握外界。他还提出，具有原始思维的人可以对日常生活情形进行逻辑思考，但却不能进行抽象思维。例如，原始人认为他的影子就是他的灵魂，因此他们会害怕影子一类的现象，因为按照列维-布留尔的说法，他们不能区分物品与物品所代表的象征意义。另如，巴西的波波罗人自称是红金刚鹦鹉，这并不是说他们死了以后会变成红金刚鹦鹉，也不是说红金刚鹦鹉会变成波波罗人，而是说波波罗人与红金刚鹦鹉是同一的认同关系。

对列维-布留尔来说，“原始思维”与逻辑思维的不同还在于它不是个人思维，而是集体思维的产物，这一点是他与涂尔干、莫斯等人的另一个重要共同点。实际上，我们完全可以认为，涂尔干的“集体表象”是指导列维-布留尔全部研究的核心概念。列维-布留尔认为，集体表象实际上是一种社会性的信仰、道德、心态、思维方式，它不是产生于个体，它比个体存在得更长久，并作用于个体。因此，不能试图通过个体生理、心理的研究去说明它。

虽然在从个体出发还是从集体出发研究宗教这个问题上与泰勒、弗雷泽的观点完全相反，但列维-布留尔在至少两个方面与这两位几乎生活于同一时代的英国人类学家相似。首先，在对待宗教的态度上，列维-布留尔与泰勒和弗雷泽同属不可知论，只不过他承接的是与涂尔干等人一样的犹太教背景下的不可知论，而后两人则属于基督新教背景下的不可知论。这其实反映了当时欧洲知识界的一个普遍的思潮，即试图重新理解“上帝死了”之后的人类状况，或者说“成人”之后的人类如何在没有上帝的情况下生活。对于泰勒、弗雷泽、涂尔干、列维-布留尔等人的宗教观，埃文思-普里查德如此评论道：“无论其背景如何，这些写下影响巨大的著作的人，都生活在他们谱写不可知论和无神论的时代，其中只有一两个例外。就其有效性而言，原始宗教与其他宗教信仰没有什么差别，都只是幻想而已。”

其次，除了宗教上的不可知论外，列维-布留尔与英国古典进化论人类学家一样持有一种明显的社会进化论。这一点在其 1910 年的那本名著的书名上就是一个最好的体现，其法文直译就是《低级社会中的智力机能》（*Les fonctions mentales dans les sociétés inférieures*）。另外，在列维-布留尔六部关于原始思维的著作中，所有的书名中都明确提到或暗示了“原始人”这个概念。换言之，他假定了社会从“原始”到“文明”的进化过程和序列。

值得提到的是，尽管列维-布留尔一直强调原始思维是原始人所特有的思维方式，其特征是神秘性和前逻辑性。但是，在其晚年他对此有了一个重大改变，转而认为：“虽然神秘性思维在原始民族比在我们的社会表现得更突出，但它在人类社会是普遍存在的。”（见其 1938 年的笔记）这说明列维-布留尔晚年已经意识到所谓文明的西方同样也存在“原始思维”，这其实是在一定程度上承认了人类心性的一致性，同时也部分地否定或至少修正了之前对于原始与文明、非西方与西方，甚至低级与高级这样的对文化发展及社会阶段的简单的进化论立场。

三、社会决定论要点

概括来说，涂尔干等人的社会决定论范式可以总结为以下五点[1]：第一，社会事实自成其类（sui generis），只能用其他社会事实来解释，而不能化简到心理和生物层次；第二，社会先在、外在和独立于个体并大于个体之和，因而能对个体形成强制；第三，社会的强制力来源于无形而有力的集体意识和集体表象，而以圣/俗分类为基础的宗教则是社会的核心形式；第四，人们对自然界的分类依据社会文化分类，社会文化分类则依据二元对立原理；第五，上述所有社会现象都有现实功能，因而可以用科学方法进行实证研究。

法国社会学派关于社会整体观、集体意识、集体表象的论述，成为后来人类学对于文化整体性、功能、文化结构、个人与社会文化的关系等多方面研究的理论基础，也对于人类学研究非西方的思维结构和模式起到了启蒙的作用。

在人类学界，涂尔干等人的思想后来演变为两种颇为对立的传统。一是以拉德克利夫-布朗为代表的经验主义传统，强调社会结构与功能的概念。另一传统是以列维-斯特劳斯为代表的理性主义传统，强调观念层次、心智结构的研究，将分类作为文化的特征。

---

① 张海洋：《文化理论轨迹》，见庄孔韶主编《人类学通论》，第56页。

第2节　历史特殊论

上一章提到，博厄斯将德奥传播论的观点带入北美人类学界。博厄斯及其阵容庞大的弟子们在美国形成了一个强大的理论学派，通常被称为“历史特殊论学派”（historical particularism），也被称为“历史学派”、“历史文化学派”或“博厄斯学派”。他和其弟子们在研究北美印第安人中提出了重要的“文化区”（culture area）理论。

他们主张人类学的一般任务是研究社会生活现象的总和，并通过这种研究来构拟人类文化和文明史。不过，他们所主张的文明史不是指全世界的一般历史，而是各个民族的具体历史。事实上，他们批评那些企图从各民族独特历史中得出普遍、抽象的理论或发展规律的进化论观点，认为那是完全靠不住的，充其量不过是一种思辨的结果。在他们看来，只有具体的东西才是历史的和可靠的。因此他们强调对具体事实的描述和记录，在方法论上更为倾向于实证，提倡历史的方法，并特别关注特定民族的文化历史和发展规律。

一、博厄斯和“历史学派”

博厄斯是德裔犹太人。最初修习的是自然科学。后来，他受拉策尔的影响开始转向人文地理学，并到加拿大爱斯基摩人中生活和考察了一年多。1931年，博厄斯因其杰出的成就被推选为美国科学促进会主席。

在其自身杰出的学术成就之外，博厄斯的另一重大成就在于培养了一批重要的人类学家，其中较为知名的弟子有阿尔弗雷德·克鲁伯（Alfred

Kroeber)、克拉克·威斯勒（Clark Wisler)、亚历山大·戈登威塞（Alexander Goldenweisser)、罗伯特·罗维（Robert Lowie)、梅尔维尔·赫斯科维兹（Melville Herskovits)、爱德华·萨丕尔（Edward Sapir)、本尼迪克特、米德等人，分布在美国一些重要的大学主持人类学教学与科研。这也就难怪米德表达过这样的观点，认为正是博厄斯"使得人类学成为一门科学"。

从本质上来讲，博厄斯学派的研究是一种文化区分析法，其基础分别是文化独立论和文化相对论。文化独立论是博厄斯等人用以反对古典进化论和传播论的主要理论工具，其矛头直指地理决定论和经济决定论。历史特殊论认为，文化现象极其复杂，是人与社会各方面互相作用的结果。每一种文化的形成都受生物、地理、历史和经济等诸多因素的影响。各种因素对文化特性的形成都有决定性的影响，但却没有哪一个因素是唯一的决定因素。他们进一步提出，文化是超有机的、超个人的、超心理的、独立的封闭系统，因此文化现象只能通过文化现象来解释。如果一定要说是决定论的话，也只能是文化决定论。换言之，文化决定了文化。

从学科史的角度来讲，历史学派最大的贡献就在于明确了文化相对论在人类学研究中的基本立场。文化相对论是一种研究文化的态度，认为各民族文化的价值是平等的，不可用高低等级进行划分。在博厄斯初到美国时，美国的文化研究理论基本上为斯宾塞的社会进化论和摩尔根的文化进化论。他们普遍认为人类文化是不断进化的，而在进化的链条中，欧美国家已经发展到最先进、最文明的阶段，而其他民族和国家，尤其是那些土著部落，仍然处在进化过程的初始阶段，或者说最粗糙、最野蛮的阶段。作为一个犹太移民，博厄斯在《原始人的心智》（1911）和《人类学与现代生活》（1928）两本著作中，强烈地驳斥了那种认为白种人天生优越的观点。他坚决主张衡量文化没有普遍绝对的评判标准，因为每一个文化都有其存在的价值。因此，各族文化没有优劣、高低之分，一切评价标准都是相对的。在文化独立论和文化相对论的原则基础上，博厄斯等人对文化圈理论进行较大幅度的修正，而提出文化区理论，试图克服进化论和决定论研究的缺陷。

二、文化区理论

文化区首先是一个人类学研究文化的单位。换言之，历史学派主张人类学研究的单位应该是一个整体性的文化。如果说文化圈强调有共同的历史传统，文化区则强调文化特征上的相似，而基本上不涉及传播的过程或轨迹。这个理论更强调细腻的经验研究，把考察空间缩得更小，把文化要素区分得更细，同时也更为强调文化的整体关联性。

威斯勒在博厄斯的"文化区"概念启发之下，提出文化是由各个层次的单元所组成的一种完整的结构，而研究任何文化，必须首先分析其组成单元和层次。他把文化的最小单元称为文化特质（trait），如一把锄头等某种工具。服务于同一功能的一系列相关特质就构成一个文化丛结（complex），如用于畜牧的多种工具。关系紧密的丛结又构成一个文化类型（type），如畜牧型文化。相同的文化丛结和文化类型会在一定的空间中分布，从而形成文化带，如畜牧文化带。相关的文化带又构成文化区，如威斯勒认为美洲印第安人可以分为原始狩猎文化和农业文化两大文化区。

在历史学派风行的数十年间，这种文化区的分析方法受到了广泛的推崇和实践。而且在自然科学独大的年代，历史特殊论伸张了文化的特性，起到了抢救濒危文化的作用，并对美国人的自由主义观点产生了深远的影响。但是，历史特殊论也有其自身的局限，主要表现为两个方面。一是在批判已有理论如进化论和传播论的同时，却没有建构起完善的新理论。二是其文化史观厚古薄今，应用性比较差。而这显然与其所在的强调现实关联和实用主义的时代精神是不相符合的。因此，从 20 世纪 30 年代起，它就受到了分别来自内外的两股思潮的冲击：一是来自英国的结构功能主义，二是学派内部衍生而来的文化模式论（或文化形貌论）。

三、 文化与人格研究

尽管博厄斯所主张的文化独立论和文化相对论在美国人类学界得以确立其主导地位，但学派内部的一些年轻学者却主动从其他学科吸收知识而提出了文化模式论。这些人类学者逐渐形成一个新的学派，通常被称为心理学派，因为他们所采借的主要是德奥流行的格式塔（Gestalt）心理学以及弗洛伊德的心理分析学。格式塔心理学认为整体大于部分之和，因此不能通过研究部分来认识整体，对整体性质的把握只能通过自上而下地分析其内部成分的功能。从这个理论出发，文化模式论认为一种文化是一套内部要素相互关联的价值母体，是一套理解和组织人们活动的方式。这个价值母体能够选择、驯化和整合外来的文化特质，而整合的形式就是该文化的模式或形貌。从认知方式来说，这种演绎式的知识程序与博厄斯所强调的经验归纳法是相悖的，但它给强调多元的历史特殊论提供了支持。

把文化模式论用于解释人与文化的关系，就形成了文化与人格理论。人格（personality）本是一个心理学概念，一般是指个人内部的气质、冲动、倾向、喜好和本性。人类学家在进行文化与人格的研究时，主张人的人格与其所处的文化环境有关，并主要关注文化的传承。他们所使用的一个基本概念就是“濡化”（enculturation），即个人接受社会文化规范、行为准则、价值观念等文化传统的过程。他们认为，个人是通过对文化的学习、适应来掌握应付环境的手段的，因此，文化对个人的个性、认识和行为有着决定性的作用。

这种文化决定论的主张源于心理学派的文化观，他们认为文化是人们习得行为的总体形貌。由于文化是一个社会所共有的价值观念和行为规范，个人必须遵循这个文化的规范才能生活于社会中。换言之，由于在同一个社会中，文化会使其大多数成员趋近采用一种个性，因此可能会形成“群体个性”和“民族性格”。这种区域性的文化与人格研究后来发展为著名的“国民性”（national character）研究。

在文化与人格研究方面，主要的代表人物是两位女人类学家本尼迪克特和米德。

1. 本尼迪克特的“文化模式”

本尼迪克特原本学习文学，32 岁才开始做人类学研究。在博厄斯退休后，她曾于 1936 年到 1939 年代理系主任一职。1946 年，她被推举为美国人类学学会会长。

本尼迪克特的主要理论著作是 1934 年发表的《文化模式》。在该书中，她主要分析了三种文化模式：日神型、酒神型以及妄想狂型。所谓日神型（阿波罗型）是指古希腊神话中日神阿波罗具有的性格特征：安稳、遵守秩序、理性、固守传统。而酒神型（狄奥尼斯型）是指酒神狄奥尼斯所具有的性格特征：充满激情、爱好幻想、易冲动、富有进攻性。妄想狂型的典型特征则是：忌妒心强、彼此猜疑、不信任、干事无法无天、背信弃义，每个人都与其他人为敌，经常互相偷盗、欺骗甚至杀人。不过，需要注意的是，由于博厄斯文化相对论的影响，本尼迪克特本人并不认为所有文化都可以归结为这三种文化模式。相反，她强调世界上各种文化存在着极其多样的模式。另一点值得提出的是，尽管本尼迪克特主张文化就是“大写的个性”，注重从整体上研究某一种文化的特性，但她却反对将每种文化看成整齐划一、单调纯粹的模式。她反复强调应该把握人类各种文化所具有的不同价值体系的多样性。当然，在每一种文化内部具有多样性的同时，也都具有使得每种文化具有一定模式或具有区别于其他文化特点的主旋律，也就是所谓的民族精神。

本尼迪克特关于越轨和异常的讨论最能体现博厄斯文化相对论的影响。她认为，个人本身的性格与其所生长的社会的文化性格正巧吻合的人是十分幸运的，而如果生长在酒神型文化中的人具有日神型性格（或情况相反），那么这个人往往被视为该文化的“越轨者”或“异常者”。她坚信对正常或异常的判定是由文化性质所决定的。

文化与行为关系的理论要点是：本尼迪克特关于文化与行为的关系的研究主要关注的是我们能否绝对地划分正常行为与异常行为之间的界限。他们的基本命题是：对于任何文化来说，如何定义正常行为和异常行为都是由文化决定的。所谓道德的行为，就是那些符合一定社会善恶标准、与社会的正常运作相符合的行为。而所谓异常行为就是一系列不为文化价值观念、规范所认可的行为。

上述文化人格研究在二战期间进入高潮，提升为评估参战国人民的文化心理特征，直接用于探讨为什么某些民族（德国和日本）具有侵略性人格。其中最为著名的就是本尼迪克特关于日本国民性的研究。在《菊与刀》（1946）一书中，本尼迪克特重点探讨了日本社会的基础、日本社会中人与人之间维持关系的主要要素以及日本人格形成的童年经验。她认为，正是日本人（尤其是男性）儿童教育的二重性造成了他们人生观中的二重性。日本男性幼时如同小神仙，可以任意而为，而到了六七岁以后开始学习慎重和知耻辱，并逐渐学会绝对服从。这种教养方法使得他们产生了矛盾的性格，造成人格的紧张，因此才会出现日本人一方面爱好赏樱、赏菊，而另一方面又崇尚武力、残酷虐杀。这样，文化人格和国民性的研究，已经不同于人类学以往传承下来的研究思路，而是“一种自然历史的类型学的要点与现代心理学看法的统合，同时它只是逐渐将依据自然历史寻找类型的倾向转移至心理学的层面，并将文化的物质面排除而已”。[1]

2. 米德与文化人格

米德本来是在哥伦比亚大学攻读心理学，后来转向人类学研究，并于1925年孤身前往波利尼西亚的萨摩亚岛进行了为期九个月的田野工作。二战以后由于她的关注范围不断扩大，从家庭问题、性别问题、儿童教养，到核武器与和平、环境问题等，1969年美国《时代》杂志称她为“世界母亲”。可以说，她是当时美国大众社会最为知名的人类学家，她的成就在学术界内同样也得到了承认。由于其广泛的兴趣，米德的著述颇丰，最为著名的当然是后来被冠名为《来自南海》的三部曲：《萨摩亚人的成年》（1928）、《新几内亚人的成长》（1930）和《三个原始部落的性别与气质》（1935）。

米德认为，一个人的成年人格的形成，深受其所处文化的影响。不同文化或社会的儿童养育方式，对人的个性形成有着关键性的影响。例如，在《萨摩亚人的成年》一书中，她指出，西方社会的青少年犯罪、青春期问题和性压抑就是西方文化的产物。而萨摩亚人是一个平和从众的民族，他们对性的看法颇为包容，其青少年的心理发展远比在西方社会要顺利。米德这个对西方文化和西方民族中心主义的批评显然也是博厄斯文化相对论的产物。她指出，美国的教育所造成的“文明”，实质上造成了严重的心理压抑和社会问题。而“野蛮社会”的放浪式儿童训练方式虽然被许多西方人视为与教育无关，但在事实上却对人格成长有良好的影响。

值得提到的是，米德在她的田野工作中正式把照片和35毫米影片直接用于记录巴厘儿童发展及其同该文化的关系的调查中。她和格雷戈里·贝特森（Gregory Bateson）合作将可视性图像和他们关于文化人格的抽象化文字分析结合起来，突出了这一理论内涵被良好展示的新的手段的学术意义与

---

① Michael C. Howard：《文化人类学》，李茂兴、蓝美华译，台北：弘智文化事业有限公司，1997年，第55页。

成果。

心理学派的另一个重要研究课题是认知与文化，其早期研究是哈登在新几内亚和澳大利亚对当地岛民的视觉、色觉和颜色分类的研究。这种研究所探讨的是人的认知与文化的关系，或者说人类的感官是否是超文化的、全人类共同的。其中比较著名的是萨丕尔-沃尔夫假说（Sapir-Whorf Hypothesis）。该理论认为人的主观意识由语言或语言所具备的概念和分类系统决定，作为文化象征系统的语言决定了每个人对现实世界的看法，即语言影响思维。

二战以后，文化与人格研究发展成为以许琅光（Francis Hsu）、拉尔夫·林顿（Ralph Linton）和克莱德·克拉克洪（Clyde Kluckhohn）等人为代表的心理人类学，再后来演变为认知人类学，或称“民族科学”。

第3节 功能论

一战结束后，受到民族运动浪潮的剧烈冲击，英国政府急需寻找一种新的统治方法，开始认真考虑如何利用土著社会制度，而这就要求必须先有人去研究、分析这些社会制度，懂得这些制度所起的作用（功能）。马林诺夫斯基和拉德克利夫-布朗的功能主义研究成果和建议，也确实在相当程度上影响了英国的殖民政策和管理。

在人类学百年史上，英国功能主义发展了系统化的社会人类学调查方法和叙述手段，推动人类学进入现实主义的时代，奠定了现代人类学的理论和方法论基础，还把人类学家从书斋和安乐椅中赶进田野，造就了一代优秀的田野工作研究者。功能学派兴起于20世纪20年代，鼎盛于20世纪30年代至50年代。在这一时期内，功能主义的倡导者甚至不屑以“学派”自称，而以“科学”自诩，甚至认为人类学研究是唯一科学的方法。[①]

1922年，英国出版了两本标志性的学术著作：马林诺夫斯基的《西太平洋上的航海者》和拉德克利夫-布朗的《安达曼岛人》。[②] 这两本著作被后人誉为功能学派的“出生证书”[③]，而这两位作者也成为功能学派的共同缔造者和公认的领军人物。

---

① A. R. Radcliff-Brown, *Structure and Function in Primitive Society*, London, The Free Press, 1952, pp. 188 - 189.

② 黄淑娉、龚佩华：《文化人类学理论方法研究》，广州：广东高等教育出版社，1996年，第106页。

③ 夏建中：《文化人类学理论学派》，北京：中国人民大学出版社，1997年，第117页。

一、 文化功能论

作为一个学派，功能论人类学者都在使用“功能”一词，但其内涵并不完全一致。事实上，功能学派在使用“功能”一词时至少有三种不同的指涉：第一，社区中的每个习俗彼此关联，彼此影响。这其实与数学意义上的函数关系很接近。第二，马林诺夫斯基主张习俗的功能就在于通过文化的媒介满足个人的基本生理需求。第三，拉德克利夫-布朗则借用涂尔干的理论，认为每个习俗的功能就是它在维系社会系统的整体性中的角色。[①] 对“功能”一词理解和用法的不同其实代表了功能论内部的两个主要阵营，即以马林诺夫斯基为首的（心理）文化功能论和以拉德克利夫-布朗为首的（社会）结构功能论。

马林诺夫斯基是波兰裔犹太人，他出生于波兰，大学时主修物理学和数学，后来兴趣慢慢转向了哲学。在完成博士学业后的休假期间，他偶然阅读了弗雷泽的《金枝》，从此对人类学产生了浓厚的兴趣。1914 年，他前往新几内亚进行田野工作，由于一战爆发而大大延长了其考察时间。根据在西太平洋上两年多的田野生活体验，他撰写了一系列民族志作品：《西太平洋上的航海者》（1922）、《原始社会的犯罪与习俗》（1927）、《原始社会的性与压抑》（1927）、《野蛮人的性生活》（1929）等。这些民族志作品是系统、深入的田野工作的直接成果，构成了人类学的经典文本，还开创了一代民族志的文风和撰写方法。1920 年，马林诺夫斯基回到英国，留在伦敦经济学院任教，并于 1927 年出任该校新创的人类学系主任，一直到 1938 年。在这期间，他培养了一批人类学专业的学生，其中包括埃文思-普里查德、埃德蒙·利

① Robert Layton, *An Introduction to Theory in Anthropology*, Cambridge, Cambridge University Press, 1998, p. 28.

奇、雷蒙德·弗思（Raymond Firth）、迈耶·福蒂斯（Meyer Fortes），以及塔尔科特·帕森斯（Talcot Parsons）和费孝通等人。1938 年赴美讲学期间，适逢二战爆发，于是他留居美国直至去世。

“需要”和“功能”是马林诺夫斯基文化观的两个核心概念。他极力批判进化学派和传播学派的方法论弱点，认为进化论仅凭遗俗的概念就去重构以往的发展阶段，传播论则追寻传播的路线去重构历史，而这两者都缺乏对文化本质的认识。他主张对文化必须先有功能的分析才能探讨进化和传播，在功能未能解释及各要素间的关系未明了时，文化的形式也无法明了，故进化和传播的结论是没有价值的。本着这样的指导思想，他在研究特罗布里恩德岛的“库拉”交易圈时，就根本不去探寻这个文化现象的起源，而是直接去分析它作为一个习俗的功能。这个经验论的文化观的要点在于，马林诺夫斯基认为文化的意义在于人的生活本身，不是刊印于书上的关于文化的记载，而是人们活生生的活动。他进一步指出人类学家不仅要回到生活中去了解人，还要在一个个人的生活中去概括出一个任何人的生活都逃不出的总框架。他认为他所要寻找的就是那些经得起实证的原理，目的则是要帮助我们理解这个人文世界的实质、构成和变化的一般规律。因此，对于宗教，他认为“巫术与宗教不仅是教义和哲学，不仅是思想方面的一块知识，乃是一种特殊行为状态，一种以理性、情感、意志等为基础的实用态度；巫术与宗教既是行为状态，又是信仰系统；既是社会现象，又是个人经验”。

马林诺夫斯基认为人基本上有两类需要：基本需要（生物需要）和衍生需要（文化需要）。他认为，为了满足一些基本需要，人就要用生产食物、缝制衣服、建造房屋等非自然（或人文）的方式，而在这个满足需要的过程中，人就为自己创造了一个新的、衍生的环境，即所谓文化。这个用文化来满足人的基本需要的方式，或满足机体需要的行动，就是所谓的功能。这样我们就看到，在基本需要得到满足的同时，文化得以产生。但事情远没有这么简单，文化在满足了需要的同时，又产生了衍生的需要或所谓的“文化驱力”（cultural imperatives），正是它直接导致了制度的产生。

在马林诺夫斯基看来，宗教就是这样一种满足了人类某种需要的制度。他认为，人类在面对各种危机时会产生各种焦虑、恐惧和希望，这些张力需要以替代的行动来宣泄，以求达到新的身心平衡，而宗教正好满足了这一个体需求。同时，宗教还通过人类公众生活中的传统的、规范化了的、服从于自然法则的社会契约，增加了人类社会的凝聚力。另外，他也指出，宗教强化了道德的约束力。他说：“在它的伦理方面，宗教使人类的生活和行为神圣化，于是变为最强有力的一种社会控制。在它的信条方面，宗教与人以强大的团结力，使人能支配命运，并克服人生的苦恼。”

马林诺夫斯基还指出，宗教有助于人类战胜对死亡的恐惧和由死亡带来的群体瓦解的威胁。对个体来说，宗教的作用在于帮助人们排解其在生死关头的情感焦虑。对群体而言，宗教解释了个体死亡的社会意义，因为死亡绝非减少一个人而已。在其对成年礼的研究中，马林诺夫斯基认为，成年礼的主要作用就在于表现“原始社会里面传统的无上势力与价值；深深地将此等势力与价值印在每代的心目中，并且极其有效地传延部落的风俗信仰，以使传统不失，团体固结”。由此，宗教的仪式就使个人的生活具有了社会的意义，或者说，生老病死等自然的生理现象通过一定的仪式变成具有文化意义的社会过程。

马林诺夫斯基转向研究人类学可以说很大程度上归功于弗雷泽的《金枝》，他自己后来写道：“我刚一开始阅读这本巨著，就沉溺于此书中，受其役使。”1910 年，他转入人类学研究更为活跃的英国，在伦敦经济学院受韦斯特马克和塞利格曼的指导开始其人类学研究。也是因此，他在弗雷泽逝世后的纪念文章中对其有很高的评价，称他是“人类学一个时代的代表”。但马林诺夫斯基对于弗雷泽的书斋式人类学研究有着完全不同的看法，并对弗雷泽所代表的古典进化论提出严厉的批评。他不再关注文化（包括宗教）的起源及其历史发展的问题，转而讨论文化或社会是如何运行的。显然，这也代表了人类学研究中对历时性问题的关注向共时性问题的转向。

马林诺夫斯基还直接批评了弗雷泽关于巫术、宗教与科学的论述，他不同意弗雷泽将巫术看作“准科学”的东西，而是认为这两者在性质上截然不同：“科学生于经验，巫术成于传统。科学受理论的指导与观察的修正；巫术则不要被两者揭穿，而且保有神秘的氛围，才会存在。”因此，在他看来，巫术、宗教与科学不是前后接续的三个文明发展阶段，而是同时存在的，具有不同性质、承担不同功能的不同文化形态。

在对南太平洋岛民的研究中，马林诺夫斯基注意到：“在有关战争、爱情、贸易、探险、捕鱼、航海以及制造独木舟的巫术活动中，经验与逻辑的规则同样是被当作技术严格遵奉的，在一切良好的结果中，凡是能够归功于知识和技术的，都得到适当的肯定。只有在人们只知其然而不知其所以然时，即表面看来取决于运气，归于做事成功的诀窍，或是出于机遇和命运时，原始人才求助于巫术。”换言之，马林诺夫斯基认为，巫术是对理性和经验思想的必要补充，虽然与科学的性质不同，但也有着积极的社会文化功能。

总结来说，马林诺夫斯基的文化功能论强调研究共时性的问题。另外，他也特别强调“文化是一个整体”这个观念，反对将文化进行因素拆分。应该说，他的主张和研究，批判并取代了进化论和传播论那种任意构拟文化历史的做法，使人类学真正成为一门现代社会科学。但是，他的理论仍然有以下缺陷：第一，对共时问题的关注无法解释冲突和变迁。第二，无法解释文化差异。换言之，如果人类具备相同的基本需求，那为什么不同的文化不是以相同的方式来满足这些需求呢？第三，其功能论的个人性无法解释整个社会。马林诺夫斯基强调文化的功能在于满足个人需求，而这却无法充分解释超出个人范围的生活层面。①

尽管马林诺夫斯基强调个人需要的功能论遭到后人的批评，而且他的一系列民族志作品后来也受到质疑，但他在西太平洋上长达数年的实地调查奠定了现代人类学田野工作的基本规范。他所提倡的参与观察后来被接受为人类学的学科共识，对当地人观点（native's point of view）的关注成为人类学独特的学术贡献。几乎所有的人类学家都承认，他的田野工作的理论与方法是对文化人类学的最伟大的贡献之一。②

二、 结构功能论

最早对马林诺夫斯基的文化功能论提出批评和质疑的不是别人，正是功能学派的另一位创建者拉德克利夫-布朗。1949 年，他公开说："我始终反对马林诺夫斯基的功能主义，我可以算得上是一个反功能主义者。"③ 其实，早在 1930 年代，深受涂尔干理论影响的拉德克利夫-布朗就逐渐与马林诺夫斯基的观点出现分歧。他对马林诺夫斯基的批评主要在于其理论中的个人性这一点。他认为，研究社会现象只能从"社会"出发，而不能从个人的心理或生理出发。

拉德克利夫-布朗是英国本土人。1901 年，他进入剑桥大学攻读自然科学，后来改读了人类学。与马林诺夫斯基相似的是，布朗十分重视田野工作，并身体力行。1906—1908 年和 1910—1913 年，他两次赴安达曼群岛进行田野工作。1914 年，他又去澳大利亚研究土著部落的社会组织、亲属制度、图腾制和神话。这些田野工作的成果就是其民族志作品《安达曼岛人》（1922）、

① 参见 Michael C. Howard：《文化人类学》。

② ［美］卡尔迪纳、普里勃：《他们研究了人：十大文化人类学家》，孙恺祥译，北京：生活·读书·新知三联书店，1991 年，第 265 页。

③ 转引自夏建中：《文化人类学理论学派》，第 122 页。

《澳大利亚部落的社会组织》（1931）、《原始社会的结构与功能》（1952），以及与福蒂斯合编的《非洲的亲属制度和婚姻制度》（1950）。不过，集中表达布朗理论的作品是斯林尼瓦斯（M. N. Srinivas）在拉德克利夫-布朗过世后编辑出版的《社会人类学方法》（1958）。

拉德克利夫-布朗曾两度留学法国，深受涂尔干理论的影响，可以说是涂尔干在英国人类学中的直接继承人。他所倡导的文化研究理论，既强调功能，又强调结构，通常被称为“结构功能论”（Structure Functionalism）。

尽管拉德克利夫-布朗也使用了功能一词，但却不是马林诺夫斯基意义上的“功能”。他基本接受了涂尔干的社会整体观，认为运用于人类社会的功能概念其基础是社会生活与生命机体之间的类比。

在拉德克利夫-布朗看来，功能是整体内的部分活动对于整体活动所做的贡献。他指出：“原始社会的每个风俗与信仰在该社区的社会生活中扮演着某些决定性的角色，恰如生物的每个器官在该有机体的一般生命中扮演着某些角色一样。”[①] 他进一步提出，一切文化现象都具有特定的功能，例如安达曼岛人的信仰仪式的最终目的就是促进该社会的团结与凝聚力。无论是整个社会还是社会中的某个社区，都是一个功能统一体。构成这个整体的各部分相互配合、协调一致，只有找到各部分的功能，才可以了解它的意义。

显然，这与马林诺夫斯基强调文化如何满足个人需要的功能论已经有了相当大的旨趣分野。他们的差异可以用一个例子打比方。假设马林诺夫斯基和拉德克利夫-布朗看到一个同样的葬礼，马林诺夫斯基会将葬礼上生者对死者的悲痛视为一种习俗和手段，目的是为了减轻因死亡对个人带来的压力。而拉德克利夫-布朗则会考察葬礼所涉及的社会组织和制度，分析生者的这些行为，再肯定其社会的价值观，以及如何促进了社会整体的团结和需求。

---

① A. R. Radcliff-Brown, *The Andaman Islanders*, Cambridge, Cambridge University Press, 1922.

拉德克利夫-布朗在强调功能的同时，重视社会结构的研究。他认为，社会结构是指一个文化统一体中人与人之间的关系，而人与人的关系是由“制度”支配的。所谓制度是指某些原则、社会公认的规范体系或关于社会生活的行为模式。另外，人与人之间的关系是不断变动的，但是社会结构的形式却是相对稳定的。基于这三点认识，他进一步将社会结构定义为：“在由制度即社会上已确立的行为规范或模式规定或支配的关系中，人的不断配置组合。”①

1940 年代以后，社会结构的概念就成为英国人类学界的一个主要理论观点，“结构”基本取代了“文化”，结构分析基本取代了文化分析。而在学术阵营上来说，拉德克利夫-布朗的结构功能论由于在理论上更为系统，而且更具操作性，因此吸引了不少原本是马林诺夫斯基的学生转投拉德克利夫-布朗麾下。

除了理论上强调结构和功能这两个概念外，拉德克利夫-布朗认为应采用自然科学研究中经常采用的归纳法来从事人类学研究。具体来说，就是要将田野作为实验室，调查者亲自收集资料，然后进行分析、综合，得出假设，接下来进行田野工作来修改和验证。同时，拉德克利夫-布朗还强调对不同文化、不同地区的社会进行比较，然后验证和修改自己的假设和初步结论，然后得出具有普遍意义的规律。

拉德克利夫-布朗还明确提出，社会人类学研究有两种，一种是历时性研究，另一种是共时性研究。他认为共时性研究应优先于历时性研究。而且他所主张的历时性研究主要是指文化变迁的研究，而不是文化起源的研究。他认为，共时性研究不仅可以发现文化的相似性，更重要的是发现差异性，而他相信差异性比相似性更重要。

---

① ［英］拉德克利夫-布朗：《社会人类学方法》，夏建中译，济南：山东人民出版社，1988 年，第 148 页。

三、功能论评点和反思

综合而言，马林诺夫斯基和拉德克利夫-布朗所倡导的功能论进一步发展和确立了文化整体的观念。同时，他们致力于研究正在实际运作的当代社会，而不是只探讨过去的社会。这种对共时研究的强调和应用导向极大地拓宽了人类学的研究领域，表明了人类学研究的真正对象不是文献和遗俗中的玄机妙理，而是寻常百姓的日常生活。换言之，它把人类学从书斋带到了田野，从历史带到了现实，从对文化史的主观构建带到了对社会生活的直接观察和详细描述。最后，功能学派还确立了现代人类学田野工作的典范。对于中国人类学来说，功能学派的意义尤为重要，早期的代表性作品如费孝通的《江村经济》、林耀华的《金翼》、杨懋春的《一个中国村庄：山东台头》等深深地刻下了功能论的烙印。

然而，他们的理论和研究也有其自身的局限和缺陷。尽管马林诺夫斯基高度评价费孝通对像中国这样的复杂社会的尝试性研究，但总体来说，功能学派所观察的社会文化系统基本上局限于某个小群体或部落，并把它们视为没有历史的孤立单位。而这不仅忽视了外部世界对文化单位的影响，比如殖民势力对殖民地社会的冲击，更为重要的是，由于强调社会系统是由一群处于平衡状态又互相支持的要素所组成，功能论无法为社会文化的变迁提出有力的解释。

1. 功能论的批评线索之一

在功能论盛行的后期，学派内部开始悄悄地出现了一些“重新思考”，尽管表达得很隐晦，但修正和改良功能主义理论的意图已经非常明显。1936年，贝特森发表《纳凡》，在书中针对马林诺夫斯基理论中轻视个体感情和情绪差异的倾向提出质疑。他认为社会人类学研究单位单看社会结构不够，单看个人的需要也不够，而应当看社会结构、文化和个人的情感（如通过仪式表现出来的激情）之间的关系。1937 年，埃文思-普里查德发表《阿赞德人的巫术、神谕和魔法》，他指出阿赞德人的神秘信仰和行为不只像马林诺夫斯基认为的那样只是个人赖以生存和解释自然的工具，而且还是处理他们社会关系的手段。①

如果这两种批评主要是针对马林诺夫斯基的个人需要论功能主义的话，那么以下对强调社会整合和稳定的功能论的批评则更为深刻。1940 年，埃文思-普里查德发表《努尔人》，描述了努尔人的社会拆分系统（segmentary systems），一反功能主义强调社会平衡和整合的传统，表达了对社会冲突的关注。1954 年，利奇发表了著名的《缅甸高地诸政治体系》，系统地提出了“社会过程论”。他批评功能主义把社会的规范、平衡、结构理想化，没有看到现实中的规则只是人们用以对社会状况做出反应的表象，而理想模式（idealized norm）与现实（reality）并不总是一致的。他进一步指出，功能主义在反对进化论的同时，矫枉过正，过于注重功能的共时性，而忽略了变迁和内部差异，事实上，社会文化是不断变化的，而且在这个变化过程中个人行动所起的作用相当大。②

2. 功能论的批评线索之二

另一种试图改良单方面强调社会稳定的理论是“新平衡论”（neo-equilibriumism）。林耀华的《金翼》（1944）就是一个很好的例子。在该书最后一章中，林耀华系统阐述了他的理论立场。他指出：“像竹竿和橡皮带的架构一样，人际关系的体系处于有恒的平衡状态，我们即可称之为均衡……人际关系的领域中也有类似的均衡状态存在。”这看起来与布朗的观点几乎没有

① 参见 E. E. Evans-Pritchard, *Witchcraft*, *Oracles and Magic among the Azande*, Oxford, Clarendon, 1937。

② 参见 Edmund Leach, *Political System of Highland Burma*, Boston, Beacon Press, 1954。

什么区别，但他进一步论述道："但是有时候作用在这个体系上的干扰力太大、太深刻，以致在干扰力被取消之后个人或群体却不能恢复原状，而是继续一种非平衡状态直至一个新的平衡状态的确立。"如果说到此为止还是典型的社会平衡论的话，他接下去的讨论就是一些改良了，他说："但这种均衡状态是不可能永远维持下去的。变化是继之而来的过程。人类生活就是摇摆于平衡与纷扰之间，摇摆于均衡与非均衡之间。"借着这种"摇摆论"，林耀华继续探讨了功能主义者很少谈及的变迁问题。他认为变迁就是"指体系的破坏，然后再恢复或者建立新的体系"。他还提出有四种力量导致变迁的产生：第一，物质环境的变迁促使适应于它的技术变迁，结果带来了这个体系内人际关系的变迁。第二，由于一种技术上的原因所产生的技术上的变迁，也会导致人们日常关系的变迁。第三，人物及班底的变换也会促使人际关系变迁。第四，一个体系之外在因素的改变也会促使这一体系之中成员间关系的变迁。[①]

① 林耀华：《金翼：中国家族制度的社会学研究》，庄孔韶、林余成译，北京：生活·读书·新知三联书店，1989 年，第 224—225 页。

第五章　共时范式（二）

本章继续讨论同属共时范式的结构主义、认知和象征研究，以及现象学和阐释学对人类学的影响。

第1节 结构

二战以后大批新民族国家的建立导致西方人类学难以在原殖民地进行田野工作，这使得欧洲大陆，尤其是法国出现了前所未有的研究困境及对理论的重新思考。而这种重新思考促成了一个举世瞩目的学派的诞生，即结构人类学或结构主义人类学（structural anthropology）。结构主义是 20 世纪 60 年代形成的新的理论范式，甚至可以说是整个 20 世纪唯一真正的原创性社会科学范式。

一、列维-斯特劳斯和结构主义

作为一个理论流派的结构主义几乎是列维-斯特劳斯个人的独创。列维-斯特劳斯出生于一个法国犹太人家庭，幼年时曾随着作为犹太人拉比的外公生活过一段时间。可以说，列维-斯特劳斯的百年人生过得相当精彩。他在大学毕业后曾在中学任教数年，1935 年到巴西在由法国援建的圣保罗大学担任社会学教授，其妻则担任民族学教授。正是在这期间，夫妻二人多次进入巴西的热带雨林地区进行田野调查，这段经历不但为其广为人知的《忧郁的热带》（1955）提供了素材，也是列维-斯特劳斯一生中唯一的田野研究经历。

1939 年列维-斯特劳斯返回法国，但很快就不得不因为自己的犹太人身份远避美国，并在纽约社会研究新学院（New School for Social Research）谋得教职。在此期间，他与一批欧洲流亡学者关系紧密，其中最为重要的当数罗曼·雅各布森（Roman Jacobson），他们的合作和讨论很大程度上决定了后来“结构主义”作为一种思潮的形成和发展。值得提到的是，他还与美国人类学“教父”博厄斯建立了深厚的友谊，1942 年博厄斯在哥伦比亚大学的教授餐厅中突发心脏病，在列维-斯特劳斯怀中离世。与博厄斯的来往使得列维-斯特劳斯早期的研究带有明显的美国人类学的痕迹，也使得他得以在美国人类学界立足。

1948 年列维-斯特劳斯返回法国，以《南比克瓦拉印第安人的家庭生活与社会生活》与《亲属制度的基本结构》两篇论文获索邦大学博士学位。其中，后一篇论文次年一经出版即引起广泛的关注，其中提出亲属制度的基础并不是拉德克利夫-布朗所认为的那样是世系的传承，而是由于婚姻所产生的联盟，这一点得到波伏娃的高度赞誉，认为列维-斯特劳斯准确地指出了非西方社会中女性的地位。

此后列维-斯特劳斯在学界的声名日隆，1958 年，他将一些文章结集为《结构人类学》(第二卷在 1973 年出版)，这被认为是结构人类学作为一个学派的开始。次年，列维-斯特劳斯被委任为法兰西学院社会人类学讲席教授。特别需要提到的是，列维-斯特劳斯还成功地成为被大众最广为认知和接受的法国知识分子之一，其中包括 1955 年所发表的《忧郁的热带》所引起的轰动，一时之间，洛阳纸贵。另外，列维-斯特劳斯还大力推动建立人类学研究机构以及学术刊物，以至于有人把他和弗雷泽一道称为“现代人类学之父”。

1. 从社会结构到思维结构

在列维-斯特劳斯的理论体系中，结构显然是个至关重要的术语，但其意义却与一般社会科学，特别是以拉德克利夫-布朗为代表的结构功能论的用法有很大的差别。在结构人类学中，结构所指的并不是社会关系的总和，甚至也不是一种经验实体或社会现实，而是指在经验实体之下存在的一种深层模式。

列维-斯特劳斯不同于或超越拉德克利夫-布朗等人的地方，是尽管他部分吸收了“结构”的思想，但其关注点不是经验的社会结构，而是人类的思维结构。我们或许可以将列维-斯特劳斯关于结构的理论创见简单归结为以下几点：第一，人类皆有分类的天性。第二，分类就是创造秩序，就是按照二元对立规则来寻求事物之间的区别性特征。第三，秩序需要用符号来表达，因此文化是符号体系。第四，符号体系反映人类的意识结构，而意识结构可以抽象成结构模型。第五，结构模型有深浅两个层次。与经验现象同构的是浅层结构；深层结构不为意识所及，反映人类的普同心性。①

2. 文化的深层结构

在这些基本观念的基础上，列维-斯特劳斯进一步分两部分讨论其结构分析的方法：一是结构模式的划分和结构层次的转换。关于社会结构的模式，列维-斯特劳斯将其划分为有意识模式、无意识模式、机械式模式和统计学模式四种，其中前两者更能说明结构分析方法的实质。有意识模式，也称“家乡式”，是指当地人根据自己对当地社会的认识向人类学家提供的情况。无意识模式是指人类学家不能直接观察到，当地人也没有意识到的真正结构。列维-斯特劳斯认为，人们一般所能认识到的社会现象只是浅层的结构，并不是社会的真正结构。社会的真正结构是人们所不能认识到的，需要人类学家的分析和概括才能发现的深层模式。

二是借用结构语言学的“转换定律”加以概括。乔姆斯基认为，语言作为符号系统具有表层结构和深层结构两个层次。不同语言之间的翻译过程就是把一种语言的语法规则转换成共同的句法规则，然后再从句法规则转换成语法规则的过程。列维-斯特劳斯将语言学的这种转换定律应用于人类学的研究中，认为一切社会活动和社会生活都深藏着一种内在的、支配着表面现象的结构，而社会科学的任务就在于寻找这种内在的结构。

① 张海洋：《文化理论轨迹》，见庄孔韶主编《人类学通论》，第59—60页。

列维-斯特劳斯的永久性贡献就在于他简洁地指出，尽管社会文化现象非常复杂、多样，甚至极度地无序，但在其中却蕴涵着某种深层的统一和系统性，只有极少的一些关键原则在起作用。这些原则是一种基本的关系，反映的是文化在深层内涵上的对立统一，是一种共生共存但又互相冲突的关联，例如阴与阳、生与熟、内与外等。显然，这个主张是一种象征体系决定论，它相信人类行为乃是由文化的深层结构所决定的。

3. 列维-斯特劳斯的学术渊源

根据利奇的说法，列维-斯特劳斯的三角形式的研究——亲属关系理论、神话逻辑以及图腾分类①，其分析结论非常简要，认为这些不过都是通过界定四组关键亲属的二元对立关系（分别是夫妻、兄妹、父子、舅甥），用来杜绝乱伦和鼓励外婚。在此基础上，他论证了涂尔干学派的一个经典命题：人类社会文化的本质就是交换。语言是交换信息，政治是交换权力，经济是交换物品，而婚姻则是交换男女。通过交换，人类的秩序得以建立和维系。

就列维-斯特劳斯的学术渊源来说，他受到法国社会决定论、英国结构功能论、索绪尔和雅各布森的结构语言学、符号学等多种理论的影响。不过，他在其哲学自传《忧郁的热带》（1955）中则提到“三个情人”：地质学、马克思主义和弗洛伊德的精神分析学。正因为他有着这种广博的知识范围和理论视野，才能够在普遍意义上讨论人类思维的运作过程，从而在各种纷繁复杂的经验事实的背后确立一种普遍的思维结构。②

二、神话的结构分析

列维-斯特劳斯的主要理论观点集中体现在其两卷本的《结构人类学》，

---

① 参见［英］利奇：《列维-斯特劳斯》，王庆仁译，北京：生活·读书·新知三联书店，1986年。

② 参见［法］列维-斯特劳斯：《忧郁的热带》，王志明译，北京：生活·读书·新知三联书店，2000年。

但最能具体体现列维-斯特劳斯结构分析的是其四卷本《神话学》（1964—1971）。他在书中旁征博引，对大量的神话进行比较研究，发现尽管神话的版本多种多样，但其故事情节和主题却大同小异。他指出，神话是二元对立这个人类思维的基本结构的语言表现，表达的是原始人克服矛盾和了解其周围世界的无意识愿望。

1962 年，列维-斯特劳斯在《野性的思维》中已经比较完整地提出其结构研究的理论框架和进路，即在对于神话的研究中不是纠结于其故事的内容本身，而是致力于发掘其深层的结构。其后，列维-斯特劳斯沿着这个思路进行具体的神话研究，耗费约十年之功完成了四卷本《神话学》，包括《生食和熟食》（1964）、《从蜂蜜到烟灰》（1966）、《餐桌礼仪的起源》（1968）和《裸人》（1971）。

在第一卷《生食和熟食》中，列维-斯特劳斯提出，生的与熟的、新鲜的与腐败的、干的与湿的等关于食物和烹饪的对立关系说明，“生与熟”这个二元对立组是一个不断重复出现的主题，前者是自然的范畴，后者属于文化的范畴。他进一步发现，在不同层次上有着对应的二元对立关系，即在食物层次上是生的/熟的，在社会层次上是自然/文化，在宗教层次上是世俗/神圣。

在第二卷《从蜂蜜到烟灰》中，列维-斯特劳斯进一步提出不同神话的深层存在一个潜伏着的逻辑，表现为开/闭、满/空等对立范畴。如果说生/熟等对立范畴只有静态的意义，那么在蜂蜜与烟草的对立范畴中就引入了动态的不均衡，前者是向自然的下降，后者是向超自然的上升，因为蜂蜜象征着回归自然，而烟草则象征着由于其迷幻作用而使人们能够与超自然沟通。

在第三卷《餐桌礼仪的起源》中，列维-斯特劳斯通过分析有关礼仪的神话，探讨印第安人表达时间的连续性及不连续性的方式。他认为，一个文化用以表达思考的各种体系或代码具有逻辑的一致性，例如烹饪中的自然层面与作为文化层面的食谱及餐桌礼仪在逻辑上有着共通性。他还指出，对立的范畴并不是绝对的“极项”，如存在与不存在，而是项与项之间的关系，例如亲近与疏远。

在第四卷《裸人》中，列维-斯特劳斯对北美和南美的神话进行了广泛的比较研究，认为各自的神话体系其实代表了各自不同的宇宙观。神话教导人们认识世界的秩序、存在的本质、人的起源与命运等根本性的问题，而这些为社会的运行提供了最终的动力，也为社会的信念、制度和习俗提供了存在的理由。

总而言之，在列维-斯特劳斯看来，神话尽管林林总总、千奇百怪，但却并非神秘不可理解，反倒是与日常生活中的其他方面有着类似或共同的逻辑结构。这种结构是一种普世性的深层心理结构，是一种“文化的语法”。需要注意的是，列维-斯特劳斯还指出，在表面上看起来二元要素对立之上还存在着一个三元结构。例如，生/死的对立类同于农业/战争的对立，但在农业与战争之间，还存在狩猎这个第三元要素，也就是说，狩猎既与农业（生产）相似，又与战争（杀戮）相似。赵敦华认为，这种逻辑关系类似于《易经》中两仪生四象，四象生八卦，八卦复生六十四卦的逻辑，也与黑格尔所说的“正题、反题、合题”的辩证思维形式不谋而合。

三、结构主义的影响及回应

列维-斯特劳斯最初学习的是哲学，后来因阅读罗维的《初民社会》而转入人类学。但他的人类学研究带有强烈的哲学色彩，并且深受法国思想传统中对自然法则或普遍原则的影响，不满意于只是看到社会的表面化的多样和差异，执着于挖掘出文化的深层结构。这种对深层结构的分析和追寻与结构语言学有着直接的思想渊源，或者说可以看到索绪尔的影子。在结构主义者看来，所有的社会现象，无论其表现如何多样，它们都是内在地相互关联，按照某种样式组织起来的，而这些内在关系和样式就构成了结构。这种研究方法对于人们寻求认识事物规律的认知欲无疑是一个巨大的诱惑，事实上，主要由列维-斯特劳斯所构建的结构主义的影响很快就大大超出人类学及神话研究的领域，一时之间广为流行，渗透到人文社会科学的各个专业领域，包括社会学、考古学、语言学、哲学、历史学、心理学、文艺理论，甚至波及数学等自然科学。

在人类学领域，结构主义在法国之外的影响主要在英国，尤其体现于利奇、道格拉斯、罗德尼·尼达姆（Rodney Needham）等人的作品中。这些深受拉德克利夫-布朗影响的英国社会人类学家与列维-斯特劳斯有着天然的亲近关系，在思想渊源上属于涂尔干思想的两个支系。不过，英国处境下的结构主义发生了一些重要的改变，他们避开心智的问题以及普世结构的问题，主要把结构分析应用于特殊社会和特殊宇宙论上面。同时，他们也更为关注对立的协调过程，并产生了许多关于异常和反结构的非常具有原创性的思想，其中比较有代表性的就是道格拉斯的《洁净与危险》。更为重要的是，英国学者的改造也抛弃了结构主义的一个重要特征，即试图消除涂尔干对社会"基础"与文化"反映"的区分。列维-斯特劳斯曾指出，如果神话结构与社会结构平行或一致，那并不是因为神话反映了社会，而是因为神话和社会组织共有一个深层结构。但是，许多英国结构主义者却又回到了涂尔干和莫斯的传统，认为神话和仪式只是"在象征层面上"反映和解决对立，而对立在本质上是社会的。[①]

需要指出的是，尽管结构人类学者不支持进化论的思想，但他们赞同古典进化论者关于全人类心性的一致性的看法。对于古典进化论者来说，人类心性的一致意味着文化朝同一个方向前进的可能性是存在的。而对于结构主

① 参见 Sherry Ortner，"Theory in Anthropology Since the Sixties"，*Comparative Studies of Society and History*，1984，26：127－160。

义者来说，这意味着尽管民族文化存在多样性和相对性，但是在根本层次上仍然是共通的。这个立场在意识形态上也就意味着种族和文化平等的观念。

尽管结构主义从人类学迅速影响到其他学科和研究领域，但是从20世纪70年代开始很快就出现了反对结构主义的声音。他们质疑结构主义否认有意识的主体/个人在社会和文化过程中的相关性，同时也质疑结构主义否认历史或“事件”对结构存在重大影响。从这两个质疑出发的讨论导致了学者们对媒介和事件的关注，并形成了后来影响甚广的实践理论。[①] 另一个对结构主义的质疑则显得更为根本，人们开始对宏大的理论范式（great paradigm）本身产生了信任危机。事实上，结构主义之后的人类学再没有像之前那样以某一时代某一理论的独大为特征，40年来那种时代性的理论霸权已经不复存在了。可以说，当今人类学进入了一个多元主义的时代，就是那些通常所称的“后现代主义”，亦即“后结构主义”。

① 参见 Sherry Ortner，“Theory in Anthropology Since the Sixties”，*Comparative Studies of Society and History*，1984，26：127－160。

第2节　认知与象征

在结构主义的轰轰烈烈的运动中，另外一批人类学家也非常关注维持文化秩序的认知或心理结构，但与列维-斯特劳斯所追求的普遍结构不同的是，他们接受文化相对论的信念，强调寻找不同文化的认知模式。在认知研究之外，还有一些人类学家分别从涂尔干、韦伯以及现象学、阐释学那里获得启发展开研究，主要探讨的是文化象征或公共符号的意义。

一、认知与“民族科学”

通常，民族科学（ethnoscience）也被称为认知人类学（cognitive anthropology），有时还被称为民间分类学（folk taxonomy）。其代表人物之一沃德·古迪纳夫（Ward Goodenough）认为文化就是某个社会的分类体系。显然，这个理论也深受结构语言学的影响，结构语言学所关注的正是讲话方式背后蕴藏的结构原则。这一学派的研究者们试图通过详细分析民族志资料的方式来发掘特定文化的结构原则。他们的主要兴趣是了解人类如何看这个世界，其中包括社会成员如何借由语言的范畴来认知并建构外在环境的含义，以及探讨他们在决策时的规律和法则。

总的来看，民族科学强调的是从本民族的角度看待各自的认知体系和文化。其主要代表人物基本上都是美国人类学家，如古迪纳夫、弗莱克（C. O. Frake）、劳恩斯伯里（F. G. Lounsbury）等。

民族科学分析的一个早期例子是哈罗德·康克林（Harold Conklin）

在 1955 年对菲律宾棉兰老岛上的哈努诺人（Hanunoo）的研究。在详细考察了哈努诺人对色彩的认知的基础上，康克林指出并非所有人都拥有相同的色彩分类系统。而且，他还认为，通过对不同文化关于色彩分类系统差异的比较研究，能帮助我们认识文化、环境以及自然因素是如何互相作用，并进而影响人类的色彩认知的。①

作为一种文化理论，民族科学关注各种文化认知模式的区别性特征的研究。这在跨文化考察中，例如对语言、时间观念、动植物、病患等事项之地方知识分类观察等尤其具有文化阐释意义和使用价值。

二、 象征研究的不同进路

从本质上讲，象征人类学（symbolic anthropology）就是把文化当成象征符号加以探讨的人类学思想和研究进路。

对于象征人类学来说，一个关键词就是符号，尤其是“公共符号”(public symbols)。所谓公共符号，指的是事物、关系、活动、仪式、时间等，也就是同一文化共同体内的人们赖以表达自己的世界观、价值观和社会情感的交流媒体。在象征人类学阵营中包括了许多不同的理论倾向，其中比较有代表性的有两大流派，其代表人物分别是格尔茨和大卫·施耐德(David Schneider)，以及特纳和道格拉斯。尽管他们都致力于象征研究，但在理论渊源和研究关注上却有着相当大的差异。前者全面提倡从符号体系来解释人类行为，而后者主要受英国结构功能论的影响而在强调符号体系的研究同时关注符号与社会结构的既分离又相互印证的关系。总的来看，格尔茨主要受韦伯的影响，而特纳则主要受涂尔干的影响。而且格尔茨明显代表了

---

① 参见 Michael C. Howard：《文化人类学》。

主要关注“文化”运作的早期美国人类学的一个转变，而特纳则代表了主要关注“社会”运作的早期英国人类学的一个转变。①

与格尔茨一样，施耐德也深受帕森斯的影响，致力于对文化这个概念的关注。但是，他的研究更多地走向了对符号和意义系统的内在逻辑的理解，并且主要是透过“核心符号”这个观念。事实上，尽管格尔茨强调使用“文化体系”这个概念，但却没有对文化的系统层面给予足够的关注，反倒是施耐德更完整地发展了这个方面。施耐德在其著作中比格尔茨更为激进地将文化从社会行动（“实践”）中割裂开来。然而，也许正是因为这种对社会行动与“文化”的割裂，他成为看到实践也是个问题的最早的象征人类学家。施耐德和格尔茨的观点有不少差别，但是他们都同意符号终归只是意义的载体，对符号的研究也就不能自成目的。因此，他们一方面从来没有过多关注对众多的符号进行区分和分类，另一方面也从未过多关注符号在社会过程所起的某些实际作用（与特纳相对）。实际上，格尔茨学派人类学一直关注的是符号如何形塑社会行动者对世界的看法、感知和思想的方式，或者换句话说，作为“文化”的载体，符号是如何运作的。

与格尔茨和施耐德相比，特纳来自一个完全不同的理论背景。尽管他从1961年起就一直在美国进行学术研究，但他的学术训练背景则完全来自英国。他受训于英国结构功能论的格拉克曼支派，这个支派深受马克思主义的影响，认为要分析的问题是稳定是如何在构成事物常态的冲突和矛盾之上被构建和维持的。从他的著作中可以清楚地看到特纳式的象征人类学与格尔茨式的象征人类学之间的深刻差异。因此，从特纳《仪式过程》一书对恩丹布人（Ndembu）的医治、成年和狩猎仪式的分析就可以看出，他主要关注它们将行动者从一个地位带进另一个地位的方式、解决社会冲突的方式，以及

① 参见Sherry Ortner，“Theory in Anthropology Since the Sixties”，*Comparative Studies of Society and History*，1984，26：127－160。

将行动者交织进社会类别和常态的方式。但是在致力于这些结构功能主义的传统目标的同时，特纳还识别出或展开论述了一些仪式机制，而且他所提出的一些概念已经成为仪式研究不可或缺的词汇，例如阈限（liminality）、边缘（marginality）、反结构（antistructure）、交融（communitas）等。[①] 显然，与格尔茨和施耐德相比较，特纳明显更为强调符号的实用意义，也更具体地探讨符号的用途，即符号到底如何在社会过程中作为积极力量来运作。

与特纳一样来自英国背景的玛丽·道格拉斯的理论基本特点则是将符号结构和社会结构并重，或者说是对涂尔干和列维-斯特劳斯的结合。她主张把符号—语言法则的分析贯穿到社会分析中去，揭示社会运行的象征逻辑。这也形成了道格拉斯的研究中的两个主要关切点，即象征和社会。最能代表道格拉斯理论成就的当然是《洁净与危险》（1966），在此书中，她系统地对人类文化中的分类体系及其象征意义进行研究。道格拉斯认为，如果没有对"脏"这个词的社会含义加以解释，我们就无法透彻地解剖分类体系之外的事物与社会秩序的关系。凡是存在"脏"的地方，就存在一个分类体系，而"脏"就意味着秩序受到了违反。现代人关于洁净、肮脏的卫生观念，与原始人的神圣观念在本质上是相通的，其目的就是为了使社会秩序合法化。那些带来秩序的活动都是一种社会性的仪式，而重新确立秩序的活动是用来重新确立社会的一种手段。[②] 这基本上构成了道格拉斯对象征的总体看法。

总的来看，特纳和道格拉斯有着不同的象征人类学研究的理论出发点。前者以冲突论为背景探讨象征性仪式在冲突社会中的平衡和一体化的作用，而后者则以社会的一致论为背景探讨象征秩序与社会秩序的对应性。然而，尽管存在这些差异，他们所要达到的目的却是一致的，即都是对象征与社会

① 参见 Victor Turner，*The Ritual Process: Structure and Anti-Structure*，Chicago，Aldine Publishing Company，1969。

② 参见 Mary Douglas，*Purity and Danger: An Analysis of Concept of Pollution and Taboo*，London，Routledge and Kegan Paul，1966。

的双向探讨。正因为此，阿伯纳·科恩（Abner Cohen）指出，象征人类学就是“双向度人（two-dimensional man）的人类学”。[①]

将这些象征人类学大师并置一处，我们就可以发现他们在研究进路和写作风格上很不一样，理论上也有不少的差异。但是，他们都主张人类学的主要任务就在于透视和理解被研究者的观念和象征形态。对他们来说，象征是意义的浓缩形式，或多种意义的联想。象征人类学所关心的不是象征在社会中的实际运用，而是超出社会结构的独立的象征结构，或不同象征之间及象征与其所表示的意义之间的联系本身。象征研究的目的在于发现象征如何结为体系，以及象征如何影响社会行为者的世界观、精神和感知。

三、道格拉斯的“洁净与危险”

玛丽·道格拉斯是一位天主教徒，大概是英国迄今为止最为知名的女人类学家。事实上，人类学历史上曾经出现过不少优秀的女人类学家，美国的本尼迪克特和米德大概是其中最有影响力的了。对于国人来说，本尼迪克特的《菊与刀》则大概是最有人气的人类学作品了，在国内书市一直属于畅销书的行列。而米德的《萨摩亚人的成年》早在 20 世纪 80 年代的文化热时即被翻译介绍给国内的读者，影响也甚为广泛。

《洁净与危险》一书则是玛丽·道格拉斯的代表作品，最初出版于 1966 年，之后数度重版，是 20 世纪 60 年代最为重要的人类学作品之一。2006 年的中译本根据其 2004 年的重印本译出，其中增加了道格拉斯撰写的一篇再版前言，代表了她三十多年后的一些想法。有意思的是，道格拉斯在这篇再版前言中提到，当初她试图找出版社时相当不容易，而且最初也确实销量很小。

---

① 参见 Abner Cohen, *Two Dimensional Man: An Essay on the Anthropology of Power and Symbolism in Complex Society*, Berkeley, University of California Press, 1974。

她不无调侃地说，长寿的好处之一就在于可以看到自己的作品从滞销书成为畅销书。

在《洁净与危险》的前言中，道格拉斯承认，她自己的生活经历及其与斯林尼瓦斯教授关于婆罗门教的交流促使她开始思考洁与不洁的问题，进而去探讨文化及思维中的结构问题。确实，作为象征人类学的代表人物之一，道格拉斯承认自己深受结构主义理论，尤其是埃文思-普里查德的直接影响。不过，她不是像列维-斯特劳斯那样专注于讨论心智及普世结构的问题，而是更为关注对立的协调过程，并产生了许多关于异常和反结构的非常具有原创性的思想。

玛丽·道格拉斯的《洁净与危险》主要讨论了洁净与肮脏的象征意义、洁净的内部及外部边界，以及与此相关的权力与政治。她不仅探讨了世俗关于肮脏的认知，还专门用一章的篇幅来讨论《圣经·利未记》关于以色列人成为及保持洁净的种种规定，成为同类论文中最有分量的作品之一。她认为，《圣经·旧约》中反复强调的那些律法，本质上是在强调神圣是一种秩序而非混乱的观念。其中大量关于饮食的禁忌也是这种观念的派生，在道格拉斯看来，任何生物，只要其生活方式和行为方式合乎其所在空间的“正常”模式，就是正常的，因而是可以接触的；反之，则是不正常的，违背神圣秩序的，或不洁净的。

按照这个标准，水中生物没有鳞或没有鳍就是不洁净的，如龟；有四只脚但却能飞的生物是不洁净的，如蝙蝠；此外，虽然有两只手和两只脚，但却用掌行走的生物，既不是鱼也不是飞禽的爬行动物，既可以生活于水中也可以生活于陆地上的两栖动物，某些虽然不是鸟但却能飞的昆虫，也是不洁净，因此也就是“危险的”，或被禁忌的。道格拉斯指出，这些生物之所以成为禁食的对象，并不是如一些人所猜测的那样出于医学或卫生学的理由，而是因为神圣的秩序的要求，即事物的分类界限不容混淆。这个关于分类与秩序的观点显然与涂尔干和莫斯在《原始分类》中所讨论的话题有很多的相似，后来道格拉斯特意写作了一篇专门讨论分类观念的文章《分类如何作用》（1992）。

道格拉斯对于《圣经·利未记》的这种阐释一时之间引发了众多的讨论以及批评，甚至极大地影响了圣经研究和基督教神学研究。她自己也继续了对这一话题的兴趣，后来写作了《作为文学的〈利未记〉》，在1999年由牛津大学出版社印行。

一般认为，道格拉斯在《洁净与危险》中最有创见的一点在于，她将肮脏界定为失序，从而将洁净与肮脏的认知提升到社会性、文化性这个层次上来探讨。她进一步指出，试图摆脱肮脏、成为洁净的种种仪式和行为其实是在有意识地重组我们的环境，是一个有创造性的行动，并使个人的经验生活得以整合。迈克尔·兰贝克（Michael Lambek）认为，道格拉斯遵循的是结构主义与现象学的新方向，她总是忠实地站在涂尔干学说的立场上，把象征的实践看作根植于（或表述了）社会的分界与关联。

延续这个思路，道格拉斯后期转入对风险（risk）的研究，与亚伦·韦达夫斯基（Aaron Wildavski）合著了一部重要作品《风险与文化》（1982）。其后，她先后发表《风险的接受：社会科学的视角》（1985）、《制度如何思考》（1986）、《风险与怪责：文化理论研究》（1992）。这些研究对于后来学界研究风险、焦虑、社会失范等都产生了重要的影响。

第 3 节　现象与阐释

现象学和阐释学对于现代人类学的影响十分广泛，除了前面提到的认知和象征研究之外，最为集中的代表就是埃文思-普里查德的一系列非洲研究，以及格尔茨在印尼和北非长达五十年的研究。

一、埃文思-普里查德：现象学意义上的宗教研究

埃文思-普里查德生长于一个英格兰圣公会牧师的家庭，但在其 42 岁那年改宗天主教。他先是在牛津大学主修历史，1923 年到伦敦政治经济学院，在塞利格曼和马林诺夫斯基的指导下学习人类学。在这两位极为重视田野调查的导师的建议下，他从 1926 年开始前往非洲的阿赞德人和努尔人中展开长期的深入研究。1935 年他开始在牛津大学担任非洲社会学研究的讲师，二战中他在英国军队中服役，曾在东非带领阿赞德人武装与意大利军队交战，可谓能文能武。战后他先在剑桥大学短暂过渡，之后回到牛津大学，接替拉德克利夫-布朗担任社会人类学教授，直到 1970 年退休，成为英国社会人类学的领军人物。

在埃文思-普里查德的众多著作中，最为人称道的就是他对阿赞德人和努尔人的一系列精彩绝伦、细致入微的民族志作品，包括《阿赞德人的巫术、神谕和魔法》(1937)，以及“努尔人三部曲”：《努尔人——对尼罗河畔一个人群的生活方式和政治制度的描述》(1940)、《努尔人的亲属关系和婚姻》(1951)、《努尔人的宗教》(1956)。虽然埃文思-普里查德对政治组织和

亲属关系等方面的研究也有很大的贡献，但从现象学对其研究的影响这个角度来说，主要体现在他的宗教研究上。

在《阿赞德人的巫术、神谕和魔法》一书中，埃文思-普里查德生动地描述了阿赞德人的巫术实践活动，其中充满了许多引人入胜的细节。正是透过这些细节的描绘，埃文思-普里查德成功地提醒我们，从阿赞德人的视角出发，这些看似荒诞的巫术和魔法实际上构成了一个完全贯通而有理性的体系，并在社会生活中起着核心作用。他指出，这个体系为所有个人的不幸事件提供了看似合理的解释，但它并不是完全排斥我们所谓的自然因解释。或者说，阿赞德人并不认为科学体系与他们由巫术、魔法和宗教所构成的体系之间有什么冲突或竞争，而是整体生活的共同组成部分。在此，我们可以看到在强调田野调查之外，马林诺夫斯基对埃文思-普里查德的影响，即其研究需要将宗教置于社会文化的整体中去理解，而不能将社会文化的某些方面抽取出来用于构建某种理论框架。

《努尔人的宗教》无疑是埃文思-普里查德的宗教研究中最为重要的一部作品。在埃文思-普里查德的笔下，尽管努尔人过着极为简陋的生活，但他们不是一个所谓未开化或迷信的文化体，而有着抽象和复杂的神学，甚至在某些方面与犹太人的一神教和基督教的神秘主义十分相似。在对努尔人的神灵体系的考察中，普里查德注意到努尔人的神的阶层和社会阶层之间存在关联，甚至可以说，在某些方面，努尔人的神灵显然与社会团体及其运作机制有着某种对应关系。这一点显然受益于涂尔干及列维-布留尔的社会学进路，但是，普里查德对此并不满意，他说："如果我在写关于努尔人社会结构的文章，那么宗教反映社会结构的这个特征最有必要得到强调。但在宗教研究中，如果我们希望抓住研究对象的本质，就必须也竭力从内部去审视这个事物，以努尔人看待宗教的方式去看待它。"

从这个观点可以看到马林诺夫斯基主张关注"本地人的观点"的影子，

更为重要的则与埃文思-普里查德对于宗教研究进路的根本立场有关，即所谓现象学意义上的研究。他说："作为人类学家，他并不关切宗教的真假。就我对这一问题的理解而言，他是不可能了解原始宗教或其他宗教的神灵是否真的存在。既然如此，他就不能考虑这样的问题。对他而言，信仰乃是社会学的事实，而不是神学的事实，他唯一关心的是诸信仰彼此之间的关系和信仰与其他社会事实之间的关系。他的问题是科学的问题，而不是形而上学或本体论的问题。他使用的方法是现在经常被称作现象学的方法——对诸如神、圣礼和祭祀等信仰和仪式进行比较研究，以确定它们的意义及其社会重要性。"

换言之，埃文思-普里查德主张宗教研究需要"将宗教当作宗教"，而不能将宗教看作某种其他本质的一个表象而已，类比涂尔干的说法即"宗教事实自成一类"。他的这种宗教观及宗教研究进路最为集中地体现于一本薄薄的《原始宗教理论》（1965）上，这本小册子的内容源于他在1960年代初期应邀到威尔士大学举办的系列讲座，却成为他最受欢迎的著述之一。在这些演讲中，埃文思-普里查德回顾并评论了之前的所有关于原始宗教的理论和研究。他一方面指出这些研究原始宗教的人自己并没有接触过他们所研究的原始文化，而主要依赖一些二手的材料来构建自己的理论。另一方面，他注意到这些研究者实际上都试图在解答一个疑问：为什么早期人类会坚持那些对于现代人来说非理性的巫术和宗教，以及为什么在科学进步的情况下仍然还有那么多人坚守信仰。

埃文思-普里查德将这些解答分为两种类型：心理学的和社会学的。前者包括缪勒、泰勒、弗雷泽、弗洛伊德等，后者则有马克思、涂尔干、列维-布留尔等。埃文思-普里查德对于心理学进路的解答措辞激烈，认为这些研究实际上犯了"如果我是一匹马"的错误，因为这些研究者并不真正了解一个原始人是如何思考的，而是在想象这个原始人和他们一样思考。相对而言，他对涂尔干的社会学进路更为欣赏，因为他是从社会的角度去理解宗教，而不是从个体出发，无论是泰勒和弗雷泽那种个体认知主义的进路，还是弗洛伊德那种情感式的心理学进路。值得留意的是，埃文思-普里查德在宗教研究方面特别推崇列维-布留尔，认为他正确地指出了原始人的心智有其自身的逻辑，是在其世界观基本假设的基础上的理性行为，换言之，我们并不比他们更理性。

二、格尔茨的“深描”和文化阐释

格尔茨生长于美国旧金山一个普通家庭，二战期间曾在美国海军服役两年。1950年，他在俄亥俄州安提阿学院获得哲学学士学位。之后到哈佛大学社会关系学系跟随帕森斯等人读书，1956年获人类学博士学位，完成《爪哇宗教》(1960)。这是一部标准的民族志作品，在其扎实的田野调查基础上，格尔茨全面生动地描述了爪哇小镇的信仰、象征、仪式和风俗，用大量的细节展现了爪哇社会中伊斯兰教、印度教和当地的泛灵论传统共生共存的丰富文化现实。值得指出的是，格尔茨将宗教视为独立的文化现象，而并非仅仅表达了社会需求或经济紧张。换言之，他认同的是埃文思-普里查德、玛丽·道格拉斯、伊利亚德等人所采取的“将宗教当作宗教”的研究进路，而坚决反对马克思、弗洛伊德、涂尔干等人将宗教视作某种其他本质的反映的化约论（reductionist）方法。

博士毕业之后，格尔茨曾在加州大学伯克利分校短暂任教，之后在芝加哥大学人类学系停留十年（1960—1970年）。1970年，他成为普林斯顿高级研究所唯一一位人类学教授，此后几十年他一直在这个爱因斯坦曾工作过的地方服务。与列维-斯特劳斯一样，他的影响早已超出了人类学的学科范围，在文学、法学、经济学、政治学，乃至哲学、宗教学、神学等几乎所有人文社会科学领域都广受关注和引用，并先后获得了美国社会学会索罗金奖、美国人文-自然科学院社会科学奖、日本福冈“亚洲奖大奖”等多项荣誉。

确实，格尔茨本人的写作涉及范围相当广泛，他在1960年代曾较多地讨论乡村社会中的政治经济问题，出版了《农业内卷化》（1963）、《小贩与王子》（1963）、《一个印尼小镇的社会史》（1965），其中，“农业内卷化”的概念经过黄宗智等人的介绍和应用成为中国学者研究乡村社会的一个重要理论工具。他也非常关注民族志写作和文类的问题，其《论著与生活——作为作者的人类学家》（1988）对列维-斯特劳斯、马林诺夫斯基、埃文思-普里查德、本尼迪克特等人作品的深度阅读和精彩讨论令人倾倒。而其晚年结集出版的《烛幽之光——哲学问题的人类学省思》（2000）则进一步探讨人类心智、心灵、思想等基本问题，也值得关注。

中国学界这些年也已较多地关注和介绍格尔茨的思想，其大部分作品已有中文译本，如《文化的解释》（1973）、《地方性知识》（1983）、《尼加拉——19世纪巴厘剧场国家》（1980）、《追寻事实》（1995）、《论著与生活》（1988）等等。其中，《文化的解释》和《地方性知识》无疑是其最具代表性的作品，所收录的文章代表了格尔茨最富创见的想法，“地方性知识”、“作为文化体系的宗教”、“解释之解释”、“深描”等概念或方法不仅在人类学界广为流传，也被其他学科所引用。

格尔茨理论体系中的一个关键词就是“理解”，而且是“在解释之上的理解”（understanding over explanation），而这也成了通常被称为“阐释人类学”（interpretative anthropology）的圭臬。格尔茨认为，文化不是封闭于人们头脑之内的某种东西，而是存在于公共符号之中，透过这些符号社会成员彼此交流世界观、价值取向、文化精神（ethos）以及其他观念，并传承给下一代。因此，人类学者的工作就不在于运用“科学”的概念套出“文化”的整体观，也不在于像结构主义者那样试图从多样化的文化中推知人类共通的认知语法，而在于通过了解“土著的观点”来解释象征体系对人的观念和社会生活的界定，从而达到对形成地方性知识的独特的世界观、人观和社会观背景的理解。①

格尔茨被视为象征人类学和解释人类学的代表人物，也被当作印尼和北非专家，但他更多的关注一直与宗教相关。在其晚年应邀到英国所做的弗雷泽纪念讲座中，他全面回顾了自己的宗教人类学研究过程，展示了他对充满了丰富象征和意义的宗教文化的一生之久的兴趣。格尔茨的许多作品都与宗教文化、象征、仪式相关，其中一些以宗教为主题，如《爪哇宗教》（1960）、《被观察的伊斯兰》（1968）、《当代巴厘岛的内部转换》（1964）等。一般认为，格尔茨最有代表性的宗教理论研究当数收录于《文化的解释》的那篇名作《作为文化体系的宗教》（1966）。

在这篇文章中，格尔茨主张“宗教是一种文化系统”，并提出其影响广泛但也颇具争议的关于宗教的定义：第一，（宗教是）一个象征的体系；第二，其目的是确立人类强有力的、普遍的、恒久的情绪与动机；第三，其建立方式是系统阐述关于一般存在秩序的观念；第四，给这些观念披上实在性的外衣；第五，使得这些情绪和动机仿佛具有独特的真实性。接下来，格尔茨分别解释了这五点，他认为宗教使人感受事物，也使人想去做什么，而这种情绪和动机之所以有力量是因为宗教提供了世界的终极意义，一个宏大有序的目的。他指出，这意味着宗教标识出了一个有特殊地位的生活领域，而宗教区别于其他文化系统的地方就在于它的种种象征可以让人们与“确实实在”的东西，那些对人类而言最重要的东西相联系。而最重要的是，人们在宗教仪式中被这种非信不可的实在感所抓住。在仪式中，人们想做的和觉得自己应该做的与他们对世界实际是怎样的认知结合了起来，即“精神特质和世界

① 参见［美］克利福德·格尔兹：《文化的解释》，纳日碧力戈等译，上海：上海人民出版社，1999年。

观的象征性融合”。

在其对印尼和摩洛哥的田野调查基础上，格尔茨对伊斯兰的两种不同的表达形式进行了比较研究，《被观察的伊斯兰》也成为公认的人类学伊斯兰教研究（anthropology of Islam）的开拓之作。格尔茨认为，印尼的伊斯兰教形成了灵活、变通的特点，是“适应性的、吸收性的、重实效和渐进主义的”，而这不同于摩洛哥伊斯兰教“不容妥协的严格主义”和“好斗的基要主义”。格尔茨将这称为这两个国家伊斯兰教的“传统模式”，他发现，尽管这两者都是“神秘主义的”，竭力使人们直接面对安拉，但它们在心态和动力方面明显表现出不同：在印尼一方，有精神性、沉着、忍耐、镇静、明智、唯美主义、杰出人物统治论和几乎过分的自我谦卑的特点，而摩洛哥一方则有积极、热烈、急躁、勇敢、坚韧、说教、平民主义和过分自信专断的特点。

在这项研究中，我们可以看到格尔茨对自己阐释的每个文化的个体特征抱有热切的兴趣，他关注印尼和摩洛哥这两个国家的两种伊斯兰形式所表现出来的明显不同的风格、特征及结构，这显然来自博厄斯以降的美国人类学的传统。同时，我们也可以看到韦伯的痕迹，这表现为格尔茨对“意义”的高度强调。格尔茨关注的是，对宗教信仰的实践者而言，宗教有什么重要意义，他也是从这个角度来对宗教进行“深描”。但有意思的是，尽管格尔茨充分描绘了这两个国家的具体情况和存在的巨大差异，但他却表示存在得出更普遍的结论的可能性。事实上，在这本书一开始，他就提出了他雄心勃勃的目标：设计出“对宗教进行比较分析的一般框架”。

第六章　互动范式

互动范式一方面拒绝多数共时研究所带有的静态特征，另一方面也不接受进化论和传播论传统中的那些简单的历史假设。互动范式主要包括那些关注社会过程、个体与群体互动，以及文化与环境互动关系的研究。

如果说对冲突与过程的强调主要是针对功能论那种过于均衡的社会组织模式的反思和发展，而马克思和马克思主义的重新发现则一方面重新让历史议题成为人类学研究的重要关注，另一方面通过强调人的能动性来解释社会文化的变迁，更为重要的是，这种批判意识与后现代社会思潮的结合形成了一波强烈的“后学”研究，从后殖民主义批判、后结构主义的批判、女性主义对男权的批判，到对于写作权力以及研究者自身的批判，使得这个时代的人类学进入一个百花齐放的场景。一些人视之为理论研究之间的良性竞争，甚至“多声部大合唱”，还有一些人则斥之为“众声喧哗的废墟”。

第1节　冲突与过程

在第四章最后提到，功能论缺乏对变迁的关注以及对历史问题具有说服力的解释。除了功能论内部细微的调整之外，还出现了一些比较重要的反思和推动，已经带有了一些新关注和新范式的端倪，例如格拉克曼为代表的冲突论，以及以利奇和特纳为代表的过程论。

另外一个影响比较大的思路是同样受训于英国社会人类学的挪威人类学家弗雷德里克·巴特（Fredrik Barth）的交易论（transactionalism），他用“协商”（negotiation）这个关键词来解释他所观察到的社会冲突和交往过程。在对巴基斯坦帕坦人政治的著名研究中，巴特提出，领导人的地位是一种在冲突和联合之间摇摆的持续“游戏”（game），依赖于通过互动与其追随者形成的联盟。①

一、冲突

来自功能学派内部最激烈的批评和变革当数格拉克曼所发展出的“社会冲突论”（social conflict），或称“新功能论”（neo-functionalism）。格拉克曼生于南非，1947年受聘到牛津大学任教。两年后他转入曼彻斯特大学创建了人类学系，并由此形成“曼彻斯特学派”。

格拉克曼认为社会结构并不是像马林诺夫斯基所说的那样以永恒的平衡为特点，冲突才是“社会组织的本质”。他指出，社会的真正特点在于其内部

---

① 参见Fredrik Barth，*Political Leadership among Swat Pathans*，London，Berg Publishers，1965。

群体倾向于拆分（segment）。也就是说，社会是在冲突中获得统一的，而冲突就是统一的表现。[①]

在《非洲的习俗与冲突》（1956）一书中，格拉克曼提出，社会秩序的维持是由相互重叠的忠诚的牵制与平衡而达成的。人们可能在某种忠诚的体系中彼此争执，而那些在某种状况下互相敌对的双方，到了另一种状况下可能又会结为同盟。

格拉克曼甚至认为反叛并不会对社会秩序构成威胁，事实上，那些通过严谨的仪式的方式进行的所谓反叛，实质上是对礼俗规范和秩序的遵循，带给传统秩序的不是危害，而是再肯定。他们的行为是一种“反叛的仪式”（rituals of rebellion）。在其 1954 年的经典论文《东南非洲的叛乱仪式》中，格拉克曼分析了两个典型的仪式。

其中一个是斯威士人（Swazi）的恩克瓦拉仪式，这是一个由国王主持的复杂仪式。在仪式上所演唱的歌曲中，很多都表达了臣民对国王的憎恨和反对。而且，在仪式中，国王也是赤身裸体地在人们面前走来走去，妇女们则流泪哭泣。格拉克曼指出，这种仪式并不只是简单地维护部落团结，而是对冲突进行了强调。换言之，仪式是造国王的反并与之相对抗的一种表达，而这就产生了对团结的肯定。他进一步推断，斯威士人的历史只产生过不断重复的“叛乱”，而未出现过革命。“反叛仪式”所起的作用就是消解革命压力、达到社会团结。

尽管格拉克曼指出了这两个例子具有一种“解压”的意义，但他更为强调的是，这些反叛者的行为是为了部落社会的利益，是整个社会认可的活动，而仪式上表达出的冲突本质上是社会原则方面的冲突。[②]

---

① 参见 Max Gluckman，*Custom and Conflict in Africa*，Oxford，Basil Blackwell，1956。

② 参见 Max Gluckman，*Rituals of Rebellion in Southeast Africa*，Manchester，Manchester University Press，1954。

应该承认的是，格拉克曼成功地将冲突带入事物的正常构架中，但是他仍然强调社会秩序基本上不会有所变动。因此，他也就仍然不能有效地处理社会结构变迁的问题，即社会秩序转型或解体的问题。

二、过程

第四章已经提到过利奇对功能论的反思，他提出了“过程”的看法。在其《缅甸高地诸政治体系》中，利奇一反功能论民族志认为克钦人基本上存在一个统一的文化和社会组织的观点，细致描述了三种不同的亲属制度和政治制度安排，因此不是一个简单的社会结构，而是亲属、阶级、意识形态和历史等相互作用形成的一个复杂框架。这项研究的影响十分深远，也引发了一系列的学术争论，其中比较重要的有乔纳森·弗里德曼（Jonathan Friedman）从结构马克思主义的角度所提出的批评，以及对历史过程的复杂性的进一步分析。

我们在这里主要介绍特纳，他的研究一方面被认为是象征研究，同时也被称为“过程人类学”。

特纳出生于苏格兰格拉斯哥，其母是一名演员，也是苏格兰国家剧院创办人之一。特纳 11 岁时父母离异，他随后跟着母亲搬至英格兰南部城市伯恩茅斯与祖父母一起生活。由于其母亲的影响，他在 18 岁时进入伦敦大学学院学习诗歌和古典作品，其后由于二战的爆发而不得不中断学业，作为文职军官在英国军队服役。但他对戏剧和表演的关注一直没有改变，事实上，几乎可以说，在特纳看来，戏剧和仪式具有类似的逻辑和规则。

二战期间，特纳结识了伊迪丝（Edith Turner），后者成为其一生的伴侣，也是人类学研究上的合作者。在这五年的战争期间，特纳夫妇得以与吉普赛人近距离接触，而这也直接触发了他对人类学的兴趣，并在 1948 年重新回到大学后跟随当时的一些人类学名家学习。在获得人类学学士学位后，他转入曼切斯特大学继续攻读人类学，师从格拉克曼。正是在此期间（1950—1954年），特纳得以在罗德斯-利文斯通研究所任职，并开始了对非洲恩丹布人的研究，主要关注其社会和宗教，后来则进一步集中研究仪式，而这也成为他一生中最主要的研究主题。

不过，在格拉克曼的影响下，特纳和其他曼城学派的研究者一样在当时集中关注的是冲突的问题。1955年，他完成其博士论文，题为《一个非洲社会的分裂与延续——恩丹布村庄生活研究》（1957）。在这本书中，他提出了社会戏剧（social drama）这个重要概念，用来解释恩丹布社会中的冲突以及危机处理。这本专著以及其他精彩文章使他被列为曼城学派的主要干将。

1961年，特纳跨过大西洋，在斯坦福大学行为科学高等研究中心任研究员，并完成了《苦难的鼓声——恩丹布人宗教过程的研究》（1968）。1964年，他受聘于康奈尔大学，并在短短四年中完成了三本专著。1968年，他转任芝加哥大学人类学和社会思想教授。在此期间，他的研究兴趣转向世界宗教和大众社会，并且展开了一项关于当代基督教朝圣现象的研究，后来在1978年出版，题为《基督教文化中的形象与朝圣——人类学的视角》。

从1977年直至1983年去世，特纳在弗吉尼亚大学担任人类学和宗教学的双聘讲座教授。在此期间，他的研究兴趣从仪式转向剧场，从社会过程（social process）转向文化展演（cultural performance）。他认为实验戏剧也是阈限的一种现代形式，在其中日常现实被转化为象征经验（symbolic experience）。1982年，他出版了《从仪式到剧场——人类表演的严肃性》（*From Ritual to Theatre: The Human Seriousness of Play*）。

在剧场和仪式研究过程中，特纳阅读了威廉·狄尔泰（Wilhelm Dilthey）的哲学，并从狄尔泰那里借鉴了“经验”（experience）的概念。经验可以说是人类过程（human process）的“原子”，恰恰是人类行为、人类过程，是意义、仪式、表演以及所有文化之根源诞生的地方。[①] 他多年来所致力于分析的那些象征符号的意义与价值正是产生于经验之中。1980 年，特纳和爱德华·布鲁纳（Edward Bruner）在华盛顿的美国人类学协会会议上组织了一次关于经验人类学的研讨会。1986 年，论文集《经验人类学》（*The Anthropology of Experience*）出版，同年出版了另一部著作《展演人类学》（*The Anthropology of Performance*）。这两本著作代表了他在晚年花更多时间去思考的成果，甚至可以说是他一生最为精华的东西。它们讨论人类学怎么去研究经验，而经验如何构成一个“人”和一种文化。从这个意义上来说，就是探讨如何把人类的经验纳入到我们的研究范畴中来，包括我们的感觉和体验。

需要提到的是，特纳晚期的研究涉及到一部分神经生物学的内容，尤其是对大脑结构的研究，他试图在人类大脑结构中为有关交融和宗教的理论找到生理学基础。与前期恩丹布部落的研究相比，特纳后期的研究民族志色彩不再明显。因而特纳晚期的一个转向是从人类学分析转向了一种哲学信仰，他试图寻找一种新的理论的中和，不仅是科学观点间的中和，而且是科学与信仰之间的一种中和。[②]

概观其一生，特纳从早期的社会功能论，渐变为关注社会冲突，最终他将自己的研究重点确定为仪式，并视之为一种社会过程。由于他对过程的强调，特纳的观点还曾被归纳为过程人类学（processual anthropology）。但他更为人知的身份则是作为与格尔茨分庭抗礼的象征人类学家，因为在这之后的所有研究中，我们都可以看到特纳围绕着他所发展的一系列概念和理论进行阐述，无论是讨论恩丹布人的仪式，还是芝加哥的现代基督教朝圣，还是

① Victor Turner, Edith Turner (eds.), *On the Edge of the Bush*, Arizona, University of Arizona Press, 1985, pp. 10 - 11.

② Richard Schechner, “Victor Turner’s Last Adventure”, *Anthropologica*, New Series, 1985, 27 (1 - 2): 190 - 206.

戏剧和表演，都可发现他对象征、仪式和信仰的一贯关注。再次需要提到的是，尽管特纳对于这些议题的关注有不同的渊源，但他的演员母亲对他的影响尤为重要，于此可见学者的生活经历与其研究有着深刻的关联。

在特纳的众多作品中，最为人称道的当数其对于仪式的研究，其中包括《象征之林》（1967）和《仪式过程：结构与反结构》（1969），仪式研究通常也被认为是特纳最为重要的作品。特纳的仪式研究很大程度上要归功于阿诺尔德·范甘内普（Arnold van Gennep）对通过仪式的开创性研究。范甘内普首次提出在众多不同的通过仪式中存在着一个共同的结构，即前阈限、阈限、后阈限三个阶段。受此启发，特纳用结构与反结构作为其主要框架来探讨仪式，并对阈限的概念做了更为详尽的分析，可以总结为五个方面：第一，阈限阶段是一种模棱两可的状态。第二，所有的种类和分类在仪式中不复存在。第三，原本的角色颠倒，或通常的义务职责暂停履行。例如，男女的穿着和举止按异性的方式来做，首领可以被辱骂或挨打等。第四，与日常生活隔离一段时间。第五，仪式中长者拥有绝对的权威，而这种秘而不宣的知识是阈限阶段的关键。

特纳认为，通过仪式是从分离阶段到阈限阶段，再到聚合阶段的过程。在这个过程中，人们从社会的有区别的结构状态，进入无区别的反结构状态，再到结构状态。而所谓阈限即是反结构状态，在这“没有结构的地方”出现融合，形成一种平等或混沌的状态。

在详细分析恩丹布人仪式的例子之外，特纳进一步用其他例证来说明这种阈限和融合的普遍性。例如，在社会生活中外来族群作为征服者掌握着权力，但在仪式中地位低下或被边缘化的原住民群体却掌握着祭祀权威或被认为拥有神秘力量。特纳认为，那些在结构中处于低下地位的人，在仪式中追求象征意义上的“在结构中处于较高地位”；而那些在结构中处于较高地位的人，在仪式中追求象征意义上的“在结构中处于低下地位”。特纳还专门分析了倡导简朴和禁欲的天主教圣方济各会的例子，进而提出，各大宗教的神秘主义者和圣徒，可以说都是仪式的阈限状态的典型代表，他们处于结构的体制之外，认同那种介乎两者之间的地位，并提倡在结构上处于下等地位的各种象征。

从社会戏剧到阈限、交融、结构与反结构、类阈限，一方面，我们会发现特纳所阐发的概念具有相当的普遍性，可以应用于或大或小、或简单或复杂的社会的研究。另一方面，我们也会发现，他贡献的这些概念工具并不是彼此孤立的，它们彼此串联，形成一张概念之网，为我们留下了丰富而有价值的理论遗产，正如芭芭拉·巴布科克（Barbara Babcock）追忆特纳时所说："特纳从自身出发，无休止地编织出来了一张庞大的、跨学科的概念之网，要追溯出这张网上繁杂和相互关联的种种分支，还需要更长的时间。"[①] 如果说有一条线可以把特纳所有的概念串联起来，那么或许是他的过程的视角。

过程的视角是特纳学术生涯一以贯之的核心，因此他的理论也称为过程论（process theory），其他的标签还有广为人知的象征研究、比较象征学（comparative symbology）和过程象征分析（processual symbolic analysis）等。当然，他最为人知的身份还是一位象征人类学家，因为在他所有的研究中，无论是恩丹布人的仪式，还是现代基督教朝圣，抑或是戏剧和表演，都能够发现他对象征、仪式、宗教信仰的一贯关注。或许也正因为他的理论有太多的标签，特纳并没能将自己的理论严格意义上地系统化。但尽管存在各种遗憾，其理论影响依旧持续至今。

① Barbara A. Babcock, "Obituary: Victor W. Turner (1920 - 1983)", *The Journal of American Folklore*, 1984, 97 (386): 461.

第2节　马克思主义与实践论

从20世纪60年代末期开始，美国、法国等地都出现了大规模激烈的社会运动。首先到来的是反文化运动，接着就是反战运动，之后不久是妇女运动。这些社会运动极大地影响了学术界。在人类学领域，最早的批判是公开指责人类学与殖民主义和帝国主义的历史关联，如阿萨德的作品[①]。但批判的矛头很快就转向了理论框架的本质这些深层问题，尤其是这些理论在多大程度上体现和代表了西方精英文化的种种假定。

这些新批评的代表符号，以及为取代旧模式提供理论选择的，就是马克思。然而，英国人类学一直坚持的是涂尔干立场，而尽管列维-斯特劳斯声称自己受过马克思的影响；甚至作为20世纪60年代唯一自我宣称是唯物主义者的文化生态学家，也几乎从不提及马克思，哈里斯还特别指出自己与马克思没有什么关系。[②] 显然，马克思在20世纪70年代以前对西方人类学理论影响的缺席与其在70年代的显著地位都不过是现实世界政治的一个反映。

马克思主义的重新被发现也与学界对避世的人类学理论的反省有关。人类学家们逐渐发现以往的理论，无论是结构主义，还是象征人类学，其差别还只是停留在观念形态和文化异同的范畴内的有限争论。实际上，他们都认为文化是独立于社会和经济权力的象征体系，而且人类学应当是超脱于社会责任和政治经济形态的人文学科。这样的超脱立场显然部分源于韦伯的价值

① 参见 Talal Asad, *Anthropology and the Colonial Encounter*, London, Ithaca Press, 1973。

② 参见 Marvin Harris, *The Rise of Anthropological Theory*。

无涉论。而20世纪60年代动荡的社会局势使得人类学家转向更为现实主义和参与感的马克思主义寻求新的精神和理论资源。

一、结构马克思主义

1.何谓结构马克思主义

顾名思义，结构马克思主义（Structural Marxism）就是结构人类学与马克思主义的结合，主要在法国和英国得到发展。1965年，路易·阿尔都塞（Louis Althusser）和艾蒂安·巴里巴尔（Etienne Balibar）出版《读〈资本论〉》，标志着结构马克思主义的出现。其理论模式借用了马克思的生产方式概念，将生产方式当成生产者、非生产者和生产工具的结合形态，同时注重生产方式中经济、政治和意识形态之间的关系。结构马克思主义从一开始就是一个批判性的产物，所针对的几乎是所有当时现存的理论框架。从这个意义上讲，结构马克思主义形成了一个理想的知识革命，即便说它没有成功地构建出可以替代所有其他现存理论的唯一构架，它确实成功地动摇了几乎所有的现存知识体系。

与之前的唯物主义人类学的形式相比，结构马克思主义的超越之处主要表现为认为社会文化发展的决定力量不在于自然环境或技术，而在于社会关系结构。尽管他们并没有完全抛弃生态学的考虑，但却将其纳入对社会和政治的生产组织的分析。

结构马克思主义还将注意力转移到文化现象上。与文化生态学者不同，结构马克思主义者没有抛弃将文化信仰和本土分类视为与真实或客观的社会运作无关的观念。在他们的社会过程模式中，文化现象（信仰、价值、分类）被赋予了一个关键功能。具体而言，文化被转化为“意识形态”，并在社会再生产中扮演重要的角色：将现存秩序合法化、调节经济基础中的冲突，以及将社会关系中剥削和不平等的来源神秘化。①

在结构马克思主义看来，这些被英国人称为“社会结构”的社会关系，不过是社会现象的表层形式，不过是社会组织的本土模式。结构马克思主义者尖锐地指出，这种“社会结构”只不过是真正驱使系统运行的生产关系的面具而已。因此，他们主张，马克思主义的生产方式理论才是实质性的社会分析概念，可以用来解构不同社会的组织方式。他们还坚信有一套概念可以运用到不同类型群体的研究中，或者说，存在一种人类普遍性的社会文化逻辑。这种文化逻辑可以用结构主义的“深层结构”加以概括，但是这种深层结构不只是一种象征或认知，也不是异文化的社会组织，而是经济基础、社会结构和意识形态的结合体。

2. 结构马克思主义理论特点

与古典马克思主义不同，结构马克思主义反对把经济基础和上层建筑分离，主张物质关系和仪式形态的互相维持、调和与结合。从这个意义上来说，他们为20世纪60年代人类学中的“唯物主义者”与“唯心主义者”两大阵营的敌对态势提出了一个妥协方式。

由于深受马克思主义两种生产方式理论的影响，它除了强调经济生产在人类社会中的重要意义之外，还强调从社会再生产关系来探究社会和文化。它将英国社会人类学与马克思主义加以嫁接，提出一个扩大的社会组织模式，并主张这个模式可以运用到不同社会，对亲属、继嗣、交换、家庭组织等具有普遍的解释力。②

结构马克思主义最明显的缺陷是将文化概念简化为“意识形态”。这样，虽说分析者能够将文化观念和社会关系的特定结构关联起来，但却显得过于

① 参见 Sherry Ortner，“Theory in Anthropology Since the Sixties”，*Comparative Studies of Society and History*，1984，26：127－160。
② 参见 Sherry Ortner，“Theory in Anthropology Since the Sixties”，*Comparative Studies of Society and History*，1984，26：127－160。

极端，而且还导致了新问题的产生，即如何将意识形态与更为广泛的文化观念关联起来。另外，由于它主要用神秘化的角度来看文化或意识形态的倾向，这使得该学派几乎所有的文化或意识形态研究都不可避免地带上了功能主义的色彩，因为这些分析的目的就是显示神话、仪式、禁忌等等是如何维系现存秩序的。结构马克思主义者提出了一个试图协调唯物与唯心层面的方式，但他们并没有提出一个突破性的理论模式。

二、 政治经济学派

回顾结构马克思主义对主张文化多样性和文化相对论的文化生态学、象征人类学以及英国后结构人类学的批判，其主要焦点在于是不是存在一种放之四海而皆准的分析概念。后者认为，文化适应于不同的生态环境而存在，各有各的逻辑，而且这些逻辑只能放在它们存在的特定场合，以当地的主位观点和“土著理论”加以解释才有道理。相反，结构马克思主义认为，社会科学的主要任务不是发现所谓的土著观点或主位的解释，而是用一套概念涵盖社会现象，提出具有普遍解释力的理论。这个观点在政治经济学派中得到进一步的发展和坚持。

1. 政治经济学派来由

政治经济学派（political economy）兴起于20世纪70年代，80年代以后仍然相当活跃。其代表人物有伊曼纽尔·沃勒斯坦（Immanuel Wallerstein）、贡德·弗兰克（Gunder Frank）、埃里克·沃尔夫（Eric Wolf）、凯斯·哈特（Keith Hart）等。政治经济学派的主要理论灵感来自政治社会学的“世界体系理论”（world system）和“低度发展理论”（under-development theories）。结构马克思主义主要关注规模较小、分散的社会或文化，采用的还是传统的人类学研究方式；与之相反，政治经济学者把注意力转移到了大规模的区域性政治经济体系上。尽管他们也试图将这个大体系的关注与传统的特定社区或小区域田野工作结合起来，不过他们的研究通常表现为关注资本主义进入这些社区的后果和影响。他们认为，从16世纪以来，人类学所研究的社会就再也不是独立于外部世界的村落和部族，而受到国家力量和资本主义制度等外来因素的充分渗透。而且这种渗透不仅是经济性的，也是文化性的。因此，政治经济学派主张，对非西方社会和文化的研究不能局限于对其传统社会文化模式的探讨，还必须考察这些模式被冲击、渗透、改造，甚至消灭的过程。

此外，政治经济学者比文化生态学者更愿意将文化或象征话题纳入研究视野之内。具体来说，他们关注在某种政治和经济斗争的处境下，阶级或族群认同发展所涉及的符号。这样，政治经济学派就与新兴的“族群”研究有所重叠了。

2. 政治经济学派民族志特点

由于政治经济学派吸收了文化霸权（cultural hegemony）等概念，注重阶级意识、文化变迁与资本主义关系的历史描写，这种理论倾向下的民族志呈现出了比较独特的写作框架，其贡献有如下两点：第一，不同地方文化的单个描述无法全面反映现代的文化潮流和现实，离开了世界政治经济背景就无法准确地研究边缘社会的象征体系和文化形态。第二，尝试在更大的区域、民族和全球的政治经济场域中探讨文化的差异。①

3. 政治经济学模型评点

由于政治经济学模型过于强调经济因素，过于强调工资、市场、资金连

---

① 参见沃尔夫（Eric Wolf）的《欧洲与没有历史的人民》（Eric R. Wolf, *Europe and the People Without History*, Berkeley, University of California Press, 1982；中译本［美］埃里克·沃尔夫：《欧洲与没有历史的人民》，赵丙祥等译，上海：上海人民出版社，2006年），该书描述了欧洲以外的社会的历史和传统、欧洲扩张之后对这些历史和传统的冲击，以及非西方社会对这种冲击的抵抗和回应。

结、经济剥削、低度发展等，却很少论及这些经济关系所涉及的权力、管制、操纵、控制之类的关系。正如奥特纳所说，政治经济学“不够政治”。①

就政治经济学派的深层理论模型而言，该模型的核心是一个假设，假定我们所研究的每个事物都已经被资本主义的世界体系所触及（“渗透”），因此我们在田野工作中之所见，以及在民族志中的描述在很大程度上都是对这个体系做出的回应。这对欧洲农民来讲也许是事实，而当我们从“中心”走得更远一点的时候，这个假设就真是大有问题了。一个社会，甚至一个村庄，都有其自己的结构和历史，而这必须成为分析的重要部分。

从资本主义为中心的世界观所衍生出来的问题也影响到了政治经济学者对历史的看法。历史通常被视为舶来品，是从被研究的社会之外而来的某种东西。这样我们所得到的就不是那个社会的历史，而是（西方的）历史对那个社会的影响。从这样的角度所产生的记述常常令人非常不满意，尤其在被研究社会的实际组织和文化这个方面，那本是人类学传统的关注点。

三、实践论

1. 实践理论缘起

进入 20 世纪 80 年代，人类学的研究方向从理论模式的探索转向对行为者的实践（practice）和实际理念的研究。这个转向旨在解决社会理论中长期未决的课题，即社会与个人的关系。这之前的人类学理论大都共同假定人类行为和历史进程完全是由结构或系统所决定的。它们都被视为社会和历史的媒介，但是显然这并不是真实的人在做真实的事。从一定意义上说，实践理论的出现可以说是传统社会人类学突破政治经济学对其局限性的批判，并回

① 参见 Sherry Ortner，“Theory in Anthropology Since the Sixties”，*Comparative Studies of Society and History*，1984，26：127－160。

归到现实主义人类学对社会文化描写的信念上的表现。实践论所关注的理论问题是结构与人的关系，力求在结构与人的行动之间探讨辩证关系和人的能动性。

实践论的主要倡导者包括英国社会理论家安东尼·吉登斯（Anthony Giddens）、法国人类学家布迪厄，以及美国人类学家萨林斯和奥特纳等人。他们都关注两套相互关联的术语，一套是实践、应用、行动、互动、活动、经验、展演，另一套则是关于做这些事的人：媒介、行动者、人、自我、个体、主体等。

值得注意的是，实践论的出现与马克思主义的重新被发现也不无关系。事实上，由于马克思主义对人类学理论的深刻影响，实践理论尽管也与之前的人类学一样重视文化/结构的形塑力量，但这种力量却是从反面来理解的，被视为“限制”、“霸权”和“符号统治”。更为显著的是，马克思主义的影响可见于实践理论者们所接受的一个假设，假定所分析的行动和互动的重要形式发生在不均衡或居主导地位的关系中，而正是行动或互动的这些形式能够最好地解释任何时间中的任何系统。不论是直接关注不均衡关系中的行动者的互动（甚至“斗争”），还是更为宽泛地用衍生于不均衡关系的角色和地位来界定行动者（不管他们在做什么），这个研究方法都倾向于强调社会不均衡，将之视为行动和结构的最为重要的维度。

2. 布迪厄的实践理论

实践理论最重要的推动者当数法国的布迪厄。布迪厄的主要作品是1977年发表的《实践理论大纲》，次年又出版了英译本，直接点燃了人类学界实践理论的思潮之火。布迪厄的最初目标本来是想对涂尔干、英国社会人类学的社会结构理论以及法国的结构人类学提出批评，但在此基础上，他进一步讨论了系统与个人的关系。应该说，布迪厄之前已经有一些人类学家呼吁对社会文化决定论进行反思，但是除了社会—文化系统的描写之外，只有一些关于政治行为策略的探讨。布迪厄提出“实践”概念，就是希望能在系统与个人之间找到可以互通的媒介。

实践理论解释的就是一个给定社会和文化整体（系统）之形式和意义的产生、再生产及变迁。对布迪厄来说，系统是一个复杂的整体，包括宇宙观、社会结构、认知的集体表象、文化解释体系等。人类学者一直认为这些东西决定了个人的行为。关于这一点，布迪厄也同意在一个特定社会里，个人行为倾向于向社会规范和文化趋同。但是，他否认这种趋同来自社会文化对个人的决定性。社会文化本是一套超出个人的外在力量，但是经过对人们日常生活的互渗，它提供了方便个人生活、生产的规则。因此，实践一方面实现了个人的利益，另一方面在某种程度上是结构和体系得以不断再生产并形成其“霸权”的中介。换言之，实践既是策略性的个人行动，也是文化再造和社会秩序重塑的途径。①

这样看来，实践含义非常广泛，可以指任何人所做的事情，即人类行为的所有形式，而这些行为有意识或无意识地具有一定社会含义。事实上，实践理论主张，行动或实践是一个实用主义的选择和决定，或是主动的谋划与规范。不过，实践论者偏重于从政治角度来理解。他们认为，系统（system，或体系）对人类行为和实践形式具有强大的，甚至是“决定”的作用，但他们的关切点却是体系如何先于生产？过去曾有过怎样的变迁？将来又会有怎样的变迁？正如吉登斯所说，实践研究并非体系或结构研究的一种对立替代模式，而是一种必要的补充。②

实际上，这也就提出了关于人的行为与体系之间关系的两大问题，即体系如何影响行为？同时，行为如何创造体系？关于第一个问题，以往的人类

---

① 参见 Pierre Bourdieu，*Outline of a Theory of Practice*，Cambridge，Cambridge University Press，1977。

② 参见 Anthony Giddens，*Capitalism and Modern Social Theory*，Cambridge，Cambridge University Press，1971。

学家一直认为文化强有力地构成了行为者生活中的现实。布迪厄承认文化对行为具有最深刻、最系统的影响，对行为者的世界观、理念、情感等有制约作用。然而，他同时又认为文化对行为的制约有局限，因为在一定意义上文化也是人的创造物。

3. 萨林斯关于行为塑造体系

萨林斯认为，复制社会文化体系的不是社会化和仪式，而是日常生活的实践。这些实践体现了组织和支配体系的时空和社会秩序。在日常生活中，人们的行为常规不仅受到内在组织原则的制约，而且还在现实生活中加强这些原则。但是，并不是所有的实践都复制体系。对于现实生活中不合规范的实践，存在两种可能的解释，或是认为它们是基本文化主题的变异形式，或是认为它们暗示了不同社会模式的生成。

萨林斯还认为，把不合规范的实践视为阶级斗争不能解释问题。处于不同社会地位的人有不同的利益，他们的实践是以不同利益为基础的，并试图在适当的时机为提高各自的地位而产生竞争，但这并不意味着冲突和斗争，也不意味着不同利益的人必然持有不同的世界观。换言之，马克思的模式也许适用于阶级差异明显的社会，但在简单的同质社会中，不平等和不平衡的现象相互补充，是一个不可分割的整体。在这样的社会中，实践的变异是不成功的复制，不影响体系的维持。①

实践理论的另一个重要问题就是，到底什么驱使了人们的实践？现在的实践人类学关于驱动力的主导理论来自利益理论。这个理论模型认为，一个在根本上个人主义的、有些攻击性的行动者，他是自私的、理性的、实用主义的，或许还有最大化个人利益的倾向。他们假定行动者理性地追求他们所想要的东西，而他们所想要的是在其文化和历史背景下，在物质上、政治上

---

① ［美］马歇尔·萨林斯：《文化与实践理性》，赵丙祥译，上海：上海人民出版社，2002 年。

对他们有用的东西。

总体来看，萨林斯的实践理论构架将法国结构主义、美国象征人类学和法国社会学年鉴学派熔于一炉，而布迪厄则将列维-斯特劳斯结构主义的客体论、萨特的存在主义、现象学的主体论以及结构马克思主义综合为一体。因此，实践理论在很多方面为人类学提供了一种十分具有原创性的表述，是将韦伯、马克思、涂尔干的经典研究视角综合成社会研究和理论分析的整体性策略的一种尝试。[①]

---

① 参见 Bruce Knauft, *Genealogies for the Present in Cultural Anthropology*, New York, Routledge, 1997。

第 3 节　后现代主义与人类学的重构

20 世纪 90 年代以来，人类学步入一个新的发展时期，开始了普遍反思的阶段。但是，这种反思其实早在 60 年代就已经开始酝酿了。比如，象征人类学在 60 年代后期开始兴起，到了 70 年代末期就逐步被批评。结构马克思主义在 70 年代发展，到了 70 年代末开始受到政治经济学派的排挤。政治经济学派在 80 年代初期非常活跃，但到了 80 年代中期就被布迪厄的实践论和福柯的权力论所批评。实践论在 80 年代初一度被认为是人类学的主流，而 80 年代中期以后文本学派（textualism）又成了新的时尚。这种理论交替以及彼此批判和反思在人类学历史上并非什么新奇现象，事实上所有学科都存在着在批判和反思的基础上创建新的理论模式的情况。但是，当代人类学所进行的反思却是超乎寻常的全面和深刻，从研究方法和方法论到研究者的身份，从学科理论到思想范式，无一不在被批判和反思之列。而这种共通范式的缺失、多元理论的兴起以及学科的全面反思现象都被归结为后现代的时代特征。

一、后现代主义与人类学

1. 后现代主义的诉求

20 世纪 60 年代，西方思想界出现了一个质疑权威、质疑科学主义、质疑结构的思潮。这个内容庞杂、主张繁多的思潮被统称为“后现代主义”（post-modernism）。其实要真正问后现代主义到底是什么，迄今尚无明晰的定论。不过，后现代主义的一个可见的显著特征就在于其主要诉求是“质疑”，或者说德里达所倡导的“解构”[①]。

这个思潮的影响遍及几乎所有的社会科学和人文学科，其对文本的关注在文学、法律、语言学等研究中引起了对现代西方文化社会知识产生的过程的全面批评。其中一个关键话题就是文化撰写的问题，兴趣点则从传统的语言理论转向修辞研究。以文学领域为例，作为启蒙运动产物的西方传统的文学理论出现了两个转向，即后现代转向和文化转向。前者为后者提供资源，后者为前者提供市场，两者交融为一，就构成了当前的文化研究，即所谓后现代文化转向。

就人类学来说，在结构主义盛行于20世纪60年代的同时，人类学领域开始出现三种自我批评的倾向。其一，反思人类学的传统田野工作调查实践、关于田野工作的认识论，及其作为一种社会科学方法的地位。[②] 其二，对人类学在处理与传统部落（殖民化）的关系，以及与其自身的调查过程和学科史有关的历史背景、系统性社会不平等和权力等课题时，所表现出的不敏感或无能进行批评，尤其表现为对人类学与殖民主义、新殖民主义的历史关系的质疑。其三，阐释人类学的文化分析概念对欧洲哲学（尤其是阐释学），及其对传统观念和传统民族志写作的影响重新进行深度的理论探讨。[③] 显然，这些自我批评的理论根源部分来自马克思主义和阐释学（hermeneutics），但同时也可以被认为是后现代主义在人类学领域的具体表现。

一些人类学家在思考这些质疑的时候，痛感学科的认识论危机，试图通过对西方学者（尤其是在殖民时期）的非西方文化民族志描述的重新分析和

---

① 参见 Jacques Derrida，*The Development of Cognitive Anthropology*，Cambridge，Cambridge University Press，1976；Jacques Derrida，*Writing and Difference*，London，Routledge，1978。

② 参见 Paul Rabinow，*Reflections on Fieldwork in Morocco*，Berkeley，University of California Press，1977。

③ 参见［美］克利福德·格尔兹：《文化的解释》。

评论，得到对文化表述本质的深层认识[①]。他们希望能找到某种方式回应学科所面对的严峻挑战：丧失了描述异文化的权威，以及一度被认为是"客观"的文化描述受到质疑。他们主要探讨民族志与文学的关系，以及跨文化描写中权力与知识的关系。通过这些讨论，他们提出了一些变革和创新民族志写作的方式。[②]

这些反思、质疑和讨论最终推动形成了后现代思潮在人类学领域的高潮，即20世纪80年代声势浩大的"写文化"大论争。1986年相继出版了两部论著，即论文集《写文化：民族志的诗学与政治学》[③] 和专著《作为文化批评的人类学：一个人文学科的实验时代》[④]。这两部论著被认为是后现代思潮在人类学领域的重要成果，在人类学理论发展史上具有划时代的意义。它们的出版可以说是人类学思想的一个分水岭，使人类学者更深刻地认识到了文化表述的场景性和虚构性，并进而开始关注这样一个事实：人类学似乎已经不再能够完成其传统任务，提供"异文化"生活的整体、客观描述。这无疑把传统人类学通过田野工作所建构的权威放在了被质疑的位置上，并引发了一系列的问题，诸如人类学者应当描述什么、如何描述，以及为什么要描述等。

2. 后现代主义特征

如果综合考察从20世纪60年代开始的反思，一直到20世纪80年代以来的各种表现，我们就可以看到，与其他领域相当类似，人类学中的后现代

---

① 参见 Emily Martin Ahern, "Rules in Oracles and Games", *Man*, NS, 1982, 17: 302－312。

② 参见 Rosaldo, "From the door of his tent: the fieldworker and the inquisitor", in James Clifford and George Marcus (eds.), *Writing Culture: the poetics and politics of ethnography*, Berkeley, University of California Press, 1986。

③ 参见 James Clifford and George Marcus (eds.), *Writing Culture: the poetics and politics of ethnography*, Berkeley, University of California Press, 1986。

④ 参见［美］乔治·E. 马尔库斯、米开尔·M. J. 费彻尔：《作为文化批评的人类学：一个人文学科的实验时代》，王铭铭、蓝达居译，北京：生活·读书·新知三联书店，1998年。

主义表现出五个特征：第一，质疑权威，尤其是西方白人男性的权威。[①] 第二，质疑宣称能得到完全代表真理的知识的科学主义，认为理论并不等于现实。第三，质疑集体意识的存在，认为意义在互动过程中得以产生。[②] 第四，质疑所谓的价值中立及文化研究中“象牙塔”的存在，凸显出写作的政治这个问题。[③] 第五，高举相对主义，质疑宏大叙事，转向小叙事。

或许我们还可以将后现代主义进一步简约表述为：质疑是基调，解构是手法，政治被凸显。

二、反思人类学与实验民族志

后现代主义思潮在人类学领域产生了所谓的后现代人类学，但是后现代人类学一般有两种不同的用法。一种是指结构主义之后力图摆脱结构概念影响的后结构人类学，另一种则是指一种对人类学学科功能和性质的本体问题加以质疑的人类学潮流，也被称为反思人类学（reflective anthropology）。总体看来，反思人类学有两个重要的特点。其一，在认识论意义上，反对把人类学知识当成脱离于社会和政治经济之外的“纯粹真理”，承认人类学者在材料整理和意义解说上的主观创造性。其二，在研究和写作方法上，主张把知识获得过程中人类学者的角色作为描写对象，并给予被研究者自己解说的机会。

大力倡导反思人类学的主要人物有詹姆斯·克利福德（James Clifford）、

---

① 参见 Annette B. Weiner，*Women of Value，Men of Renown: new perspectives in Trobriand exchange*，Austin，University of Texas Press，1976；Edward Said，*Orientalism*，London，Routledge，1978。

② 参见 Pierre Bourdieu，*Outline of a Theory of Practice*，Cambridge，Cambridge University Press，1977。

③ 参见 Robert Layton，*An Introduction to the Theory in Anthropology*，Cambridge，Cambridge University Press，1998。

乔治·马尔库斯（George Marcus）、迈克尔·费舍尔（Michael Fischer）、詹姆斯·布恩（James Boon）等人。他们主要从三种社会理论那里得到灵感，包括马克思主义对人类学与殖民主义关系的分析、知识社会学派和文本学派的理论，以及福柯对话语（discourse）的洞见[①]。反思人类学的提出，所针对的不是人类学的某种理论阵营，而是自马林诺夫斯基以来的整个人类学的基础：民族志方法论和认识论。

1. 反思人类学的反思和创建新文本

反思人类学的目的不仅在于反思和评论以往的人类学文本和知识，并且也致力于创建新的文本和话语形式。对人类学与殖民主义的关系、异文化研究和人类学解释性的重新思考，引起了20世纪80年代以来对民族志文本加以分析、解剖和批评的潮流。这些评论后来被马尔库斯和迪克·库斯曼（Dick Cushman）发表在《民族志作为文本》这篇论文上，他们主张民族志也可以作为一种文化批评研究的对象。事实上，他们确实运用了文学批评来解释习惯，同时也运用了文学批评对故事的梗概、观点、内容和风格进行分析，对民族志的写作方法进行全面的研究。

反思人类学的第一个批评对象就是马林诺夫斯基以来人类学界所坚持的研究范式，克利福德称之为“科学的参与观察者”的模式。根据这些后现代主义批评家的说法，马林诺夫斯基及其追随者所做的民族志可以被视为一种科学研究，乃是一种现实主义的作品，按照他们的归纳，传统民族志有如下明显的局限性特征：

“全观性”（totality）的叙述结构。传统民族志的写法通常会先把文化或社会进行横切面的切割，然后用功能关系的理论把它们联系起来。民族志作者在文本中扮演“客观”角色。为了表现现实主义民族志所谓的“科学性”，

① 参见［法］米歇尔·福柯：《知识考古学》，谢强、马月译，北京：生活·读书·新知三联书店，1998年。

早期的民族志作者通常不用第一人称来讲述他们所看到的事件和制度，有意使他们的叙述显得客观。

传统人类学者十分关心把社会文化当成整体的研究对象，所以在这样的传统民族志中，被研究者个人的性格和特色总是被压制或消除，显得似乎只有集体的共同特点或民族性，而完全没有个人个性。被研究者的共性掩盖了个性。

传统民族志通常会在一开始就郑重其事地交代其田野工作经验，以表明和凸现其民族志的权威性。

传统民族志作者常常用很大的篇幅来描写某个事件或日常生活场景，以间接地表现他们与被研究者之间的密切关系。

传统人类学者不愿意承认他们写的是自己的看法，而总说是被研究者的想法，以凸显其“客观”。

尽管人类学的研究在有限时空的社会中展开，但学者总是强调把具体的事例推向具有理论意义的结论，对具体事例的描述停留在其所代表的某种“典型性”上，而不进入所研究的具体事例的细节。这就不仅使得作者从现实中分离出来，而且还使被研究的社区游离于理论之外，从而使民族志成为与作者和社区无关的论述。

传统民族志作者常用一些特殊的术语来表现他们是“专家”，是与一般作家不同的，但同时又试图避免采用太多术语而使他们的描述显得不够真实。

传统民族志作者在文本中经常将被研究者的言论和概念作为注释，以体现自己的作品的“现实性”。①

总之，这些批评者指出，长期以来人类学者采用社会科学的研究方法，但没有对这些方法本身的有效性进行思考，而使得他们的作品充满问题和

① 参见 George Marcus and Dick Cushman，“Ethnographies as Texts”，*Annual Review of Anthropology*，1982，11：25－69。

矛盾。

这些反思人类学家的另一个批评对象是格尔茨的解释人类学模式。他们指出，解释模式与传统民族志的“客观”模式不同，专注于从社会成员的观点来理解象征符号。但是问题在于，这种模式通过与被研究者的移情（empathy），好像他们自己从背景中完全消失了。

然而，他们的主要批评对象显然仍然是传统民族志方法，并将具有以上特点的人类学贴上一个“现代人类学”的标签。因此，他们主张创建一种“后现代人类学”，以克服前者的弊端。

2. 实验民族志的特点

后现代人类学反思传统民族志方法，其主张被称为“实验民族志”（experimental ethnographies），有三个基本特点：第一，把人类学者和他们的田野工作经历当作民族志实验的焦点和阐述的中心。第二，对文本进行有意识的组织和艺术性的讲究。第三，把研究者当成文化的“翻译者”，对文化现象进行阐释。①

早在20世纪60年代，就已经有一些人类学者把自己在异文化中展开的田野工作经历纳入民族志文本，例如1955年列维-斯特劳斯的《忧郁的热带》和1967年出版的马林诺夫斯基田野日记。但当时的写法主要是“忏悔式”的田野工作回忆，是对研究者本身角色的“自白”，而没有系统化的分析。之后，杜蒙（Jean-Paul Dumont）1971年的《头人与我》和保罗·拉比诺（Paul Rabinow）1977年的《摩洛哥田野作业反思》进一步提出了田野工作的认识论问题。事实上，人类学者的自白并不是民族志实验的关键，更重要的是有意识地对自身所处的文化场景和文化碰撞进行阐述。由此，实验民族志大致可分为三种表述形式：对异文化经验的表述；对人类学者所处的世

① 参见 George Marcus and Dick Cushman, “Ethnographies as Texts”, *Annual Review of Anthropology*, 1982, 11: 42 - 43。

界政治经济过程的反映；视人类学为文化批评（cultural critique）的艺术。[①]

第一种实验民族志的特点在于对不同文化的人观、自我和情感的不同界定和经验，其主要目标就是批评传统人类学的集体思维（collective mentality）理论。比较有代表性的作品有罗伯特·列维（Robert Levy）的《塔希提人》（1973）、加纳纳斯·奥比耶斯克勒（Ganannath Obeyesekere）的《梅杜莎的头发》（1981）、米歇尔·罗萨尔多（Michelle Rosaldo）的《知识和激情：埃恩哥特人对自我和社会生活的看法》（1980）、文森特·克拉潘扎诺（Vincent Crapanzano）的《回归的礼仪：摩洛哥人的割礼》（1980）等。

第二种实验民族志则试图调和传统民族志的小型地方性社区的描述与近代以来世界的全球化之间的矛盾，迈克尔·陶西格（Michael Taussig）的《南美洲的罪恶观和商品拜物教》（1980）和沃尔夫的《欧洲与没有历史的人民》（1982）是其中的代表作品。

第三类实验民族志主张人类学是文化批评的艺术，其关键在于将熟悉的事物变为陌生的事物，将西方视为自然的价值观变为怪异的价值观，即所谓“转熟为生”（defamiliarization）。施耐德的《美国人的亲属制度：一种文化的解说》（1968）、布鲁诺·拉图尔和史蒂夫·伍尔加（Steve Woolgar）的《实验室生活》（1979）、玛丽·道格拉斯和韦达夫斯基的《风险与文化》（1982）等作品可以反映这种民族志的实验性。

具体到写作上，不少倡导实验民族志的人类学家建议采用一种对话模式来进行文化撰写。民族志作者不应远离其研究对象，而应置身于同研究对象的对话之中。因此，理想的后现代主义民族志应是民族志作者与研究对象之

① 参见［美］乔治·E. 马尔库斯、米开尔·M. J. 费彻尔：《作为文化批评的人类学：一个人文学科的实验时代》。

间对话的重构。[①]

三、阿萨德的后殖民批判和现代性批判

提到后现代主义的一个特征就在于质疑和批判，阿萨德在这个意义上是一位值得特别加以介绍的人类学家。他早期因其后殖民批判知名，之后则以其对现代宗教概念的批判进一步确立其学界地位，近来则主要关注世俗主义（secularism）的问题，可以说每部作品都相当有力度。

阿萨德长期任教于纽约城市大学，是一位极具批判力的理论家。他幼年生活在印度和巴基斯坦，后来到英国求学。1968年，他在牛津大学获得博士学位。1970年，阿萨德出版《卡巴比什阿拉伯人——游牧部落中的权力、权威与共识》，探讨阿拉伯人的政治生活，特别是在西方文明的压力下的思考和行动。1973年，阿萨德主持编辑出版《人类学与殖民相遇》，其中收录了一些重要学者的分量很重的文章，一经出版就得到广泛关注，成为后殖民批判思潮中的代表性作品。

其后，阿萨德采用尼采所开创，在福柯那里得到充分发展的系谱学方法展开对基督教、伊斯兰教与现代性问题的讨论，对于人类学家、神学家、哲学家等习以为常的一些基本概念进行重新考察，促使大家对其前提假设及来龙去脉进行反思。这些知识考古学的成果后来被结集为《宗教的谱系——基督教和伊斯兰教中的权力规训与理性》（1993）。在这些文章中，阿萨德对人类学的“广义的宗教”观点或“宗教普遍主义”进行了彻底的梳理，他对宗教定义本身提出质疑：“今天在人类学家看来是不证自明的问题，即宗教本质上是个与一般秩序的观念相联系（通过仪式、教义或两者兼而有之）的象征

---

① 参见 William Haviland，*Cultural Anthropology*，Orlando，Harcourt，1993。

意义的问题，它具有属的功能/特征，绝不能与它的任何历史的或文化的特定形式相混淆，这实际上只是特定的基督教历史的观点。”

显然，阿萨德的直接批判对象就是影响深远的格尔茨的宗教观。他进一步明确提出，格尔茨对宗教信仰的论述是一种现代的、私人化的基督教观念，因为他所强调的是信仰的优先地位，并把信仰看作思想的阐述而不是建构世界的活动。阿萨德进一步指出，欧美学者这种试图论述和探讨某种普遍的宗教定义的努力，其实有着自身的历史和文化过程。他认为，宗教改革打破了之前天主教对神圣与世俗关系的全面性掌控，随着现代科学、现代工业、现代国家的兴起和发展，（西方）宗教的重心越来越放在信仰者个人的情绪和动机上。阿萨德认为，到了 17 世纪，“随着罗马交会之统一和权威的瓦解，以及随之而来的宗教战争，欧洲的公国四分五裂，开始出现系统地提出某种普遍的宗教定义的努力”。

有趣的是，这一变化使西方人的宗教观变得极具普遍主义和个体主义的特征，也就是说，西方人一方面相信宗教应当普遍存在于任何社会中，同时也相信宗教信仰只能通过个人内在的信仰来达成。阿萨德尖锐地指出，无论是巫术—宗教—科学/理性主义的进化观，还是巫术—宗教—科学的平等主义社会人类学解释，其实都反映了 17 世纪以后西方宗教普遍主义对于神圣性和世俗性之间界限的重新界定，无非反映了“启蒙了的”欧洲人带领世界各民族走出非理性的黑暗的“必然道路”。

阿萨德的这一批判无疑与其穆斯林的思考背景直接相关，因为在伊斯兰世界中，宗教与权力是密不可分的，而绝非一个私人或个人的“信仰”而已。事实上，阿萨德批评说，在欧美社会中，人们之所以将宗教保留在一个完全不同于政治、法律、科学的领域里，乃是出于世俗主义者限制宗教和自由派基督徒抑制宗教的一种策略。他认为，这种宗教与权力的分离是现代西方的标准，是后宗教改革历史中的独一无二的产物。

延续这个批判性的思路，2003 年，阿萨德结集出版《世俗的形成——基督教、伊斯兰教与现代性》。这本书一共收录了七篇文章，分为三个部分：世俗（secular）、世俗主义及世俗化（secularization）。这部作品同样受到了诸多的关注和讨论，特别是其中关于神圣与世俗，及其与现代民族和国家的复杂关系的探讨颇有启发。

四、 理论范式多元化与人类学重构

近三十多年来的人类学的一个显著特征就是理论范式的多元共存，而不是像之前表现出的某个理论几乎完全取代另一个理论的情况，比如功能论取代进化论、结构主义取代功能论等。相反，这些在旨趣和方法上差异相当大的不同的理论模式之间尽管也存在互相的批评，但却更表现为一种对等的交流和对话。尽管这一时期先后出现的理论学派仍然与过去一样存在此消彼长的态势，但是学派一旦产生，其成长周期明显延长，呈现出一幅在彼此批评中共生共存的景象，各自获得自我生存的空间。

这种状况一方面与人类学者越来越认识到知识的相对性和个人性有关，另一方面则体现了结构主义之后经验主义思潮的回升以及对田野工作的重新强调。由于对功能主义以及历史特殊论的个别文化的经验讨论不满，结构主义试图以超地方的普世模式来涵盖地方性的模式。而这个做法遭到了后结构主义者的普遍反对。20 世纪 90 年代以来人类学的一大潮流就是试图在地方性知识与人性、全球化范式之间寻求共通点，同时人类学者再次强调经验的田野工作，并确实地进入田野，以经验的态度收集多元化的文化资料。当然，多数人类学家都同意在复杂社会的田野工作应当与传统的村落或小型部落社会的田野工作方法有所不同。

值得注意的是，人类学近年来已经开始从极端的后现代立场后撤，回归更为温和的民族志相对主义。当然，后现代的反思革命就像之前的种种思潮一样，已经被吸收和沉淀进了学科的知识库中。同时，极端的相对主义和文化相对主义也逐渐被更为温和的经验研究所取代，这种研究非常关注普遍的人类与文化的个体之间的关系。其结果是一些经典的学科争论再次以新的姿态出现，同时一些新的研究领域也兼容了对过去的研究成就的重新发现。其中一个例子就是莫斯，他在交换理论、个性理论和身体理论等方面被重新发现，而这三个方面也正是20世纪90年代以来人类学的主要关切点。

1. 人类学的重构特点

这一时代的人类学重构过程，表现出了以下一些特点：

不再简单地区分“我们”和“他们”，或者观察者与被观察者。本土人类学作品大量出现，尤其以巴西、印度等地的研究最为突出，并已完全成为普通人类学的当然组成部分。

不再持守“传统与现代”的简单二分法。事实上，近些年的人类学界表现出了一种对于任何进化论讨论的迹象都表示反感的情形。曾经作为人类学标志的共时、单一场所单一社会的研究越来越少见，人们要求人类学者从历史和地区的角度具体关照自己的研究对象，并把它当作常规。

这也导致了一个新术语的产生，即多点田野工作。所谓多点田野工作，是指从城市或组织机构、网络系统分布到国际移民社区等一系列不同的、不局限于某地的研究，关注由人所占据的物质区域。这个研究新取向与“空间反思”直接相关，不过它所关注的区域不仅仅是传统的生态系统，也包括城市空间以及虚拟的网际空间。而这种对物质环境的兴趣与对人的身体的关注是紧密相连的，这种关联表明当代人类学与物质性现实之间新的结合完全不同于20世纪60年代的文化生态学研究。①

① 参见 Thomas H. Erikson and Finn S. Nielson, *A History of Anthropology*, London, Pluto Press, 2001。

2. 人类学研究的趋向

总体来看，近年来的人类学研究还呈现出了两个不容忽视的趋势。一是对全球化和地方的研究，另一个则是对生物学与文化的研究。这一时期的大量作品都集中在这两大研究领域中展开，显示出了人类学者对这些问题的高度关注。而对这些领域的讨论则让我们重新回到一些经典问题，比如“人类学是什么”、“社会是什么”、“文化是什么”以及“生为人意味着什么”等。在这些研究中我们还可以观察到一个重要的特征，即它们明显属于跨学科的研究。全球化研究融汇了政治理论、人文地理、宏观社会学和历史。生物与文化研究则联结了医学、心理学、生物学等。这就意味着人类学的研究方法、概念和研究范式不断在变化，人类学和其他学科之间的疆界日益模糊。

最后，我们应当看到，在过去的二十年里，人类学与自然科学之间的关系又恢复了某种活力。其中一个原因就是自然科学开始运用一些日益复杂的模型，而这些复杂的模型能够真实地模拟生物的，甚至是心理的活动程序。尽管直接把这些模型运用于定性的社会科学显然不可行，因为模型有赖于数字信息的输入，然而，将自然科学的模型作为方法论运用到社会科学显然是非常有益的。比如，史翠珊（Marilyn Strathern）就采用数学的混沌理论作为方法论，研究社会环境与职场之间的各种差异。自然科学所发展出来的这些复杂的新模型吸引了许多人类学者。同时，自然科学由于用复杂的系统理论取代了因果论的直线发展观，并开始赞同或然性、多线宇宙这些更为社会科学者所熟悉的概念，而这些概念使得自然科学家更为理解社会科学。然而，在这两者之间仍然存在潜在的不信任。

3. 新综合与新转向

延续20世纪七八十年代以来，人类学所经历的一系列自我反思与理论批判。时下的相关讨论中最引人注目的便是有关两大“转向”的论争，即“本体论转向”（ontological turn）和“伦理转向”（ethical turn）。[①]

如果说人类学在所谓后现代思潮的冲击下已然进行了深刻的反思的话，那么当下热议的“本体论”所带来的冲击无疑更加深刻，因为前述的诸多反思仍旧是在一个认识论（epistemology）层面的反思，而本体论转向则超越于认识论的层面，关注本体（或存在）的问题。简言之，若说认识论层面关注的是如何获取、理解某一“知识”的话，那么这种本体论的转变则试图去追问“知识本身是什么”这样的问题。对于人类学家所关心的根本性问题——他性（alterity），在持本体论转向的学者看来，其不再是一个“文化”、“表述”、“认识论”或是“世界观”的问题，而是一个“存在”（being）的问题。故而，他们所强调的不再是对于多种世界观（worldviews）的关注，而要着眼于多样的世界（worlds）。[②] 依照人类学家爱德华多·科恩（Eduardo Kohn）的看法，这种世界也不再是局限于人所构造的世界。他将“本体论”定义为一种“实在”（reality），一种并不局限于人所构造的世界的实在。[③]

在人类学界论及“本体论转向”，势必会联系到菲利普·德斯科拉（Philippe Descola）[④]、爱德华多·维未洛斯·德·卡斯特罗（Eduardo Viveiros de Castro）[⑤] 和拉图尔[⑥]等学者。在科恩看来，这些所谓“法国转

---

① Somatosphere（Science，Medicine，and Anthropology，http：//somatosphere. net/）网站为读者提供了两大转向相应的读者指南，对此感兴趣的读者可在网站上搜索下载。A reader's guide to the “ontological turn” — Part1，2，3，4；A reader's guide to the anthropology of ethics and morality — PartI，II，III.

② 参见 Paolo Heywood，“Anthropology and What There Is：Reflections on ‘Ontology’ ”，*The Cambridge Journal of Anthropology*，2012，30（1）：143-151。

③ Eduardo Kohn，“Anthropology of Ontologies”，*Annual Review of Anthropology*，2015，44：311-327.

④ Philippe Descola，*Beyond Nature and Culture*，translated by Janet Lloyd，Chicago，University of Chicago Press，2013.

⑤ Eduardo Viveiros de Castro，*Cannibal Metaphysics*，translated and edited by Peter Skafish，Minneapolis，Univocal，2014.

⑥ Bruno Latour，*An Inquiry into Modes of Existence*，translated by Catherine Porter，Cambridge，Massachusetts，Harvard University Press，2013.

向”学者们的理论要点，诸如德斯科拉“人类—自然”相对的四种认知模式、卡斯特罗的“视角主义”（perspectivism）与多元自然主义（multi-naturalism）、拉图尔的行动者网络理论（actor network theory）等是一种狭义的本论转向。而更加广泛意义上的本体论转向还包括了贝特森的“心灵生态学”（ecologies of mind）、阿尔君·阿帕杜莱（Arjun Appadurai）对于物质性（materiality）的探讨、提姆·英格尔德（Tim Ingold）的“栖居”（dwelling）视角，以及唐娜·哈拉维（Donna Haraway）的“多物种民族志”（multi-species ethnography）等等。[①] 不管是狭义层面还是广义层面，本体论转向的人类学都是对于人类学面临新挑战之时所产生的一些概念及矛盾的回应，是一种重新思考和提问。用刘新的话来讲：“人类学希望重新再找一个起点——新起点，但是新起点应该是什么样?”[②] 接续着刘新的发问，我们可以说人类学的本体论转向是学者们不断地自我反思、批判、追问的一个方式，同时也是一个正在进行的过程。拉图尔所说的“人类学应该代替哲学成为一般社会科学的理论前提”，无疑是对这一“转向”极高的期许。但是我们不禁发问，作为一门以欧陆哲学为基发展起来的现代学科若打翻其基础本身又该如何自处？无疑，时下进行的这些讨论所带来的观点及问题，已然为我们的学科带来了很大的智识冲击，值得我们关注和思考。[③]

除了上述的本体论转向，时下人类学界讨论的另一热门话题即为“伦理

---

① 参见 Eduardo Kohn，“Anthropology of Ontologies”，*Annual Review of Anthropology*，2015，44：311－327。

② 参见刘新：《本体论转向》，见勒姆阿薇编《中山四讲》，贵阳：贵州人民出版社，2018 年，第 118—123 页。

③ 有关人类学本体论转向的讨论已有多本著作问世，当然中文方面的介绍略显不足。本书在理论简史部分提纲挈领式的总结旨在为读者提供一个阅读和思考的方向。除了上述科恩、海伍德、刘新等人纵论性的文章之外，伦敦大学的霍博拉德（Martin Holbraad）和哥本哈根大学彼得森（Morten Axel Pedersen）合著的《本体论转向：一种人类学的阐述》（*The Ontological Turn: An Anthropological Exposition*）从学科思想史的深度阐述了人类学的本体论转向，具体可参见 Martin Holbraad，Morten Axel Pedersen，*The Ontological Turn: An Anthropological Exposition*，Cambridge，Cambridge University Press，2017。

转向”。众所周知，从学科史的传统来说，道德、伦理本身便是人类学所关注的问题，那么何以会出现当下的“转向”。需指出的是，所谓的“转向”并非指时下的人类学伦理研究已然形成一个新的、连贯统一且十分完备的领域，而是学者们试图去反思既有的研究，重新去思考伦理、道德及其相关的问题。不再仅仅只将伦理、道德视为涂尔干意义上的一种“社会事实”，而是围绕这些话题本身展开讨论，同时借鉴不同的学科传统，展开对话。再者，这种转向很重要的一点便是对于所谓福柯式权力话语主导的“暗黑”（dark）研究的不满，诚如韦伯·基恩（Webb Keane）所言，一旦“权力”（或者说“新自由主义”）成为所有问题的答案，它就开始失去其解释力和批判力。[①] 正因为这些不满，学者们从而转向一种“良善人类学”（Anthropology of the good）[②] 研究，他们试图在关注不公、苦难、疼痛等议题之外，扩展到对于美好（或是美好的可能）、公正的生活等话题的关注。

人类学家围绕着“伦理转向”产生了诸多讨论的议题，有学者综合已有的研究成果指出，在学科内部已经形成了若干可引起讨论和共鸣的新的探究方向，这主要包括：（1）围绕着诸如“伦理”（ethics）及“道德”（morality）等基本术语的使用，以及这些术语在日常伦理争论中所扮演的角色产生的争论与困惑；（2）阐述人类学的德性（virtue）伦理（及福柯的影响）；（3）现象哲学对于道德经验日益复杂的处理；（4）重新思考与伦理生活相关的政治

---

① Webb Keane, “A reader’s guide to the anthropology of ethics and morality — Part II”, http: //somatosphere. net/2016/10/ethics-and-morality-part-2. html.

② 参见 Joel Robbins, “Beyond the suffering subject: toward an anthropology of the good”, *The Journal of the Royal Anthropological Institute*, 2013, 19 (3): 447 - 462。有关这方面的研究评述，可参见奥特娜的文章，Sherry Ortner, “Dark Anthropology and Its Others: Theory since the Eighties”, *HAU: Journal of Ethnographic Theory*, 2016 (6): 47 - 73。中译见［美］雪莉·B. 奥特娜：《晦暗的人类学及其他者：二十世纪八十年代以来的理论》，王正宇译，《西南民族大学学报》（人文社会科学版）2019 年第 4 期。

要素。[①] 这四个方面的研究代表了人类学家在伦理转向研究上的尝试与努力，这些讨论不断地扩展与深化，将会为人类学本身带来新的冲击，提供新的思考起点和方向。

总体而言，这两大转向最有趣的特点在于"他们试图去颠覆人类学既有的一些思想和概念"。[②] 这些尝试将会带给人类学自身多大的冲击和改变还未可知，但是这两个转向使得人类学者们去重新思考人类学的一些基本问题这一思考本身，即会促使我们去重新审视学科、学科的基本问题、学科的思考方式等等。那么，这些正在进行，必将持续发酵的理论转向便值得我们去关注、思考和期待。

① 参见 Cheryl Mattingly，Jason Throop，"The Anthropology of Ethics and Morality"，*Annual Review of Anthropology*，2018，47：475－492。

② 参见刘新：《本体论转向》，见勒姆阿薇编《中山四讲》；Cheryl Mattingly，Jason Throop，"The Anthropology of Ethics and Morality"。

下编

人类学家及其理论的生成过程

第七章　马林诺夫斯基及其文化功能论

在人类学百年史上，英国功能主义曾经一度声名显赫。它发展了系统化的社会人类学调查方法和叙述手段，推动人类学进入现实主义的时代，奠定了现代人类学的理论和方法论基础，还把人类学家从书斋和安乐椅中赶进田野，造就了一代优秀的田野工作研究者。该学派兴起于20世纪20年代（一般认为是1922年[①]），鼎盛于30年代至50年代，在这一时期内，功能主义的倡导者甚至不屑以“学派”自称，而以“科学”自许，甚至自认为是人类学研究唯一科学的方法。[②]

20世纪60年代是一个破除学术霸权（Academic Hegemony）的时代。[③] 新的理论不断出现，不但在学术圈中排挤功能主义，还将功能主义作为一种历史加以理论上的反思，试图在反思功能主义和引进新概念、新方法的过程中推动人类学的发展。

谈到功能主义人类学就不能不提到马林诺夫斯基，他与拉德克利夫-布朗一起被公认为是功能主义人类学的共同开创者，尽管他们的观点有着很大的差异。在此，我将集中讨论马氏及其主张的人类学功能论。

---

① 参见黄淑娉、龚佩华：《文化人类学理论方法研究》，1996年。
② 参见 A. R. Radcliffe-Brown, *Structure and Function in Primitive Society*, pp. 188 - 189。
③ 参见 Sherry Ortner, “Theory in Anthropology Since the Sixties”, *Comparative Studies of Society and History*, 1984, 26: 127 - 160。

第 1 节　时势造“英雄”

19 世纪末以来，自然科学得到了长足的发展，当时的社会科学界要求自己成为一种“科学”的呼声很高，力图使自己能够独立而与自然科学分庭抗礼。说白了，这也是一种学术地位的争夺及合法化。但这个时候的社会科学还相当弱小，不得不采用自然科学的成果，甚至是方法论。而当时的自然科学方法论的一些重要概念已有了极大的变化，如社会现象间的“函数关系”概念逐渐取代了片面的因果关系概念，即原因与结果的概念被变数与函数的概念所代替。[①] 这个由致力于自然科学研究的科学家们努力而来的结果，很快就被应用于社会科学研究的各个方面，人类学也不例外。马林诺夫斯基本人出身于数学和物理学专业，很自然地就将自然科学的方法带入其人类学研究中，其治学理想也就不可避免地是推动人类学成为一门真正的“科学”。这样的背景和理想也就决定了他治学的态度和方法论，甚至他的学术成就。

马林诺夫斯基所处之时代的科学界和思想界已经开始重视比较研究的方法，并产生了“文化必须从整体来看”的观点。他们认为应当从不同地区、不同民族、不同社会结构和制度的调查材料中进行比较，研究不同文化在各自社会中的功能。他们还认为应当通过比较的方法对不同文化的语言、风俗、信仰及社会组织做出系统的解释。这种整体论的概念在马林诺夫斯基那里得到了进一步的发展，并被确立为社会人类学的重要研究原则之一。在他众多的民族志作品中，马林诺夫斯基努力摒弃分割式的静态描述方法而将所研究

---

① 参见吴文藻著，王庆仁、索文清编：《吴文藻人类学社会学研究文集》，北京：民族出版社，1990 年，127 页。

的社区当作整体来描绘，因为他相信文化不是机械地联合起来的各个部分的凑合，而是具有自己特点的一定的组织。

马林诺夫斯基一生漂泊，从波兰至英国，再自英国而到美国，最后客死他乡。他很“幸运”地赶上了两次世界大战，而这对他的学术研究有着不可忽视的影响。正是因为第一次世界大战的爆发，他被迫留在西太平洋做田野调查，这一经历造就了一代人类学大师，也为他的众多著作提供了主要的素材来源，更为重要的是，这还为他以后的比较研究提供了一个参照体系。一战结束后，大英帝国的世界殖民体系受到其他强国的严重威胁，同时也受到民族运动浪潮的剧烈冲击。因此，英国政府急需寻找一种新的统治方法，以挽颓势。他们希望人类学家能为政府统治各殖民地提供具体的意见和办法，以此来维持其统治。殖民地非洲的危机最为严重，当地人日益高涨的民族独立热情促使殖民官员不得不开始认真考虑如何利用土著社会制度，而这就要求必须先有人去研究、分析这些社会制度，懂得这些制度在氏族社会中所起的作用（功能）。这样的社会要求和背景造就了一批强调应用的人类学家，马林诺夫斯基就是其中的佼佼者，他的理论和建议对英国的殖民地政策和管理影响很大。

直接影响马林诺夫斯基田野工作方法和实践的是以哈登和里弗斯为代表的“剑桥学派”。他们提出了结合田野研究与书斋研究的理论，提倡在严格的科学基础上进行田野研究。在1898—1899年间，他们还带领剑桥大学调查团对托雷斯海峡进行过综合调查。他们的倡导和身体力行促使了实地调查研究在当时西方学界的流行。可以说马林诺夫斯基的功能主义理论就是在这种背景下，以他在1915—1918年间的实地专业调查为基础，再将调查材料和分析与理论研究相结合，而得以最终形成的。

法国社会学家涂尔干是影响马林诺夫斯基的另一个重要人物。涂尔干认为每个社会共同体（“社会”）都具有其整体性，个人乃是主要地（虽非完全地）由集体环境（社会）所塑造的，强调社会科学必须采用其他科学观察和解释事物的方法即实证的方法，坚决反对用心理学的或目的论的方法来研究社会。他还特别强调社会的“超然性”和“外在性”，同时还有对个人的“强制性”，即无论个人承认与否，都必须按照它去行事，否则就会受到外来的强制性制裁。[①] 不过，马林诺夫斯基并没有全盘接受涂尔干的理论。他欣然领受了涂尔干的实证主义态度，但却反其道而行之，不接受其“集体意识”的学说，而是强调个体的心理及生理需要，认为这才是文化的真正驱动力。他还认为涂尔干过分夸大了人的社会性，而忽视了个体的差异性，并试图用冯特、弗洛伊德的心理学理论来对此加以修正，试图调和社会学与心理学的观点。他还拒绝使用“社会”一词，而强调“文化”的普遍性。[②]

在马林诺夫斯基的理论和研究中，心理学的痕迹十分明显。英国心理学家亚历山大·尚德（Alexander Shand）的情感理论为马林诺夫斯基的需要理论提供了直接的支持，他认为本能或天生的素质是人类行为的主要动因，而这正是马林诺夫斯基所主张的生理需要所强调的。弗洛伊德的心理分析方法也曾对马林诺夫斯基产生过强烈的影响，虽然为时不长，但即使在后来已经很清楚地看到心理分析方法的片面性时，他仍然认为它对自己的研究大有帮助。当然，也正是因为弗洛伊德大胆闯入性活动现象研究的“禁区”，马林诺夫斯基才得以跟随其脚步，并写出《野蛮人的性生活》这本重要著作。[③] 另外，还不得不着重提一下冯特的民俗心理学，他对马林诺夫斯基的影响至为显著，而且持续了一生之久。冯特认为心理学研究应该包括对意识和思想的实践性内省，以及对人类生活的共同特性的探讨，这两方面在马林诺夫斯基

---

① 参见袁方主编《社会研究方法教程》，北京：北京大学出版社，1997 年，第 725—728 页。

② 参见［美］哈奇：《人与文化的理论》，黄应贵、郑美能编译，哈尔滨：黑龙江教育出版社，1988 年，第 263—264、268 页。

③ 参见［苏］托卡列夫：《外国民族学史》，汤正方译，北京：中国社会科学出版社，1983 年，第 247—249 页。

那里就分别体现为参与观察法和“人类需求”。

哲学方面影响马林诺夫斯基的主要有两个来源，一个是恩斯特·马赫（Ernst Mach）的经验哲学，另一个则是英国当时十分流行的实用主义哲学。马赫认为科学的任务就是描述感觉经验，并将之当作论证的依据，这个主张奠定了马林诺夫斯基民族志方法的哲学基础。马赫还否定客观世界发展规律的存在和可知性，并强调对经验论述的整体性，这就为马林诺夫斯基的文化整体论提供了直接的依据。实用主义哲学主张一切制度的构造都应该符合人的需求，除此以外的所有设置都是无效的和不合理的。虽然马林诺夫斯基从来没有论述过“实用”这个概念，但他显然强调社会文化形式的“实用价值”，他所讲的“功能”其实就是文化对人的需要的“实用性满足”，他自己就曾这样说：“一物品成为文化的一部分，只是在人类活动中用得着它的地方，只是在它能满足人类需要的地方……最简单者如是，复杂者何独不然。”①

说来说去，影响马林诺夫斯基最大者还是当数达尔文的生物进化论。马林诺夫斯基将文化看成生活的手段的观点实际上正是进化论的逻辑发展。它首先肯定了人类是从较低级的动物演化而来的，所以人首先是一种动物，具有动物的共性。但人类也具有一些其他动物所不具备的体质功能，凭借这些功能，他能利用自然界所提供的物质来满足各种需要。马林诺夫斯基认为文化其实就是人的智力和体力活动的结果，也就是说人为一定目的而利用客观物质条件创造人工环境，那么文化归根到底是人的生理活动的结果，由此可见他对文化的基本看法在实质上是和达尔文的生物进化论一脉相承的。②

在此，我们可以说，马林诺夫斯基之所以能成为一个学术上的“英雄”

① ［英］马林诺夫斯基：《文化论》，费孝通等译，北京：中国民间文艺出版社，1987 年，第 16 页。
② 参见费孝通：《走出江村》，北京：人民日报出版社，1997 年，第 448—450 页。

实在是与其所处的时势关系甚切。他的研究成就得力于众多的因素，既有时代的政治因素，也有其独特的学术背景，他所做的乃是用自己的天赋在实践中对以往的理论成果进行批判、综合和创新，而这足以使他荣登人类学大师之列了。

第2节 走上神坛

1884年，马林诺夫斯基出生于波兰克拉科夫的一个书香世家。1902年，他考入其父任语言学教授的杰格隆尼大学。开始时，他主修的是物理学和数学，后来他的兴趣慢慢转向了哲学。1908年，他完成了博士论文，关注的是阿芬那留斯（Avenarius）和马赫的经验主义知识论。在完成博士学业后的休假期间，他偶然地阅读了弗雷泽的《金枝》，从此就对人类学产生了浓厚的兴趣，他自己后来写道："我刚一开始阅读这本巨著，就沉溺于此书中，受其役使。"① 随后，他进入莱比锡大学受教于心理学家冯特。1910年，他转入人类学研究更为活跃的英国，在伦敦经济学院②受威斯特马克和塞利格曼的指导开始其人类学研究。短短三年之后，他就出版了第一部人类学专著《澳大利亚的土著家族》，得到拉德克利夫-布朗的盛赞，从此一发不可收拾，在此后短短几年间就逐步登上了人类学界的巅峰，创造了人类学史上的一段神话。

1914年，时年30岁的他得到马雷特和塞利格曼的支持前往新几内亚进行田野工作。由于一战的爆发，身为敌国（奥匈帝国）臣民的他被迫延长留在作为大英属地的新几内亚的时间。这使得他因祸得福，得以在1914—1918年间对新几内亚进行三次考察。第一次是1914年9月到1915

① ［英］哈奇：《人与文化的理论》，第165页。

② 是伦敦经济政治学院（London School of Economics and Political Science，LSE）的原名（London School of Economic），该校是集社会学、政治学和经济学的教学与研究为一体的世界级学术教育中心。创建于1895年，创办宗旨为改良社会，成为社会学的一个实验室。又译作伦敦政治经济学院。

年 3 月在土伦岛（Toulon）的梅鲁人（Mailu）中的调查，后来据此而作的《梅鲁岛的原住民》一书与《澳大利亚的土著家族》一起使他在 1916 年获得了第二个博士学位：伦敦经济学院科学博士。此后，他又在特罗布里恩德岛（Trobriand Island）上与土著居民断断续续生活了两年多（1915 年 5 月至 1916 年 6 月，1917 年 10 月至 1918 年 7 月）。这段经历和调查构成了他 1922—1935 年间出版的七部专著的基础，并据此确立了田野工作的基本规范。

1920 年，马氏回到英国，留在伦敦经济学院任教，并于 1927 年出任该校新创的人类学系主任，一直到 1938 年。在这期间，他培养了大批人类学专业的学生，其中包括日后声名卓著的埃文思-普里查德、埃德蒙・利奇、玛丽・道格拉斯、弗思以及帕森斯和费孝通。1938 年他赴美讲学期间，适逢第二次世界大战爆发，于是留居美国，次年开始受聘于耶鲁大学。1942 年 5 月，不幸因心脏病突发去世，时年不过 58 岁，可算是英年早逝。

马林诺夫斯基得以走上人类学神坛，主要得力于先前的教育，以及根据在西太平洋上两年多的田野生活体验而撰写的一系列民族志作品：《西太平洋上的航海者》（1922）、《原始社会的犯罪与习俗》（1927）、《原始社会的性与压抑》（1927）、《野蛮人的性生活》（1929）。如果说马林诺夫斯基是现代人类学田野工作规范的开创者的话，那么这些民族志作品则是系统、深入的田野工作的直接成果，不仅是人类学的经典文本，还开创了一代民族志的文风和撰写方法。我们可以看到的一个事实就是马林诺夫斯基的早期作品基本上都是田野工作报告，其中固然也有一些理论阐述，但却缺乏系统化的理论总结。可以说，他的功能理论一直还在发展的过程中。他在晚年时开始反思和整理自己早期的田野研究，在整理出另外一些民族志作品之外，还比较多地注意理论的探讨。这个变化在他身后才出版付印的几本书上得到了鲜明的体现：

《科学的文化理论》（1944）、《自由与文明》（1944）、《文化变迁的动力》（1945）、《巫术、科学与宗教》（1948）、《性、文化和神话》（1962）。[①] 在这里还不得不指出的是，马林诺夫斯基对中国人类学的发展和研究影响十分深远，但目前却难以找到几本他的汉译著作，实在有些可惜。虽然说他的功能理论已经有些“过时”，但即使抛开理论不谈，就算只是欣赏其民族志典范文本这一点也大有翻译之必要。

马林诺夫斯基最早较为系统地提出功能理论应是在 1926 年，当时他为《不列颠百科全书》[②] 第 13 版撰写的“人类学”词条，洋洋长达九页，被誉为功能学派奠基的理论宣言。而最能系统地反映他的理论的无疑当数《科学的文化理论》。那我们通常所见的《文化论》又是怎么一回事呢？其实，《文化论》本是旨在指导人类学田野工作的《文化表格》一文的说明和解释，一直都没有单独印行过英文版本。1936 年吴文藻先生前往英国拜会马林诺夫斯基时，他将《文化论》随同《文化表格》一并送给吴先生，原意在于帮助中国人类学尤其是田野工作的发展，同时也想得到一些意见和建议。吴先生转手又将该书交给了原是自己学生的费孝通，当时他正受教于马林诺夫斯基门下。次年，费先生译出全文 23 节中的前 20 节，但直到 1944 年才全部译完，交由重庆商务印书馆出版（1987 年民间文艺出版社再版）。[③] 就在这边忙着出汉语版本的《文化论》的同时，大洋彼岸的美国正在印刷《科学的文化理论》的第一个英文版本。同《文化论》相比较，《科学的文化理论》在体例和内容上都已经有了很大的不同。受马林诺夫斯基遗孀委托负责修订该书的亨廷顿·凯恩斯（Huntington Cairns）说这本马氏亲自修改过的遗稿只有打字纸 200 页，正文只有 13 节。值得注意的是，两者的差异不仅是体例上的问

① 参见夏建中：《文化人类学理论学派》，第 128—130 页。
② 又名《大英百科全书》。
③ 参见［英］马林诺夫斯基：《文化论》，序言。

题，更重要的是在学术观点上也有不完全吻合之处。最明显的一点就是，在《文化论》中尚是单方面强调生物需要的一元论，到《科学的文化理论》时把群体生存的社会需要和个体机体的生物需要相提并论，已是很明显的二元论了。[①]

---

① 参见费孝通：《走出江村》，第430—434、441—442页。

第3节 核心术语：需要和功能[①]

马林诺夫斯基一生致力于文化研究，那么自然就必须首先面对作为研究对象的文化到底是什么这个问题。“文化”的定义多达数百种，至今尚无定论。泰勒（1832—1917）在《原始文化》（1871）中的定义无疑是最经典的：“文化是一个复合的整体，包括知识、信仰、艺术、法律、道德、风俗以及其他人们作为社会成员所获得的一切其他能力与习惯。”马林诺夫斯基的定义与此有些接近，他在《文化论》第一节就试图用列举的方式来说明文化的内容，“文化是指那一群传统的器物、货品、技术、思想、习惯及价值而言”。紧接着他又补充了社会制度（institution）。与泰勒的定义相比较，他的文化观增加了“物质”部分。

其实，马林诺夫斯基与之前的人类学前辈的根本差别并不在于文化的内容，而在于对文化的基本看法。在他之前，不论是进化论派，还是传播论派，都倾向于认为文化本身是一个客观存在的实体（entity），而研究的目的就在于发现这个实体本身的发展或变化的规律。马林诺夫斯基却认为文化的意义在于人的生活本身，不是刊印于书上的关于文化的记载，而是人们活生生的活动。他进一步指出人类学家不仅要回到生活中去了解人，还要在一个个人的生活中去概括出一个任何人的生活都逃不出的总框架。他认为他所要寻找的就是那些经得起实证的原理，目的则是要帮助我们理解这个人文世界的实

---

① 需要指出的是，功能学派在使用“功能”一词时有不同的指涉，至少有以下三种：社会中的每个习俗彼此关联，彼此影响（接近数学意义上的函数关系）；每个习俗的功能就是它在维系社会系统的整体性中的角色（拉德克利夫-布朗借用自涂尔干理论）；习俗的功能就在于通过文化的媒介满足个人的基本生理需求（马林诺夫斯基）。参见 Robert Layton，*An Introduction to Theory in Anthropology*，p. 28。

质、构成和变化的一般规律。多年以后，他当年的学生费孝通仍然坚持认为他这个经验论的文化观大概就是他在学术上最重要的贡献。①

"需要"和"功能"是马林诺夫斯基文化观的两个核心概念。与他这个"文化需要说"颇为接近的是 W. G. 萨姆纳（W. G. Sumner）的"社会四力说"（四力即饥饿、爱情、虚荣、怕鬼）理论。马林诺夫斯基之前的人类学家在研究文化现象时，基本采用的是历史的观点，即认为文化制度和特质是历史的残迹或遗俗，是恢复人类历史原貌的主要根据。针对这种忽视文化制度的现实基础的倾向，马林诺夫斯基提出了用需要和功能的概念和方法来解释和认识文化的观点。他极力批判进化学派和传播学派的方法论弱点，认为前者仅凭遗俗的概念就去重构以往的发展阶段，后者则追寻传播的路线去重构历史，而这两者都缺乏对文化本质的认识。他主张对文化必须先有功能的分析才能探讨进化和传播，在功能未能解释及各要素间的关系未明了时，文化的形式也无法明了，故进化和传播的结论是没有价值的。② 他进一步明确地指出他的研究目的在于以功能的眼光来解释一切"在发展水准上"的人类事实，看这些事实在完整的文化体系内占据什么位置；在这个体系内的各部分怎样互相联系，而这体系又以何种方式与周围的物质环境互相连接。总之，此学说的目的乃在于了解文化的本质，而不在"进化的臆测"或以往历史的重构。③ 本着这样的指导思想，他在研究特罗布里恩德岛上的"库拉"交易圈时，就根本不去探寻这个文化现象的起源，而是直接地去分析它作为一个习俗的功能。

那么什么是马林诺夫斯基所指的需要呢？他认为基本上需要可以分为两类：基本需要（生物需要）和衍生需要（文化需要）。他认为，为了满足一些基本需要，人就要用生产食物、缝制衣服、建造房屋等非自然（或人文）的

---

① 参见费孝通：《走出江村》，第 445 页。
② 参见［英］马林诺夫斯基：《文化论》，第 11—14 页。
③ 参见［美］卡尔迪纳、普里勃：《他们研究了人：十大文化人类学家》。

方式，而在这个满足需要的过程中，人就为自己创造了一个新的、衍生的环境，即所谓文化（如表 1 所示）。这个用文化来满足人的基本需要的方式，或满足机体需要的行动，就是所谓功能。这样我们就看到，在基本需要得到满足的同时，文化得以产生。但事情远没有这么简单，文化在满足了需要的同时，又产生了衍生的需要或所谓“文化驱力”（cultural imperatives），正是它直接导致了制度的产生（如表 2 所示）。

表 1

基 本 需 求	文 化 回 应
1. 新陈代谢（metabolism）	1. 营养补给（commissariat）
2. 生殖	2. 亲属关系
3. 身体舒适	3. 居所
4. 安全	4. 保护
5. 运动	5. 活动
6. 发育	6. 训练
7. 健康	7. 卫生

资料来源：［英］马林诺夫斯基：《科学的文化理论》，北京：中央民族大学出版社，1999 年，第 90 页。

表 2

驱 力	反 应
1. 文化的工具设备和消费品必须被生产、使用、维持，并被新产品替代	1. 经济
2. 有关技术、习俗、法律或道德规定的人类行为必须在行动和制裁中编构、形成和调节	2. 社会控制
3. 维持每种制度的人力资源必须得到再生、形塑、训练，并授予部落传统的全部知识	3. 教育
4. 每种制度内的权威必须予以确认，授以权力、赋以强制推行其命令的手段	4. 政治组织

资料来源：［英］马林诺夫斯基：《科学的文化理论》，第 115 页。

其实早在 1936 年给吴文藻的《文化表格》中，马林诺夫斯基就已经论述过意思与此相近的“三因子，八方面”理论。三因子即物质底层、社会组织、语言（有时称为精神文化）；八方面即经济、教育、政治、法律与秩序、知识、巫术与宗教、艺术、娱乐。三因子大体可以代表文化的结构或内容，八方面则代表文化的功能。他认为社会组织（或制度）是文化的骨干，是了解文化全盘关系的关键。这种以具体制度为文化及社会组织的考察单位的主张，的确有其独到之处，即可以避免人类学研究常见的两个极端：或是“文化物质”的分析研究，或是“文化灵魂”的综合研究。[①]

① 参见吴文藻著，王庆仁、索文清编：《吴文藻人类学社会学研究文集》，第127 页。

第4节　神坛的崩溃：反思与反思之后

最早对马林诺夫斯基的功能论提出批评和质疑的不是别人，而是功能学派的另一位创建者拉德克利夫-布朗。早在20世纪30年代，深受涂尔干影响的布朗就开始逐渐与马林诺夫斯基出现观点上的分歧。布朗认为研究社会现象只能从"社会"出发，而不能从个人的心理或生理出发。1938年马林诺夫斯基赴美讲学期间，二战爆发，鉴于上一次的经验，他选择留在美国。这个决定极大地改变了英国社会人类学的结构，在这之前直至1924年马林诺夫斯基的经验论功能主义占绝对上风，学术中心在伦敦经济学院；之后到1955年则被布朗的理性结构功能论所取代，学术中心也移到了牛津大学。布朗取代马林诺夫斯基成为英国人类学的学术权威之后，批评的言论就更加不客气了。1949年，他公开抗议人们将他与马林诺夫斯基并列为"功能主义者"，他说："我始终反对马林诺夫斯基的功能主义，我可以算得上是一个反功能主义者。"[①]

在功能学派盛行的后期，其内部开始悄悄地出现了一些"重新思考"(rethink)，尽管表达得很隐晦，但意图修正和改良功能主义理论之心已经非常明显。1936年贝特森发表《纳凡》，他在书中针对马林诺夫斯基理论中轻视个体感情和情绪差异的倾向提出质疑，认为社会人类学研究单位仅看社会结构不够，仅看个人的需要也不够，而应当看社会结构、文化和个人的情感（如通过仪式表现出来的激情）之间的关系。[②] 次年，埃文思-普里查德

① 转引自夏建中：《文化人类学理论学派》，第122—123页。
② 参见Gregory Bateson，*Naven*，California，Stanford University Press，1958。

发表《阿赞德人的巫术、神谕和魔法》，他指出阿赞德人的神秘信仰和行为不仅仅像马林诺夫斯基认为的那样，只是个人赖以生存和解释自然的工具而已，他认为这些信仰和行为还有另一方面的作用，即作为处理他们社会关系的手段。1940年，普里查德发表《努尔人》，描述了努尔人的“裂分-合组”系统（segmentary systems），一反功能主义强调社会平衡和整合的传统，表达了对社会冲突的关注。[1] 在普里查德的研究基础上，格拉克曼发展出了“社会冲突论”，他认为社会结构并不是像马林诺夫斯基所说的那样以永恒的平衡为特点，社会的真正特点在于其内部群体倾向于拆分（segment）。也就是说，社会是在冲突中获得统一的，而冲突就是统一的表现。[2] 1954年，利奇出版了著名的《缅甸高地诸政治体系》，系统地提出了“社会过程论”。他批评功能主义把社会的规范、平衡、结构理想化，没有看到现实中的规则只是人们用以对社会状况作出反应的表象，而理想模式（idealized norm）与现实（reality）并不总是一致的。他进一步指出，功能主义在反对进化论的同时，矫枉过正，过于注重功能的共时性，而忽略了变迁和内部差异，事实上，社会文化是不断变化的，而且在这个变化过程中个人行动所起的作用相当大。[3]

来自内部的批评怎么说都还离不了功能主义的战壕，而以列维-斯特劳斯为代表的结构人类学则完全是个异类。他在指责马林诺夫斯基的功利主义和庸俗唯物主义的同时，在根本性的方法论上提出对功能学派的反对意见。他认为马林诺夫斯基等人所关注的只是可观察的行为和规范，而这些东西在他眼里只是表象而已，是不真实的，因此深受索绪尔和乔姆斯基语言学理论影响的他强调思维本身是第一性的体系，具有象征价值，只有思维的深层结构

---

① 参见 E. E. Evans-Pritchard, *Witchcraft, Oracles and Magic among the Azande*, Oxford, Clarendon Press, 1937; E. E. Evans-Pritchard, *The Nuer*, Oxford, Clarendon Press, 1940。

② 参见 Max Gluckman, *Order and Rebellion in Tribal Africa*, London, Routledge, 1961, pp. 77－82。

③ 参见 Edmund Leach, *Political Systems of Highland Burma*, Boston, Beacon Press, 1967, pp. 9－21。

才是真实的、普世的。[①] 列维-斯特劳斯的这些思想极大地影响了一大批英国人类学者，其中就包括利奇、罗德尼·尼德汉（Rodney Needham）和道格拉斯。

结构主义对深层结构的寻求仍然是普世性的，因此它还是人类学理论中追求宏大叙事的范式，虽然是最后一个。真正对马林诺夫斯基及功能主义加以全方位反思和冲击的是后现代主义思潮影响下的各种新理论和新学说。"实验民族志"可以说是对马林诺夫斯基确立的整体论民族志的直接反叛，它的倡导者们指责马林诺夫斯基自称"客观"，武断和霸权地声称自己的民族志是对具体社会现实的"唯一科学描述"，而在事实上他却无法摆脱自己作为欧洲白人的主观情感和价值体系。这样，"实验民族志"就转而成为强调文本的艺术，从对"科学"的追求改为对"人文"的诉求，不再把自己的作品看成现实的描述，而是对意义的创造。[②] 针对马林诺夫斯基强调参与式的观察，既要"进去"还要"出来"，就有人提出了观察参与，即将自己也作为被观察的对象，反映在民族志作品中就出现了民族志作者的情感和反应、与当地人的对话和交往，甚至自己的独白。[③] 还有一些人类学家从质疑科学研究者纯洁的"象牙塔"的存在出发，对马林诺夫斯基的研究性质表示了怀疑，认为他的研究完全是为殖民政策服务的，其功能主义理论也完全是殖民主义的产物。

经过了这么多的反思和批判，我们也许已经可以做一做对反思的反思。公正地说，马林诺夫斯基的功能论在今天确实已经失去了市场，其面对中国这样的复杂社会的解释力也明显不足，但作为学科历史上的重要一页，完全

① 参见［法］克洛德·莱维-斯特劳斯：《结构人类学》，谢维扬、俞宣孟译，上海：上海译文出版社，1995 年。

② 参见［美］乔治·E. 马尔库斯、米开尔·M. J. 费彻尔：《作为文化批评的人类学：一个人文学科的实验时代》，第 45—76 页。

③ 参见［美］芭芭拉·特德洛克：《从参与观察到观察参与：叙事民族志的出现》，富晓星译，见庄孔韶主编《人类学经典导读》，北京：中国人民大学出版社，2008 年，第 247—259 页。

忽视它的存在和重要性是不可能的，也是不明智的。尤其是作为中国当代的人类学者，鉴于功能主义学派对中国人类学的深远影响（最直接的表现就是中国人类学迄今为止的两部经典著作《江村经济》和《金翼》），还是有必要好好加以消化，当然消化就意味着去芜存菁了。

另外一个方面，马林诺夫斯基所确立的田野工作方法和民族志撰写方式，尽管晚近以来也受到了实验民族志等新思想的冲击和批判，但却几乎没有人会否认马林诺夫斯基个人在这方面所做的开拓性努力，人类学家们都承认“这些是对文化人类学的最伟大的贡献之一”[①]。实际上，舍去马林诺夫斯基所倡导的参与观察方法，人类学的资料收集就没有任何独特的地方了。

---

① ［美］卡迪纳、普里勃：《他们研究了人：十大文化人类学家》，第 265 页；Adam Kuper，*Anthropology and Anthropologists: the Modem British School*，London，Routledge，1991，p. 193.

第八章　列维-斯特劳斯的百年人生与结构主义

长久以来，人类学家在解构“他者”的神话时，自己也走上了神坛。从弗雷泽和他的巫术圣典《金枝》，到莫斯的礼物研究，乃至于马林诺夫斯基的现代版“鲁宾孙历险”，在人类学家本身成为某种领袖的同时，一个庞大的理论帝国也随之建立起来。进而所有的研究和理论脉络似乎都以这种方式连贯了起来。但是，在构建人类学理论史的过程中，如何理解过去的理论家以及其理论体系，关系到我们如何认识当下的理论和研究，更重要的是，我们身处其中的理论范式或者思维模式，为反思人类学研究，乃至于提出新的理论尝试提供了可能性。

如何认识和理解理论家及其理论？仅顶礼膜拜是极其狭隘的，甚至在这种情况下范式的更替都是无法想象的。人们运用自身所有的感知能力去认识并理解身处的世界，同样所有的理论家也都是在“认识和理解”身处的世界，并由此形成我们今天所看到的文本。因此，理论本身并非文字的组合排列，理解理论也应该回到其生成的过程，乃至“理论家”的生成过程中去。个人是历史的、情境的，而理论的生成本身也不能脱离大的社会脉络以及理论家个人的生活，因而理解本身也是将理论从“符号”还原到历史和情境下的“实体”的过程。

克洛德·列维-斯特劳斯是继莫斯之后，法国人类学界又一位“时代性”的人物。他与福柯、罗兰·巴特、雅克·德里达以及拉康被并称为“结构主义大师”，人类学领域的结构主义理论基本上是由其一手创立的。因而在他“理论人类学家”的身份之外，“结构主义哲学家”也是他最恰当的定位。在结构主义思想最鼎盛的时期，列维-斯特劳斯影响的不仅是法国，也不仅是人类学领域，而是西方整整一代的学术思想以及方法论。然而，正如列维-斯特劳斯年轻时就对自身做出的评价那样，他从来都不仅仅是一个没有生平①的哲学家，虽然和“马林诺夫斯基们”并不一样，但他确实是一个人类学家。最初从一个聪明、内向的孩子成长为一代大师，列维-斯特劳斯百年的人生之路是整个20世纪的缩影。因此，当我们重新回望并理解“结构主义大师”时，以看其性格色彩、听其思想声音、读其人生历史这三个角度为切入点，试图在其生活和生命史，乃至20世纪的历史进程中去理解“结构主义”的内涵和影响。

---

① 这里指海涅评价康德，称其没有生平可言。

第 1 节　看 · 三色的剪影

列维-斯特劳斯长相并不出奇，宽阔的额头、棱角分明的下巴、深深的眼窝，以及一个略带鹰钩的大鼻子。他年轻时曾经留过浓密的大胡子，常年都带着一副琥珀色的全框眼镜，镜片背后睿智略带挑剔的眼神似乎永远在审视着什么。嘴唇很薄，但是紧紧抿着，于是整张脸的表情显得非常严肃，又有些不满的意味。

这样的大师看上去并不好亲近，事实上，从少年时期开始，列维-斯特劳斯就一直是这副模样。内向、腼腆、严肃，但是毋庸置疑，非常聪明。这种性格使得他一生都没有朋友遍天下过。但是，在严肃的同时，列维-斯特劳斯确是一副好心肠，或者说是非常善良的人。因而，他的朋友虽然不算多，但都是挚友，都是些志同道合的朋友。

列维-斯特劳斯的性格有很多面，一方面，他继承了法国人的热血，这个爆发过大革命的民族一直都对政治运动有着特别的热爱；另一方面，他又是一个合格的学者，有着理性而严谨的一面。虽然他在学术上确实是获得了成功，但在生活中，乃至一度热衷的政治领域，列维-斯特劳斯并不能说是十分擅长。因而，激情、理性和天真成为概括这位大师性格的三个关键词。

一、红：一位激情的社会主义者

一直以来，法国人对于社会主义的热情有增无减，而青年时代的列维-斯特劳斯也是一个热忱的社会主义者。列维-斯特劳斯在学生时代就参与了社会主义研究小组，并且逐渐成为一员干将。法国的社会主义思想，基本上和马克思以及后来列宁所发展出来的思想有所区别，主要的观点来自具有代表性的圣西门和傅里叶。欧洲的社会主义思想由来已久，早在16—17世纪，即资本主义兴起两个世纪以后，就出现了关于公有制以及按需分配的设想。但是这个时期基本上没有任何总结性或者学术性的思想出现。而到了18—19世纪之后，随着工业革命带来的资本主义迅速发展，社会主义思潮也随之出现，并形成完整的学说体系。这种社会主义的思想强调公平和再分配，归为对于人类社会理想形式的构建。因此，正如启蒙运动时的思想一样，社会主义的观点是欧洲哲学传统的进一步演化，依然带着非常浓厚的启蒙色彩。

列维-斯特劳斯参加的小组正是由一些热心政治并且爱好哲学思考的文科预备生组成的。这些人后来基本上都成了拥有大学学衔的教师和教员。虽然小组中的大部分人都加入了当时的工人国际法国支部，但是并没有明确隶属于某一政党。因此，这种过家家式的政治活动对于列维-斯特劳斯来说，是一种左翼学生的联盟，同时也是一起学习和讨论的学习小组。在每周四的例会上，都会有一位组员或者来宾进行讲演，题目涵盖广泛，包括各种政治现象、事件以及殖民等问题[①]。他们还自学了政治学和经济学，也就是在这里，列维-斯特劳斯第一次试图阐释自己在地质学、精神分析学以及马克思学说上的理解。

虽然这个小组在实际意义上是一所“编外大学”[②]，但是列维-斯特劳斯却很认可自己在小组中所做的努力。他在这里接触到了邻近的比利时工人党，并且一度打算加入法国共产党，最终他加入了工人国际法国支部[③]。他在社

---

① 事实上，列维-斯特劳斯后来在种族与文化问题上的见解，很有可能在他进入人类学领域之前便已经形成。

② ［法］德尼・贝多莱：《列维-斯特劳斯传》，于秀英译，北京：中国人民大学出版社，2007年，第27页。

③ 工人国际法国支部（Section Française de l’Internationale Ouvrière，SFIO）是一个建立于1905年、解散于1969年的法国社会主义政党，为第二国际在法国的分部。1917年后，此党在“十月革命”后分裂为两个团体，其中较大者称为共产主义法国支部（Section française de l’Internationale communiste），后来建立了法国共产党。

会主义和马克思的研究中受到了鼓舞，而这种鼓舞并非某种教条式的言语，而是一种方法论的可能。这种方法论的实践是从始至终的，无论是怀着改变世界以及建设人类理想社会的想法加入社会主义运动，还是后来在寻找文化的语法或者变化序列的结构，其实是统一的。从这一点上来理解，列维-斯特劳斯的热情从来就不是对于政治本身，而是致力于将哲学和思维层面与行为和实践层面贯通的工作，他的政治活动以及人类学工作的最终目的皆是如此。

然而比起人类学，政治对于列维-斯特劳斯似乎并不是一个合适的领域。社会主义研究小组随着成员们的高师考试而逐渐涣散，他虽然先后参加了好几个小组，但是除了发表文章和起草报告，他的大部分时间依然是在准备论文以及教师资格会考。最后，当初在社会主义研究小组便已结识的乔治·勒弗朗组建了“十一人小组”，并且小组决定编一本册子来宣告成立。但是这本名为《建设性革命》的册子完成之后，社会党对它的反应极其冷淡，或者说根本没有回应。此后，列维-斯特劳斯与新婚妻子离开巴黎，前往德朗省的马尔桑岭任教。这时列维-斯特劳斯虽然还参与“十一人小组”的活动，但是政治运动小组似乎再也没有成为他生活中的主要内容。

当列维-斯特劳斯从马尔桑岭返回巴黎时，“十一人小组”内部发生了分裂，而伙伴们过于浪漫主义的想法以及咄咄逼人的态度也令列维-斯特劳斯反感。最终，和其他几位组员一样，列维-斯特劳斯选择了退出，而他的政治生涯也就此正式地画上了句号。

列维-斯特劳斯并不是一个精明的政治家，也不是头脑发热的革命家。正如他给自己的定位——小组内的理论家一样，列维-斯特劳斯的兴趣和热情一直没有离开过理论或者学术。他没有清晰的政治理想或者抱负，从来没有想去参选议员或者解放全人类，他更喜欢向杂志投稿发表自己的意见。因此，虽然他一直热心于社会主义小组的运动，但这种热情却是来自他对于人类本身的执着思考。这一点上，启蒙运动以来的哲学传统就在他身上显露无遗。

他曾经表示社会主义的目的是“改变人类，使他们配得上被解放”[①]，而他对于殖民问题又有着长期的关注，因而，他的政治理想甚至不是政权或者革命本身，而是人类社会应该有的形态，无论是社会还是个人本身都达到的理想状态。这种抱负显然在其后来的人类学研究中被含蓄地表达：改变的第一个步骤是先了解原先的状态。虽然后来语言学的影响使他坚持了唯一性的方向，但是这也是从人的研究的传统所延续下来的，因为作为哲学意义上讨论的人并没有肤色之分，也没有文化之分，而是具有一般意义的个体。列维-斯特劳斯的热情是在他理性思维包裹下的热情，也因此贯穿了他整个人生。

二、蓝：一位理性的哲学家

列维-斯特劳斯对于哲学的兴趣贯穿了他的整个学术生涯，因而，他并不是一位传统意义上的人类学家，或许可以称之为“哲学人类学家”。列维-斯特劳斯是一位总在理性思考的人，在他的文字当中，除了学术意味最淡的《忧郁的热带》，其他的作品或者文章的词句可谓令读者痛苦。这并不是说他的作品无聊透顶，而是因为他写作的文本本身也如他所研究的，是一个“神话—诗歌”的载体，短短的几行字需要读者反复琢磨想通其中的关键。但是另一方面，他从一开始便已经抛弃了哲学作为他的栖身之所。于他而言，哲学的思考太过漫无边际，而列维-斯特劳斯更加喜欢稳定和恒常的东西，“本质”这个词具有极其重要的意义，无论是人还是事物，表面之下的恒常的本质才是列维-斯特劳斯真正想要了解的。这种宗派式的惯常的刻板[②]也可能正是格尔茨说他的作品有点像老派人类学作品[③]的缘由，而这种刻板正是因为

① ［法］德尼·贝多莱：《列维-斯特劳斯传》，第60页。
② ［法］德尼·贝多莱：《列维-斯特劳斯传》，第24页。
③ ［美］克利福德·格尔兹：《论著与生活》，方静文、黄剑波译，北京：中国人民大学出版社，2013年，第39页。

列维-斯特劳斯无法忍受哲学的混乱以及表面与本质的混淆。

因此，列维-斯特劳斯从很早就下定决心要从事“与哲学有关，但并非哲学本身”的行业。因而在填报大学时，他选择了在索邦大学学习哲学的同时在先贤祠广场注册了法学。对于当时的列维-斯特劳斯来说，法学似乎是哲学与实践结合得最好的一门学科。也正是在这个时期，他开始了在政治领域的探索。

但是大学并没有像列维-斯特劳斯想象的那样美好。索邦大学当时云集了哲学领域最知名的教授，但对于列维-斯特劳斯来说，一成不变的讲授过程使得自己的求知欲得不到满足。对于他来说，课程按部就班，但是干瘪枯燥，所做的练习是智力题，并不能让你获得任何精神上的收获。中学时代就无法满足的求知欲再一次让列维-斯特劳斯感到不快，对于任何一位学者来说，求知欲永远是最大的动力，课程的训练只是一套逻辑方法体系的训练，并没有任何实质思维的指导。对于列维-斯特劳斯来说，新的思维才是最重要的部分，在他日后的人类学生涯中，他也从没有接受过系统的课程培训，但是这对于他的理论思考并没有太大的影响。

哲学的课程令人不快，法学的课程则更加无趣。法学的教授更加教条，而对于考试来说，背诵是最好的办法。列维-斯特劳斯很快就意识到法学并非能够实现他的想法的学科，然而他当时甚至还没有听说过人类学。因而，当他毕业之后，虽然很不希望自己成为另一名说教式的老师，但是对于他来说并没有什么更好的职业选择。通过教师资格会考之后，列维-斯特劳斯便成为一名中学教师。第一年对于他来说非常有趣，整个备课的过程都显得很有意思。然而从第二年开始，按照原有的教案继续上课对于列维-斯特劳斯来说并不是一件十分美好的事。空洞而死板、毫无新意，并且离自己的追求似乎越来越远。也就是在这种情况下，列维-斯特劳斯转投了当时一无所知的人类学。

列维-斯特劳斯的思维可能确实有些刻板并且偏向于稳定，但这并不代表他是一个保守且死板的人。唯一性和多样性是人的思维模式所偏向的两端，但是对于任何一位学者来说，保持开放的态度以及对于新思维的敏锐是一样的。虽然不能忍受哲学家的天马行空，但是列维-斯特劳斯保持了哲学家的灵活。相对于一般的逻辑理性而言，列维-斯特劳斯的理性更多是一种实践理性。他不喜欢纯粹依靠经验事实，但是脱离事实本身的推演也是没有意义的。因此，无论是在政治活动中还是后来的人类学实践中，经验材料一直是重要的部分。可以说，虽然列维-斯特劳斯并不重视田野工作本身，但其更接近于博厄斯的传统，即通过大量搜集到的材料完成研究。因此，他的理论并不包括很多个人层面的经验材料，这同他对于表象的态度是一致的，但是大量的文本材料却是其理论的基础。

三、白：一位天真的人类学家

列维-斯特劳斯与人类学的第一次接触来源于罗伯特·罗维的《原始社会》，他形容读到此书的感觉为“我的思想竟然摆脱了死气沉沉的哲学思辨，如同一阵清风吹来，令头脑为之一新”[①]。对于当时厌倦毫无变化的教书生活的列维-斯特劳斯来说，人类学给他展现了一个完全不一样的世界。很有可能在最早的时候，列维-斯特劳斯对于人类学的感觉完全是对于异域探险的兴奋，以及从枯燥无趣的生活中脱离出来的快乐。1934 年秋天，列维-斯特劳斯接到塞莱斯坦·布格雷的电话，邀请他去南美巴西的圣保罗大学担任社会学讲座教授。这次的交换是由乔治·仲马组织的，当他将孔德的社会学介绍到巴西时获得了极大的成功，因而才有了将法国本土的学者邀请到巴西做讲

---

① ［法］德尼·贝多莱：《列维-斯特劳斯传》，第 75 页。

座教授的活动。虽然当时的列维-斯特劳斯不懂人类学，教授的哲学也与社会学没有什么瓜葛，但是能够到地球的另一端以及当地满是印第安人的说法使得渴望逃离教书生活的他喜出望外，毫不犹豫地答应了这次活动。

在那之后，列维-斯特劳斯便积极地为这次行程准备起来，他加入了美洲文化学者协会，并且答应巴黎博物馆馆长保罗·里维会从巴西带一些东西回巴黎建设新的人类学博物馆。另外的收获是在里维的推荐下，列维-斯特劳斯拜访了马歇尔·莫斯，这是列维-斯特劳斯与莫斯为数不多的会面之一。剩下的时间都被列维-斯特劳斯用来阅读美洲文化人类学者的研究，而其中罗伯特·罗维、博厄斯以及克鲁伯的研究为他提供了南美研究的基本模式。

启程去巴西之前，初出茅庐的人类学家列维-斯特劳斯满怀信心，而海上的美景和巴西的异域风情也使他心旷神怡①。然而意想不到的情况出现了，当他们抵达圣保罗大学之后，并没有见到到处都是的印第安人，事实上一个也没有。为了找到当地的印第安人，列维-斯特劳斯不得不进行远足，到北巴哈那地区的坎冈人的部落中去，虽然只是半原始的状态，但是列维-斯特劳斯依然进行他的第一次田野体验。为了达到真正的研究目的，列维-斯特劳斯和妻子选择在四个月的假期中留在巴西，到更深处的博罗罗人中去。在长途跋涉之后，列维-斯特劳斯一行到达了博罗罗人村庄，而眼前的一切让他非常满意。这次的人类学考察十分成功，但是一些变化又使得刚刚想大展一番拳脚的田野变得十分困难。

问题在于使团本身，早在列维-斯特劳斯到达之前，已经有了一位社会学家，阿尔布斯-巴斯蒂德。这位社会学家对于又来一位同行并不满意，他要求列维-斯特劳斯服从他的领导，并且总是想赶走他。而当他去博罗罗人村庄考察之后的新学期，巴西自身的政治环境发生了变化，他们不再受人欢迎，获

---

① 这是《忧郁的热带》中所记述的场景。

得的报酬也没有那么高了，但是列维-斯特劳斯依然选择留在了巴西。

对于博罗罗人的研究发表后，列维-斯特劳斯在国内获得了很高的声望，这也进一步激发了他做一次长期“远征”的想法。经过半年的筹备，1938年4月，由法国和巴西共同组成的考察小组前往南比夸拉印第安人部落。在考察队进行的中途，列维-斯特劳斯的妻子蒂娜因为患眼疾提前返回法国，1939年列维-斯特劳斯回国不久后，两人便离婚了。而考察队一直沿着河流追逐不同的南比夸拉人村庄，因而并没有在任何一个村庄停留太久的时间。这次考察的材料成为列维-斯特劳斯后来博士论文《亲属关系的基本结构》的来源，但是同队的另一位民族学家，里维的学生维拉尔则认为这次的考察完全是失败的，因为他们一直在赶路，并且最终也没有学会南比夸拉语。在这一点上，列维-斯特劳斯和传统人类学、民族学出身的学者对于田野的不同态度便体现出来。列维-斯特劳斯并不认为一定需要达到一定的标准或者学会语言，他更多做的是材料的整理和搜集。一方面是因为和里维的约定，另一方面也是受博厄斯的研究的影响。博厄斯曾经大量搜集北美印第安人的材料，而列维-斯特劳斯似乎是想补充南美的部分。

考察队回到圣保罗之后，列维-斯特劳斯不得不提前解约并回国。这是因为他当初并不在乔治·仲马的名单中，但是乔治·仲马为了避免出现清一色新教徒[①]的情况而将列维-斯特劳斯加了进来。但是很快便形成了一个反对和排挤列维-斯特劳斯的联盟，虽然对于这种结果感到愤怒，但是列维-斯特劳斯并没有很多朋友来支持他。于是，在1939年底，列维-斯特劳斯回到了巴黎，结束了他人生中的田野研究。

学术之外，列维-斯特劳斯的天真非常明显。一方面他对于人事关系一窍不通，也不会为自己争取盟友。当曾经的雇主当上财政部部长时，他满以为

① 列维-斯特劳斯虽然小时候受过洗，但是应该没有宗教信仰。

自己会被召回国出任幕僚。而另一方面他对于田野工作的要求或者当地人的语言文化也一窍不通，带着纸笔和满腔的热情就深入印第安人部落。而在田野当中，他也无法那么自如地和印第安人相处，经常会惹怒他们。显然，无论是人类学还是生活，列维-斯特劳斯都带着一种天真的想象。但是他对于人类学有着一种天生的敏锐。列维-斯特劳斯前期的著作基本上都来源于在南美的几次考察所获得的材料，而后期的研究范围有所扩大，虽然不是自己搜集的材料，但是理论分析却延续而连贯。这并不是说明田野工作并不重要，而是说明田野工作在日渐形成体系并规范化的基础上，也可能出现教条和僵化的问题。田野工作是人类学研究的一部分，但不是只有一种样式的田野工作。列维-斯特劳斯的天真也恰恰表现在这些摆脱原有设定的情况下。列维-斯特劳斯的理论和思想可能是刻板的，但是作为思考者本身却是自由的。

第 2 节　听 · 思想的协奏曲

任何人在年少时都可能有过纷繁复杂的思绪，以及层出不穷的困扰自己的问题。这些思绪和困扰，以及随之而来的迷恋，随着年龄的增长被逐渐封藏起来。然而，有一些人却能够在回望这些思绪的过程中发现自己恒久的热情，列维-斯特劳斯就是这些人中的一员。对于列维-斯特劳斯来说，人生的思想大致可以分为五个阶段，从最早的“三位情人”到“神话帝国”的诞生。但是正如阿奇帕人神圣的木杆①一样，“结构”是贯穿这五个阶段的概念，同时也是列维-斯特劳斯持之一生的“渴求”，乃至于作为一个人类学家的“生存”的支撑。事实上，理解每一位伟大人物的思想，这根“阿奇帕人的木杆”都是极为重要的，因为围绕这根木杆世界得以建立，而围绕着某一“概念”或者“意义”，一种持之以恒的热情使得整个思想脉络得以发生和发展，以至于一个理论帝国得以诞生。

一、序章：三位情人

地质学、弗洛伊德和精神分析以及马克思和马克思主义被列维-斯特劳斯称为他的“三位情人”。这三门学科是其最早接触到的系统学科，也是让列维-斯特劳斯一度着迷的学科。列维-斯特劳斯一开始并不能理解他对于这三者的兴趣的由来，直到他意识到“结构”这个词。“结构”与表象相对，是属

---

① ［罗马尼亚］米尔恰·伊利亚德：《神圣与世俗》，王建光译，北京：华夏出版社，2002 年，第 10 页。

于基本的、恒定的并且具有规律性和普遍性的深层的东西。在地质学中，地质构造的分层就是结构，在弗洛伊德的精神分析学中潜意识就是结构，而在马克思主义中生产力和生产关系就是结构。也就是说地质学是关于自然层面的结构，精神分析是关于心理层面的结构，而马克思主义是关于社会层面的结构。这三者的共同点在于，都揭示出纷繁复杂的表象之下有着稳定的结构。这一共同点几乎确定了列维-斯特劳斯整个学术研究的基本路径，即文化的结构。

二、第一变奏曲：一个人的社会主义

列维-斯特劳斯少年时代对于马克思主义的兴趣似乎注定了他对于社会主义的热情。但是事实上，列维-斯特劳斯对于马克思主义的关注来源于他对“结构”的兴趣，这是一种认识论层面的进入，而非学说本身的赞同。对于列维-斯特劳斯来说，马克思和弗洛伊德一样都是难得一见的天才，能够找到这样一种透视心理和社会的角度。而列维-斯特劳斯真正感兴趣的社会主义则是圣西门传统上的社会主义，是关于社会的理想状态以及个人的理想状态。列维-斯特劳斯对于马克思对资本主义的分析表示赞同，但是他并不赞同经济结构是基础的观点，事实上，文化结构的观点所提供的恰恰是另一种透视社会的角度。

三、第二变奏曲：亲属关系的新枝

列维-斯特劳斯对于亲属关系的研究主要见于他的《亲属关系的基本结构》，而他的主要理论是提出了在亲属关系中的基本结构并非某种关系本身，而是一组关系的组合。这种关系的组合构成了基本单元，而这种基本单元又有着一定的变化规律。他做的主要研究是关于舅甥关系，之前通常的理论认为舅甥关系是由于舅舅代替了父亲或者母亲的角色，但是无论哪种理论都只能对应一部分情况。列维-斯特劳斯提出舅甥关系并不仅仅是牵涉舅舅和外甥，或者父亲、母亲，而是舅甥关系本身与夫妻关系、父子关系以及兄妹（指舅舅与母亲）关系构成了一个关系组，这个关系组便是基本结构。舅甥关系的好坏程度通常与其他三种关系的好坏程度构成一些特定的组合。这种关系之间的相互影响或者对应才是列维-斯特劳斯真正想揭示的，同时也是结构的真正内涵。结构本身不是僵化的框架，虽然列维一斯特劳斯表示他所提炼出的结构属于抽象意义上的结构，在现实之中可能并不能找到对应的情况。但是就他在神话研究中所提供的公式来说，结构并不是公式本身，而是公式所代表的变化的可能，这种叙事顺序的交换和逆转才是结构本身。因而，列维-斯特劳斯的结构本身并不是揭示性的，其目的也不是为了回答文化是什么，而是一套揭示性的工具，就如同量角器一般，是用来对文化进行分析和重新规整的工具。

四、第三变奏曲：图腾之歌

除了对于结构的研究，由最初政治运动时的兴趣的延续，列维-斯特劳斯也尝试着对于种族、文化以及思维本身提出反思。他提出所谓的种族的概念很多时候是对于文化多样的描述，而人类学很多时候的研究前提是其他文化进步的缓慢。事实上，没有任何理由认为经历了相同长度的时间，某一种文化停滞不前或者并没有发展。而在这一点上，人类学的假设前提注定将与种族主义联系在一起，而对种族的否定和歧视本身就是通过对文化的歧视和否定进行的。列维-斯特劳斯从这样一个角度对于人类学研究本身提出了反思。文化多样性的极端会导致对于文化的排序，而一般性的追求才不至于使得人类学的研究陷入困境。“野性的思维”概念的本身就是为了说明“开化人的思维”以及“未开化人的思维”只是方向不同，并不存在高下之分。

五、终章：知识之路

列维-斯特劳斯的知识体系从来就不是一个纯粹的有着明确理论传承的体系。他自身广博的兴趣使得整个理论的构建过程既有极大的包容性和开放性，但同时又坚持着“结构”这一持之以恒的兴趣。在努力为人类学构建一种新的理论的同时，列维-斯特劳斯也没有停止对于人类学的反思。列维-斯特劳斯一直对于文艺理论以及艺术批评有着浓厚的兴趣，这也可能和他最后的研究偏向了艺术和神话（诗歌）有关。受纯粹理性支配的语言学，以及后来的数学也是列维-斯特劳斯所感兴趣的方向，结构语言学则直接带来了列维-斯特劳斯关于亲属关系的最早的结构研究。而且列维-斯特劳斯本身一直在尝试文学创作，虽然没有完成的作品，但作为散文的《忧郁的热带》也被列为经典的民族志。列维-斯特劳斯的理论构建中除了哲学传统的影响，艺术批评、语言学、数学以及文学也都参与了生产过程。在这些学科中，理性的思考而非空洞的思辨是重要的特点，即使是在文学性的创作过程中，双关、意向和隐喻也遍布其间①。

① ［美］克利福德·格尔兹：《论著与生活》，第 39 页。

第 3 节　读 · 一本 101 页的人生之书

列维-斯特劳斯的一生跨越了整个 20 世纪。他的出生和童年带着 19 世纪的余晖，而他的晚年却又站在了新世纪之初。一位大师，并不是只有书本中的思想，更多的是他所经历的时代变化以及人生和历史的重合。20 世纪，两次世界大战、殖民主义、红色政权的崛起和衰落、没落的欧洲以及东方的曙光，使这个世纪的所有大师都不可避免地和时代、民族、政治连在一起。但是在这个世代依然有能够跳出这种分割的区域，重新站在整体的角度去思考人类这个命题的学者，列维-斯特劳斯便是其中一位。虽然他的思想脱离不了启蒙的色彩，而他自身也摆脱不了法国人的细致和疏离，但是他在尝试回答一些更加基本的问题。正如前文所说，列维-斯特劳斯的文化看不见个人的踪影，但却有明显的人的属性。这种属性来源于他对人的理想状态的思考。理论的生成和发展并不是一个独立的过程，想要读懂理论必须要回到大师的人生之中。

一、 擦肩而过的 19 世纪

1908 年 11 月 28 日，克洛德 · 列维-斯特劳斯出生在比利时，当时他的画家父亲正带着妻子拜访一位比利时的朋友。列维-斯特劳斯的显赫家世可以追溯到百年以前的斯特拉斯堡，伊萨克 · 斯特劳斯是一位光宗耀祖的人物，虽然和那位著名的音乐家同姓，伊萨克却是地地道道的法国人。不过伊萨克也是一位音乐家，拉小提琴。伊萨克 · 斯特劳斯曾经风光一时，几位法国国王都很喜欢他的音乐。1861 年的时候，拿破仑三世甚至几次入住在伊萨克的家中，至今斯特拉斯堡的“斯特劳斯公馆”都很有名。

伊萨克去世之后，由于他并没有儿子，家产被分给了几个女儿。其中一位叫作蕾阿・斯特劳斯便是列维-斯特劳斯的祖母。蕾阿嫁给了居斯塔夫・列维。列维-斯特劳斯的祖父是一位不成功的商人，虽然有蕾阿分到的遗产，但是到去世的时候依然破产了。

蕾阿和居斯塔夫共有四儿一女，列维-斯特劳斯的父亲雷蒙将自己的姓氏从列维改成了列维-斯特劳斯。这个改姓，一方面可能是外祖父斯特劳斯的辉煌并没有远去，另一方面也可能是因为雷蒙希望自己和外祖父一样成为一个艺术家，而非父亲所希望的商人。

由于父亲的经商失败，雷蒙一开始在股票所上了一段时间班。当经济稍微好转之后，雷蒙就去了美术学院上学，按照自己的想法成了一名画家。一段时间之后，雷蒙也小有名气，还在巴黎办起了画展。雷蒙娶了自己的表妹艾玛，而艾玛的父亲则是一个犹太教修士。19 世纪末 20 世纪初，对于列维-斯特劳斯一家来说是一段好时光。雷蒙的生意很好，还时常有来自上流社会的主顾，即使在巴黎，雷蒙家也算是小康的程度，也就是在 19 世纪的余晖中，克洛德・列维-斯特劳斯出生了。

生活的改变来自第一次世界大战。雷蒙应征入伍，而艾玛则带着家人去凡尔赛的娘家避难。幸运的是，不久之后雷蒙就因为身体原因被调到凡尔赛医院工作，于是一家人又团圆了。虽然战争似乎与这家人并没有什么关联，但是改变发生在战后。一战宣告了 19 世纪的太阳终于西沉，贵族和上流社会开始没有那么阔绰，而雷蒙也渐渐失去了那些可靠的客人。同时新的画风兴起，雷蒙原先擅长的肖像画也不再受欢迎。但是他并不愿意学习新的画风，因而只能干一些副业，做手工制品卖钱。最主要的补助还是来源于在股票交易所工作的弟弟，直到 20 世纪 30 年代末，二战的阴影再次来临。

对于列维-斯特劳斯来说，他曾经享受过一段时间的好日子，而对于后来家庭的变化又有着更加清晰的记忆。20 世纪的到来伴随着父亲失业以及家庭的窘迫。他通过教师资格会考的那天被告知叔叔也失去了工作，他成为唯一的经济来源。对于他的家庭来说，20 世纪是一个痛苦的记忆。而除了经济的情况，列维-斯特劳斯本身非常喜欢绘画和音乐，他还曾经写过歌剧以及话剧。为了生计教书并不是他理想的职业，而去到南美成为人类学家也远不在他的想象之内。19 世纪，音乐和绘画便可以构成他生活的全部，而成为一个人类学家或者哲学家则并不一定；列维-斯特劳斯或许更加满足于在家里建立起庞大的图书馆以及一个人享受咖啡的时光。这种法国人所独有的悠闲的下午对于列维-斯特劳斯来说是一种值得赞扬的生活方式。这一点很可能影响到他后来的田野研究。对于列维-斯特劳斯来说异域的生活非常刺激，但是并非长久的状态。事实上另一位重要的法国人类学家马歇尔·莫斯一样没有自己的田野。而他后来在纽约的生活也一样，都不是理想的生活方式。这可能并不是一个充分的理由，但对于一直认为自己属于 19 世纪的列维-斯特劳斯也可能是一个重要的因素。

列维-斯特劳斯是犹太人，但他的教士外祖父对他的成长并没有很大的影响。列维-斯特劳斯可以说是一位无神论者，或者至少是不可知论者。在他的作品中，并没有体现出他自己的立场。但是犹太人的传统，除了割礼和受洗以外，读书这一点却被列维-斯特劳斯继承了下来。画家父亲面对好奇的儿子总是让他自己去看书，因此这种阅读和学习的习惯很大程度上影响了列维-斯特劳斯后来的选择。通过书籍进行思考使他更加侧重文本上的逻辑和意义，并且对他来说，这种文本的意义和逻辑是可以进行提取和研究的。这几乎成为他日后研究神话学的一个前提。

如果生在 19 世纪，列维-斯特劳斯可能会成为一位哲学家，一位艺术批评家，也可能只是内向而严肃的犹太邻居。但是在 20 世纪，时代的变化使他成了一位伟大的人类学家，而他肩负的19世纪的气息又让他显得格外独特。

二、冒险家

好奇心对于列维-斯特劳斯来说是一种与生俱来的特质。他形容自己为新石器时代的人，一直在开荒的过程中。对于事物不可遏制的求知欲推动了他整个学术生涯的前进，但同时也常常使他陷入痛苦的境地。而这种特质，又使得一成不变的教师生活更加难以忍受。

还是孩子的列维-斯特劳斯，对知识充满好奇的特点就让父亲的书籍成为了他唯一的慰藉。列维-斯特劳斯说他的父母越是不信仰宗教，就越是崇拜和信仰文化，这一点也是很多其他犹太家庭的特点。作为画家的父亲虽然不能回答他的每个问题，但是他成功地把列维-斯特劳斯带到了书籍面前，这种特性延续到列维-斯特劳斯后来的研究中。列维-斯特劳斯接触一门学科是从阅读开始，也正是这样，他接触到了人类学以及后来的语言学。在去巴西之前，没有任何田野经验的他是通过阅读博厄斯、克鲁伯等人的研究来学习人类学的研究方法，而到了纽约以后，图书馆基本上是他的日常居所。虽然他并没有留下马克思那种图书馆脚印的传说，但是每天去图书馆翻阅资料已经成为"康德的散步"。这些都使得列维-斯特劳斯的研究能够得到足够的支持，这些理论不仅是从田野材料中提取和抽象出来的，更是有着各学科理论脉络的延续和支撑的。因而，列维-斯特劳斯的人类学理论显得如此独特，但似乎又是一个意外闯入的结果，这是因为它们并不仅是语言学的结合，还有精神分析和社会主义思想带来的影响，以及文艺批评的介入。不同于传统的与田野材料连接紧密的人类学理论，列维-斯特劳斯的结构主义更像是一种逻辑分析的成果，并且具有了演绎的特性，因而材料的使用是广泛而零散的，并非聚合连贯的。

这种好奇心并没有使得列维-斯特劳斯停留在理论思辨的层面上，事实上，他对于纯粹的理论思辨非常反感。他早期对于地质学、精神分析以及马克思的兴趣正是因为这三者都在实践层面有所涉及，而早期的政治活动以及后来的人类学都是他在尝试自身的实践活动。这种好奇心驱使下的实践使得列维-斯特劳斯成为一位冒险家。1934 年的南美之行对于列维-斯特劳斯是非常特别的。正如上文所说，若能按照自己的意愿选择生活，列维-斯特劳斯可能一辈子也不会离开法国，事实上，除了巴西之旅外，也就只有二战时期到美国避难成为他离开法国的原因。虽然当时的列维-斯特劳斯很年轻，不甘心做一个平庸的教师，同时又厌倦教书生活，但这些并不是真正能够促使他前往巴西的原因（相比 1939 年回国以后，德国人已经进入法国，列维-斯特劳斯也没有过离开的念头）。真正的原因就是人类学所展示给他的新世界引起了他的好奇。对于列维-斯特劳斯，传统的哲学书籍中并没有这种对于异域的描述，而列维-斯特劳斯又确实喜欢远足，虽然他最远的行程便是前往塞文山区，并在那里喜欢上了地质学。前去遥远的地方冒险的确很有吸引力，但更重要的是面对未知的世界，未知的研究方法，未知的学科，列维-斯特劳斯的好奇心再一次不可遏制。而这一次，他不用忍受得不到满足的痛苦，前去巴西的旅程对他来说是一个绝好的机会。在去到巴西以前，列维-斯特劳斯并不知道印第安人到底是什么样的，或者人类学家的工作以及生活又到底是什么样的。这种未知成为他最大的动力，因而他能长途跋涉并且乐此不疲。与此同时，他也曾经说过自己很难对同一件事情发生两次兴趣。这或许也能解释为什么列维-斯特劳斯终其一生也只有巴西这一块田野，并且也仅有访学的那一次。或许是田野令列维-斯特劳斯觉得他自己已经了解了田野工作这件事情，从而之后再也不会有像这次一样令他兴奋异常的田野了。在对自己搜集的博罗罗人以及南比夸拉人的资料完成研究之后，他选择进一步扩大自己的材料搜集点，从巴西扩展到落基山脉，再扩展到其他地方。正如他自己所说的，对于同样的东西很难产生第二次兴趣。

从这个意义上，个人的兴趣会在很大程度上影响研究的形态。对于一直被指责的田野经验的匮乏，列维-斯特劳斯可能对此有自己的看法和理由，事实上，个性和特点本身造成了这样一次充满激情而又戛然而止的田野之旅。

三、大师之路

如果布雷格不曾给列维-斯特劳斯打那个电话，或者罗维的书不曾引起列维-斯特劳斯的注意，那么他可能依然会成为大学教师，并且最终依然可能进入法兰西学院，甚至可能更顺利一点。从列维-斯特劳斯通过教师资格会考开始，他就知道自己的人生轨迹已经确定，先去外省的中学教书，再调回巴黎，进入大学获得教席，如果成果显著，最终能够进入法兰西学院成为教授。而圣保罗大学之旅彻底改变了他中学教师的命运，也使得他的一生有了更多曲折的体验，不再按部就班。

列维-斯特劳斯作为社会学讲座教授参与了乔治·仲马的遣使团，前往圣保罗大学的法国学者，是令人羡慕以及崇拜的法国文化的象征。事实上，当列维-斯特劳斯刚到达圣保罗大学时，情况远比一个中学教师所能想象的要好。他们在当地极受礼遇，人们都回来听他们的讲座，虽然他们其实只对孔德感兴趣。最好的是他们能够进行自己想做的研究，由此列维-斯特劳斯关于坎冈人以及博罗罗人的研究才能得以开展。

但是这种风光并没有维持太久，事实上，第二年的时候他们就又变回了普通的教师。政治环境所带来的改变是个人无法抵御的。失望是肯定有的，但是对于列维-斯特劳斯来说，之前的一切其实是建立在文化层面上的。对于当地人来说，他们几乎完全不知道这些来自法国的学者是怎样的，只认为他们是来自孔德的故乡以及对于孔德了解更多的人，而当政治的风向改变之后，这些学者也就变成了法国人。无论是哪一种标签都与个人无关。在圣保罗大学，列维-斯特劳斯本身并没有远离中学教师的身份太远，只是在博罗罗人的研究成果发表之后，在并不大的人类学和民族学界引起了关注，并且在最后直接促成了关于南比夸拉人的调查。因此，圣保罗大学的出使阶段是列维-斯特劳斯离开了本土却在本土的人类学界逐渐崭露头角的时期。在那个时候，没有人会想到列维-斯特劳斯后来的成就，他只是一位热衷人类学并且深入南美进行了调查的年轻人，是值得鼓励的后辈。而对于和列维-斯特劳斯匆忙见了一面的莫斯来说，当时似乎是一次很普通的和年轻人的会谈，毕竟莫斯的一生与很多人类学家都有过接触。列维-斯特劳斯真正在人类学界引起震动并且登堂入室则发生在他流亡美国之后。

1939 年 3 月，列维-斯特劳斯从南美返回巴黎，虽然不太愉快，但并不影响他准备在法国人类学界继续发展的期待。但是命运，乃至整个 20 世纪的转折点都在这个时候出现。1939 年 9 月，列维-斯特劳斯应征入伍，但战争远没有他想的那么激烈和坚决。1940 年 5 月，他重新寻找中学的教职，到了 10 月，德国人的管制命令下发。列维-斯特劳斯那时才意识到法国已经不是他应该待的地方，无奈之下，他登上了去美国的船，再一次跨越大洋。

初到纽约的列维-斯特劳斯几乎什么也没有，举目无亲，也失去了与祖国的联系，他在战争中的身份显得尤其尴尬，以及他很迷茫自己的工作到底应该是什么。对于纽约，即使他在这里成名并再次回到这里，列维-斯特劳斯始终有一种独在异乡为异客的感觉。他后来在高等研究自由学校找到了工作，并且在听雅各布森的课时对于语言学产生了浓厚的兴趣。这直接导致了自己的博士论文《亲属关系的基本结构》的产生。这篇文章一直到战争结束才写完，所依据的材料基本上是他从巴西带回来的南比夸拉人的笔记，这篇文章显然奠定了列维-斯特劳斯的人类学理论的基础。关系的结构，这是列维-斯特劳斯的结构主义最关键也是最重要的概念。美国的生活是这位初涉人类学的年轻人在人类学领域真正成熟起来的阶段。在这里，美国人类学的浓厚传统以及与博厄斯的接触使得之前通过作品而获得的了解进一步清晰起来，而研究的目的和方向也更加明确。《亲属关系的基本结构》的写作就是列维-斯特劳斯在理论，尤其是结合其他学科理论的一次尝试。不再是以为博物馆搜集资料为目的，同时一直困扰自己的“三位情人”也第一次出现了统一的可能。这种尝试，以及当时列维-斯特劳斯所身处的高等研究自由学校本身都是时代的产物，特别是这场特殊的战争的产物。当时的美国几乎云集了原先欧洲大陆大半的学者，这不但是一种抢救和保存，更多的是使得这些学者之间有了相互了解乃至借鉴的可能，列维-斯特劳斯对于语言的兴趣很显然也是在这种情况下产生的。虽然原先列维-斯特劳斯并没有什么系统的人类学知识，但是语言学足以使列维-斯特劳斯受到启发，将语言学引进人类学也是自然而然的事情。这种交流带来的创造，甚至丰富了人类知识本身。历史总是会在一个特殊的节点上以一种惊人的方式发展下去，而战争和流亡本身又使得理论的发展出现了新的局面。

当列维-斯特劳斯再度回到法国时，《亲属关系的基本结构》已经令他声名鹊起，成为人类学界不可忽视的一颗新星。正当所有人以为他将进入法兰西学院时，他不善经营的人际关系以及过于新颖和犀利的观点再次拖了他的后腿。直到十年后法兰西学院更换院长，他才得以进入，虽然那时他早已是公认的结构主义大师。围绕列维-斯特劳斯的论战一向很多，为此关系恶化的也有很多，但他与萨特的争论确实一直让人津津乐道。这其实是结构主义和存在主义的交锋，虽然萨特本人和列维-斯特劳斯的关系很好，但是在批驳彼此的时候依旧十分尖刻。从列维-斯特劳斯回到法国直到进入法兰西学院十年间，是列维-斯特劳斯思想具体形成的主要时期。在这个过程中，各种争论和驳斥大大地刺激了结构主义理论自身的发展，也是列维-斯特劳斯逐渐成为一代大师的最重要的时期。

1959年，列维-斯特劳斯终于进入法兰西学院，结构主义大师实至名归。之后列维-斯特劳斯的研究主要集中在了神话学上，这几乎是列维-斯特劳斯之后二十年研究的唯一主题。而在《神话学》的最后一卷《裸人》发表之后，曾经那些尖锐的批评却不见踪迹，每个人都在庆祝一项伟大工程的完成。但实际上，几乎没有人真正看懂了列维-斯特劳斯的研究，或者说不再有人愿意挑起与一位德高望重的法兰西学院教授的论战。这种公认的大师的地位可能比一直被质疑和攻击更加让列维-斯特劳斯无所适从，于是他将自己的目光又投向了新的学科：一直不曾放弃的艺术以及数学。从年迈的列维-斯特劳斯身上，依旧能看到缔造了他的好奇心的影子。

作为一位长寿的老人，列维-斯特劳斯对于20世纪有着和19世纪不一样的怀念。对于列维-斯特劳斯来说，20世纪是属于他的，是他一路从没落的家庭出身的小教师到一代大师的时代，很显然，作为长寿的人类学家，列维-斯特劳斯又是孤独的，无论是先于自己的大师、同时代的对手，还是一些后辈都已经离去，而他作为硕果仅存的“伟人”被所有人尊敬和赞扬。事实上，从来不存在一个人的英雄故事。中国的古话也说道“乱世出英雄”，风雨飘摇的20世纪正是大师诞生的摇篮，不可否认，整个20世纪，在各个领域都涌现出了极多的人物，而正是这种“英雄辈出”的世代才能造就一位位大师。列维-斯特劳斯是一位天才，是他的好奇心以及命运带来的机会才使其理论得以成为今天的模样。

当我们重新回溯列维-斯特劳斯的一生，有一点特别需要注意的是他犹太人的身份。正是这个身份将他的命运和动荡的20世纪联系在了一起。上学时遭到冷落和排挤，德雷福斯事件[①]对于法国社会的影响使得“犹太人”和

① 1894年法国陆军参谋部犹太籍的上尉军官德雷福斯被诬陷犯有叛国罪，革职并处终身流放，法国右翼势力乘机掀起反犹浪潮。此后不久即真相大白，但法国政府却坚持不愿承认错误，直至1906年德雷福斯才被判无罪。

“法国人”的双重身份对于列维-斯特劳斯来说是一个需要解决的问题。而这种情况在二战爆发，尤其是法国投降，列维-斯特劳斯被迫流亡纽约的过程中更加激烈。在列维-斯特劳斯的作品中，虽然讨论的是巴西印第安人原始社会的事情，但作者所有的想法以及关注的焦点还是在法国与法国文化上。同样是因为犹太人的身份，列维-斯特劳斯和其他犹太人类学家一样保持着“无信仰”的传统。犹太的历史和文化与宗教是无法分开的，对于宗教信仰的排除使得“犹太人”的概念在列维-斯特劳斯那里发生了怎样的变化我们无从得知，但是这无疑对他如何理解自己“犹太人”和“法国人”的身份显得格外重要。列维-斯特劳斯在谈及父母的信仰时说“父母越是不信仰宗教，就越是崇拜和信仰文化”[①]，而他本人无疑也是秉承了这一观点。从这个角度上说，列维-斯特劳斯一生对于知识的追求便有了一个更加明确的内在动因。同样，这种“无信仰的犹太人”本身使得列维-斯特劳斯将自身放置在一个抽离的位置上去观察和评价，这一点也是他整个人类学研究后期所采用的姿态。他必然不符合马林诺夫斯基对于“参与观察”式的科学的田野调查这一最基本的要求，他既没有待满一年的时间，也没能学会当地的语言。而他的“神话学”研究后期的基本材料[②]都是搜集而来，并非通过自己的田野经历获得。列维-斯特劳斯与田野以及自己研究的“神话”本身是一种脱离而有距离的状态，正如他自身对于犹太信仰的态度。

列维-斯特劳斯是一个典型的法国学者，这种典型不但体现在他的学术思想秉承了法国传统，更体现在他本身与法国社会的融合与嵌入。他年轻时对于社会主义的热情，根源并非只在圣西门，更多的是他对于如何构建一个理想的法国社会的思考。这次圣保罗大学之行本身，并非只是宗主国对于殖民

---

① [法]德尼·贝多莱：《列维-斯特劳斯传》，第 8 页。
② 参见[法]克洛德·列维-斯特劳斯：《人类学讲演集》，张毅声等译，北京：中国人民大学出版社，2007 年。

地进行文化控制的行为，而是这群学者作为法国文明的化身，既在理论上也在现实中从“先进”进入“落后”的过程。这段经历无疑影响了列维-斯特劳斯对于种族、文化以及殖民主义这些人类学最基本问题的反思。而他的学术开端始于二战中的美国，以一个流亡者的身份，逃避着可能的迫害以及故土沦陷的羞耻。这使得同样是对印第安人的研究，列维-斯特劳斯和美国学者关注的焦点完全不同，乃至于大的理论趋势都截然不同。因此，很难将列维-斯特劳斯的学术与政治分开讨论，虽然这两点可能本不应该被割裂开来。需要注意的是，要理解学者在一段时期的理论思想必然要讨论到他的政治思想乃至现实的处境，但因为“政治观点”而对学术作品本身进行的批判则大可不必，以学者的“政治观点”完全取代其“理论观点”则更不可取。人类学在西方建立之初，社会进化论与殖民主义就是其根基。这两点无疑都需要被重新审视和批判，但不能是那种简单粗暴的方式，并进而否定所有的理论成果，这必然会造成人类学理论结构的坍塌，落入某种历史虚无主义的泥淖。这是在对人类学“不光彩的出生”反思时需要反省的一点。

格尔茨在评论列维-斯特劳斯的作品时使用了“looking at”[①] 的说法，以为其思想内涵不仅是蕴含在文字之下，更是由文字本身表达出来的。因而，在阅读列维-斯特劳斯的作品时，不单是他所提出的“结构”概念需要注意，他的行文本身就是他思想的表达。在索邦大学学习哲学时，列维-斯特劳斯便对哲学教师们的“体操”教学非常不满。在他看来，这种哲学教学并不包含思想本身，而是将文字的变化、论证的行为本身当作思想进行教授。事实上，人类学民族志的写作也不应该变成这种文字游戏，而将材料或者材料的讲述当作思想本身。民族志不是田野调查笔记，也不是哲学空想漫谈，写作本身应该是人类学家思维操练的过程，而非材料的转述或者故事的改编。列维-斯

① 参见［美］克利福德·格尔兹：《论著与生活》。

特劳斯一生对于文艺批评有着极大的兴趣，对他来说，文学本身并非纠缠于“真实性”的讨论，而是表述思想的必要手段。《忧郁的热带》作为一部游记，也是其思想脉络中的重要组成部分。因而，在阅读和理解理论著作时，不仅是从行文逻辑的角度去理解抽象的概念，更需要理解文字本身所透露的意思，“像做田野一样阅读”，也像做田野一样去理解一位理论家及其理论作品，这个过程本身，又恰恰是我们运用所有的感知去认识和理解世界的过程。

理解列维-斯特劳斯，要从个人生活史、社会史、思想史三重进路，还原一个立体的、完整的“结构主义大师”。从个人生活史的角度，列维-斯特劳斯的理论和研究讨论的出发点以及落脚点便得以显明；从社会史的角度，理论生成本身即是一种对于社会现实的回应；从思想史的角度，所有的讨论基础都来源于一定的理论传统，而范式的传承和更替在思想史的脉络中更加清晰明了。“结构主义”之于列维-斯特劳斯来说，一方面是他自身的恒久的认知，另一方面也是法国人类学传统、社会主义传统以及哲学传统的体现，同时更是他作为“犹太人”以及“法国人”在动荡的20世纪对于法国的忧思。列维-斯特劳斯对于19世纪的怀念，更多的是对于荣耀的法兰西的怀念，而他在巴西或者在纽约的不同心态也是因为祖国的不同状态，甚至他对于社会主义的热情也是来源于对法国社会的美好构想。因而，在理解列维-斯特劳斯时，也需要在多个层面上去理解“法国”以及“法国人”。理论产生于理论家的生活，而还原一个立体的、完整的，乃至活生生的理论家才是理解理论的必经之路。

第九章　往来于“文明”之间：杜蒙思想肖像及其学术遗产

1998年的11月9日，路易·杜蒙在巴黎去世，享年87岁。他是一位人类学家，往往被认为是一个结构主义者，他是法国社会学年鉴学派大师莫斯的弟子，同时，他也是一位印度学家，对印度社会学、人类学影响重大。1911年，杜蒙出生于希腊的萨洛尼卡（Salonika），父亲是工程师，祖父是画家。这样的家庭背景，对杜蒙一生之发展，有着重要的影响。印度人类学家崔洛克·马丹（Triloki Nath Madan）就指出，杜蒙将此两种职业（画家与工程师）的素养揉进自己观察世界的方式里面，即创造性的想象力及对具体之物（the concrete）持久不衰的兴趣。[①]

作为与列维-斯特劳斯同时代的学者，杜蒙在列维-斯特劳斯的盛名之下，往往是被忽略的，这种状况在中文学界尤为明显。2008年，夏希原在一篇评论杜蒙的名著《阶序人》的文章中即指出，“杜蒙是一位至今还没有被我国学界所重视的人类学家和

---

① T. N. Madan, *Sociological Tradition: Methods and Perspectives in the Sociology of India*, New Delhi, SAGE Publications, 2011, p.195.

社会学家”。[1] 十多年过去，这种情况依然如是。法国著名学者茨维坦·托多罗夫（Tzvetan Todorov）曾说：“1960 年代，在（法国）整个人文社会科学界最负盛名的当属列维-斯特劳斯；但是对于我和其他一些人而言，杜蒙的作品则更具决定性的影响。”[2]法国政治学者皮埃尔·罗桑瓦龙（Pierre Rosanvallon）则直言，在 20 世纪伟大的人类学家当中，杜蒙和列维-斯特劳斯同等重要。[3] 我们引述法国学者对于杜蒙的评价，并不是要在今天大肆宣扬或吹捧他，我想他本人也无此意愿。我们只是想更进一步地来说明，杜蒙所留下的学术遗产是值得我们去发掘和思考的，在此诉求之下，对杜蒙进行一个立体式的理解是十分必要的。

纵览中文学界对杜蒙的介绍和借鉴，多是通过《阶序人》一书来完成的，或阐述其阶序理论，或借用其“阶序”概念的核心特点“把对立情形含括在内”（the encompassing of the contrary）来进行具体的研究。此种情形便造成很多人对杜蒙只是有一个切面式的了解，以为杜蒙仅仅只是一个研究印度的法国人类学家，从而缺乏对于杜蒙的整体认识。另外，在介绍其名著《阶序人》时，多数学者将“hierarchy”一词译为“等级”。尽管在学者们在理解

---

① 夏文(参见夏希原:《发现社会生活的阶序逻辑——路易·杜蒙和他的〈阶序人〉》,《社会学研究》2008 年第 5 期)发表之前,国内关注杜蒙较多的是梁永佳,其于 2005 年在《民俗研究》上发表了《路易·杜蒙论印度种姓制》(参见梁永佳:《路易·杜蒙论印度种姓制》,《民俗研究》2005 年第 1 期),另外 2006 年他还组织了“在中国阅读杜蒙”的读书会,成果刊于《中国人类学评论》(第 15 辑),参见王铭铭主编:《中国人类学评论》(第 15 辑),北京:世界图书出版公司,2010 年;夏文之后,涉及杜蒙的论述多为《阶序人》一书的评介,除此之外有两篇文章旨在论述杜蒙的学术学思想,是目前笔者看到较为详细的介绍了,具体请参见,张金岭:《杜蒙的人类学思想》,《国外社会科学》2010 年第 3 期;王晴锋:《路易·杜蒙的学术肖像:从“阶序人”到“平等人”》,《北方民族大学学报》(哲学社会科学版)2015 年第 4 期。随着 2017 年简体字版《阶序人》在浙江大学的出版,似乎杜蒙逐渐受到学者们的重视。

② Ivan Strenski, *Dumont on Religion*, London, Equinox Publishing Ltd, 2008, p.1.

③ Jacob Collins, “French Liberalism's ‘Indian Detour’: Louis Dumont, the Individual, and Liberal Political Thought in Post-1968 France”, *Modern Intellectual History*, 2015, 12(3): 708.

杜蒙的“hierarchy”一词时并未偏离杜氏的原意，但中文译名“等级”一词却极易给人们理解杜蒙造成误解。因为中文的等级一词有明显的“高下差别”的含义，而在杜蒙那里并无此意。此种误解往往就成了人们批评杜蒙是在为印度等级制度、不平等辩护的理由。在一篇介绍杜蒙思想的文章中，我们着重强调了“hierarchy”不是等级，其核心乃在于对差异的包容。①

我们在此指出，中文学界对杜蒙的了解大多都是片面的，且在介绍杜蒙时多注重其前期对于印度社会的研究，而忽略了其后期对于近代西方意识形态的研究和思考。其对近代西方意识形态（或价值观念）的研究共有三本专著问世，而目前中文世界仅有《个人主义论集》（*Essays on Individualism: Modern Ideology in Anthropological Perspective*）一书有译本。② 无疑，杜蒙在这方面的影响广泛，且不仅仅止于人类学社会学界。③ 故而，我们在今天阅读杜蒙，强调的是对其进行一个整体认识。我们试图以杜蒙个人生命史为主线，从“思想史的高度纵向”把握其个人思想之变

---

① 参见赵亚川、黄剑波：《阶序、个人主义与价值——杜蒙及其“文明社会”研究》，《西北民族研究》2020年第1期。

② 参见 Louis Dumont, *From Mandeville to Marx: The Genesis and Triumph of Economic Ideology*, Chicago, The University of Chicago Press, 1977; Louis Dumont, *Essays on Individualism: Modern Ideology in Anthropological Perspective*, Chicago, The University of Chicago Press, 1986; Louis Dumont, *German Ideology: From France to Germany and Back*, Chicago, The University of Chicago Press, 1994。其中第二本书有中译本，[法] 路易·杜蒙：《个人主义论集》，黄柏棋译，台北：联经出版事业股份有限公司，2003年；[法] 路易·迪蒙：《论个体主义：对现代意识形态的人类学观点》，谷方译，上海：上海人民出版社，2003年；[法] 路易·迪蒙：《论个体主义：人类学视野中的现代意识形态》，桂裕芳译，南京：译林出版社，2014年；对比译文，后两个译本应该为同一人所译。

③ 如杜蒙对于“个人主义”的研究在法国政治学界产生十分重要而广泛的影响。杜蒙对于法国政治学界重大而持续的影响力，参见 Jacob Collins, “French Liberalism's ‘Indian Detour’: Louis Dumont, the Individual, and Liberal Political Thought in Post-1968 France”一文（Jacob Collins, “French Liberalism's ‘Indian Detour’: Louis Dumont, the Individual, and Liberal Political Thought in Post-1968 France”, *Modern Intellectual History*, 2015, 12(3): 685–710）。

化，从“社会史的宽度横向”把握其个人思想与其所处的社会、时代的互动关系。通过这一回溯，我们去追寻杜蒙及其思想理论的“生成过程”，或者换句话说，我们想要去理解“杜蒙如何成为杜蒙”。

第 1 节　杜蒙思想之“谱系”：四个人和四个地方

回顾杜蒙六十余年的学术生涯，可以说有很多伟大的思想都对杜蒙产生了影响。阅读杜蒙的作品，检视其思想，我们认为有四位学者对杜蒙影响至深。除此之外，同样有四个地方在杜蒙一生中有着重要的地位，其直接影响了杜蒙的学术研究。因而，我们将此四人四地视为成就杜蒙之为杜蒙的关键。

先简要说一下影响杜蒙的四个“地方”，分别为：巴黎传统艺术与民俗博物馆（Musée des Arts et Traditions Populaires）、德国、印度以及牛津大学。在博物馆杜蒙得以重返学术，且博物馆同仁们知识共享、亲密合作的学术氛围给杜蒙留下深刻的印象。后来杜蒙提到人类学这一学科共同体缺乏共识，在一定程度上是对昔日博物馆学术研究共同体精神的怀念。德国之于杜蒙的意义，我们从其著作的名称（《德意志意识形态》）便可以看出。在德国，杜蒙遇到了印度研究专家瓦尔特·苏柏林（Walther Schubring），这于他的梵语学习与印度研究有莫大的助力。另外与德国直接相关的是“二战”，杜蒙对近代意识形态进行三十多年的研究、反思无疑与他在德国做战俘的经历有关。杜蒙曾写道：“那段日子在德国人自己和我们的心中都留有伤痕。”[①] 印度对于杜蒙的重要性则是众所周知。对印度社会的研究，不仅为杜蒙看清“我们”（西方）提供了一面镜子，而且正是通过对印度的研究，杜蒙发现了“阶序”这一他倡导和推销的“价值-观念”（Value-ideas）。牛津之于杜蒙也很关键，用他自己的话来说，在那里他受到了“第二次学术训练”。

---

① ［法］路易·杜蒙：《个人主义论集》，第 198 页。

1936 年，25 岁的杜蒙进入传统艺术与民俗博物馆，由此开启了其六十余年的学术生涯。当然，博物馆不仅仅给了他学习和工作的场所，在研究兴趣和方法上也对其产生了影响。在博物馆时期，杜蒙关注家具、工具等物质文化的研究，并受到传播论思想的影响（详见后文）。这种影响我们可以在杜蒙对于印度南部次卡斯特的研究中看到，《印度南部的一个次卡斯特》（*A South Indian Subcaste*）的英译者迈克尔·莫法特（Michael Moffatt）提到，"《次卡斯特》一书中包含了很多对于物质文化的细致描述"。[①] 罗伯特·帕金（Robert Parkin）同样指出，这一影响在杜蒙对于印度南部次卡斯特的研究中仍然清晰可见。[②] 除了这一影响之外，我们还要强调的是，正是进入博物馆工作使得杜蒙有幸听到莫斯的讲座，并开始跟随莫斯学习。

莫斯对于杜蒙的影响清晰可见，不管是对于印度的研究，还是对于近代西方意识形态的考察，杜蒙都强调这一切背后的"精神资源"均源自于莫斯。在《阶序人》一书的"法文版序言"中，杜蒙说"莫斯的教导愈来愈成为我们研究工作的指导原则"。[③] 而在其《个人主义论集》一书的导论里，杜蒙则直言"他（作品）背后的精神资源是马塞尔·莫斯"。[④] 我们知道杜蒙一生是极强调经验性的，他是一个对"事实与细节的狂热崇拜者"（a devotee facts and details）。[⑤] 杜蒙对于经验事实的重视正是源自莫斯。这点我们也可以从杜蒙对莫斯的定位上清楚地看到："莫斯是一位转到具体事实上面来的哲学

---

① Michael Moffatt, "Editor's Introduction", In Louis Dumont, *A South Indian Subcaste: Social Organization and Religion of the Pramalai*, translated by Michael Moffatt and A. Morton, Oxford, Oxford University Press, 1986, xiv.

② 参见 Robert Parkin, "Louis Dumont: From Museology to Structuralism Via India", in Robert Parkin and Anne de Sales (eds.), *Out of The Study and Into The Field: Ethnographic Theory and Practice in French Anthropology*, New York · Oxford, Berghahn Books, 2010, p. 238。

③ ［法］路易·杜蒙：《阶序人》，王志明译，台北：远流出版事业股份有限公司，2007 年，第 44 页。

④ ［法］路易·杜蒙：《个人主义论集》，第 1 页。

⑤ 参见 Ivan Strenski, *Dumont on Religion*, p. 124.

家、理论者，他知道唯有跟事实作密切的接触，才能让社会学取得进展。”[①]再者，莫斯所提倡的“整体社会事实”的理念，可以说贯穿于杜蒙整个研究生涯。

我们谈到莫斯对于杜蒙强调经验性有重要影响的同时，不能忽略英国人类学家埃文思-普里查德在这方面之于杜蒙的影响。杜蒙在牛津四年，不仅与普里查德结下深厚的友谊，更是在其指导下进行了“第二次训练”（详见后文）。在此学术往来之中，埃文思-普里查德除了在强调经验性方面对杜蒙影响重大之外，他对于非洲努尔人的研究对杜蒙同样影响深远，这一点我们在杜蒙为《努尔人》法译本写的序中可以很清楚地看到。[②]杜蒙将印度的卡斯特视为一个体系（system）或结构体系（structural system），他指出“卡斯特从外面看起来是一体的，而其内部则是分化的”[③]。这与普里查德分析努尔人社会的“裂分-合组”（segmentary）[④]特点非常相似。而“裂分-合组”也一直在杜蒙的作品中扮演着重要的地位，其对非近代社会价值-观念的描述，同样强调其“裂分-合组”特性。罗伯特·德里吉（Robert Deliège）在谈到杜蒙的思想时即指出，杜蒙将印度卡斯特体系视为一个“结构体系”，这与普里查德将努尔人描述为一个“裂分-合组”社会是没有多少差别的。[⑤]他强调了杜蒙在牛津期间受到英国经验主义（empiricism）的极大影响。[⑥]不过，关于这一点需要有所澄清。我们不能否认牛津四年，杜蒙受到英国学界的巨大影响，特别是埃文思-普里查德的影响。但是我们要特别指出杜蒙一直以来对

---

① ［法］路易·杜蒙：《个人主义论集》，第278页。

② 参见“Preface by Louis Dumont to French edition of The Nuer”, translated by Mary and James Douglas, in J. H. M. Berattie and R. G. Lienhardt (eds), *Studies in Social Anthropology: Essays in Memory of E. E. Evans-Pritchard*, Oxford, Oxford University Press, 1975, pp. 328–342.

③ ［法］杜蒙：《阶序人》，第96页。

④ 这一概念的译法借用自陈波。

⑤ Robert Deliège, *Lévi-Strauss Today: An Introduction to Structural Anthropology*, translated by Nora Scott, New York, Berg, 2004, pp. 123–124.

⑥ Robert Deliège, *Lévi-Strauss Today: An Introduction to Structural Anthropology*, p. 122.

于所谓“经验主义”与“经验性”（empiricality）之间区别的强调。他指出，“经验性”意指个人经验与田野工作；它同时也要求采取审慎的研究态度，收集尽量多的资料，并在必要的时候对通行的观点提出质疑。“经验主义”则相反，它过分重视自己的范畴概念及其应用技术，因而允许对原始材料进行激烈的肢解，死守不放狭隘的观点；它低估文化环境的重要性，它甚至已开始腐蚀田野工作的首要地位。[①] 因而，我们说杜蒙重视经验事实，我们强调的是其“经验性”，而非“经验主义”。

在大多数学者的眼中，杜蒙除了是莫斯的弟子，通常还被认为是一个结构主义人类学家。通过阅读杜蒙，我们会很清楚地看到他的思想一直是在变动的，这顶“结构主义”的帽子并不与他的思想十分契合，至少列维-斯特劳斯意义上的结构主义对于杜蒙而言并不完全适用。确实，早在1936年，杜蒙便与列维-斯特劳斯有过会面。那时列维-斯特劳斯刚从南美做完田野回来，在博物馆工作的杜蒙还帮他整理过一些田野材料。而列维-斯特劳斯也是将其《亲属制度的基本结构》一书的手稿同杜蒙分享。杜蒙在印度田野时，正是因为拜读该书有关印度部分论述，才完成《印度南部的阶序与联姻》一书，并将其献给列维斯特劳斯（见后文）。无疑，这时杜蒙受到斯特劳斯结构主义的影响。但是，就此断论杜蒙是一个结构主义者，是不够准确的。细致阅读杜蒙我们就会发现其所强调的结构更多地倾向于价值结构，而非列维-斯特劳斯意义上的心智结构。而且，其结构的核心特征不是一般意义上的“二元对立”，而是“阶序性对立”（hierarchical opposition）。在这一点上，德里吉之说更加合理：称杜蒙为列维-斯特劳斯的门徒，无疑是不尽合理的，在这一点上他毫无疑问是超越于此的；尽管如此，他的作品中至少关于印度的部分，其结构主义特色十分明显。[②]

---

① ［法］路易·杜蒙：《阶序人》英文定版前言，第10页。
② Robert Deliège, *Lévi-Strauss Today: An Introduction to Structural Anthropology*, p. 122.

确实，莫斯、埃文思-普里查德、列维-斯特劳斯三人在杜蒙的学术思想脉络里明显可见。这也基本符合英国人类学家罗伯特·帕金对杜蒙学术生涯的总结，称其发生了三次“转变”（shifts）。第一次转变是从早期的传播论、文化研究法（习自于博物馆）转变为莫斯主义社会学（整体论与世界历史的视角）。另外他也对列维-斯特劳斯的结构主义兴趣持续增加，关注简单的二元对立。第二次是从他自己早期的结构主义转变为一种修正的结构主义。随着他对列维-斯特劳斯结构主义的逐步熟悉，以及通过西方与印度之间的不断比较研究，他发现了“阶序性对立”。第三次，可被称为杜蒙在田野上的转变，从实地观察研究转至思想文献研究，同时在方法上更多地受到盎格鲁-撒克逊世界人类学而非法国人类学的影响。[①]

然而，进一步阅读杜蒙的作品，我们会在他思想的哲学底色中发现黑格尔的影子。在其所有著作中或隐或显，都可看到黑格尔的留在他思想中的痕迹。伊万·斯特伦斯（Ivan Strenski）言道：“杜蒙在他的作品中频繁且熟练地提及黑格尔，这表明了他对某种与思想家联系在一起的思考（方式）有着一定程度的喜爱，因为在杜蒙看来宏大的愿景即为常态（norm）。”[②] 杜蒙在讨论印度卡斯特作为一个形式体系（formal system）问题时指出，“首先得掌握它们的原则，才能将其化约成一个结构（structure）。在这一点上，黑格尔比任何人都更早一步看到了体系的原则——抽象的**‘差异’**”（difference，强调为杜蒙所加）。[③] 另外，若我们熟悉杜蒙阶序概念的核心特征——“把对立情形含括于内”，便会发现其极具黑格尔式的辩证思想。但正如斯特伦斯所言，杜蒙一生从未尝试告诉我们他的哲学偏好，他是一个对于事实和经验极

① 参见 Robert Parkin and Anne de Sales (eds.), *Out of The Study and Into The Field: Ethnographic Theory and Practice in French Anthropology*, p. 251。

② Ivan Strenski, *Dumont on Religion*, p. 124.

③ ［法］路易·杜蒙：《阶序人》，第 107 页。

其痴迷的人，这也是为什么斯特伦斯称他本质上一直是一个人类学家的缘故。[①] 即便是在其后期关注近代西方思想史、观念史时，他都一直强调自己在从事人类学的研究，而其“田野”正是那浩如烟海的文献。无论如何，在讨论杜蒙个人思想的谱系时，我们或许我们还可以加上黑格尔。我们可以重申：在回溯杜蒙个人思想的“谱系”时，莫斯、埃文思-普里查德、列维-斯特劳斯以及黑格尔这四个人始终无法忽略。

我们知道，在考察一个人的思想时，不能单纯地将其归为某个人或某几个人。纵观杜蒙六十余年的学术生涯，我们会看到很多人的思想都在杜蒙的作品中留有印记。我们强调上述四人的影响，旨在强调这四个人的思想在杜蒙及其理论的“生成过程”中扮演了十分重要且不可替代的角色。诚如艾伦（N. J. Allen）所说，回顾杜蒙的（学术生涯），“其最为核心的当被视为自孔德、菲斯泰尔·德·古朗士（Fustel de Coulanges）至涂尔干再至莫斯这一思想传统的一个分支，但同时亦不能忽视其他人的影响，这包括韦伯、埃文思-普里查德，甚至塔尔科特·帕森斯”。[②] 详细去考察、梳理杜蒙的思想谱系，应当是一本书的内容。我们通过对杜蒙个人生平与学术全景式的回溯，重新走进和阅读杜蒙，旨在完成文章开头所述之目的——“杜蒙何以成为杜蒙”。在对杜蒙个人学术思想谱系提纲挈领式的叙述之后，再来走进杜蒙的个人生命史、生活史的具体场景，可以使我们更加明晰地看到一个学者思想的生成及其转变。

---

① 参见 Ivan Strenski，*Dumont on Religion*，p. 124。

② N. J. Allen，“Obituary：Louis Dumont（1911－1998）”，*Journal of the Anthropological Society of Oxford*（*JASO*），1998，29（1）：3.

第2节 从“青春期叛逆” 到“以民族学家为天职”

杜蒙出生于法国中产阶级家庭，因父亲是工程师的缘故，家人期望他能接受与科学相关的教育，技术或者数学。他选择了数学。杜蒙对这种提前规划好的人生极其厌倦，他渴望一种无所顾忌地背离既定规则的生活。当然，他的这一系列叛逆行为也给其整个家庭带来了极大的痛苦。杜蒙自己说，“我的一系列自以为是的越轨行为带来了名副其实的丑闻，我的母亲（当时已成寡妇）原本为了我的教育费尽心思，最后将我逐出家门”。[①] 同时，这些青春期叛逆的举动也将杜蒙原本既定有序的生涯规划推入了一片茫然。1920年代末至1930年代，整个巴黎都陶醉于其文化与艺术的狂热之中，此时的杜蒙从事着他所能得到的最好的工作，尽管看起来不是很体面。他沉迷于当时先锋派美学、哲学及社会团体的疯狂的活动中。1930年代早期，杜蒙大部分时间都处于文化叛逆的边缘，他与激进的超现实主义诗人、哲学家以及政治思想家交往，也与类似社会学学院（Collège de Sociologie）之类的社团关系密切。[②]

有学者认为早期杜蒙受到神秘主义者、印度学家瑞纳·古埃农（René

① 参见 P. Bruckner，“Le Grand comparateur：un entretien avec Louis Dumont”，quoted from Ivan Strenski，*Dumont on Religion*，p. 7。

② 有关杜蒙早期经历的材料主要引自斯特伦斯的《杜蒙论宗教》一书第一章（参见 Ivan Strenski，*Dumont on Religion*，pp. 5，7。需注意的是社会学学院由巴塔耶（Georges Bataille）、罗杰·加洛瓦（Roger Callois）和米歇尔·赖瑞斯（Michel Leiris）于1937年发起成立，故而，此处杜蒙在1930年代早期与此社团关系密切之说有误。杜蒙与此社团之密切关系也是其进入传统艺术与民俗博物馆之后的事，笔者将在后文提到。

Guénon）的影响，甚至他对此后杜蒙的印度研究影响深远。[①] 伊万·斯特伦斯指出，古埃农可能确实在研究兴趣方面影响了年轻的杜蒙，但罗兰·拉蒂诺瓦（Roland Lardinois）等人所言之古氏对杜蒙印度社会研究的方法与思想影响深刻的看法是荒谬的。[②] 在斯特伦斯看来，莫斯以及涂尔干式的学术圈，似乎决定了杜蒙研究印度社会学（sociology of India）的方法（approach）。[③] 依笔者阅读杜蒙相关研究来看，斯特伦斯此说无疑是正确的。事实上，不仅杜蒙的印度社会研究，乃至杜蒙一生的思想均受惠于莫斯，他自称莫斯为其著作背后的精神资源乃是最直接的证据（见前文）。

杜蒙1935年进入传统艺术与民俗博物馆工作之前已经换过好几份工作，如卖保险、校对员等。于杜蒙而言，进入博物馆是其一生当中的一个重要节点。正是进入传统艺术与民俗博物馆工作，才有了我们后来所知晓的人类学家杜蒙。杜蒙自己说道："所有的一切（everything，对社会人类学与印度研究的兴趣）均始于1936、1937年。"他将博物馆称为自己进入民族学（ethnology）的"一扇小门"。[④] 杜蒙说，在博物馆工作之后，他发现自己的"天职"（vocation）可能就是做一名民族志学者。在博物馆工作期间，他受到馆长乔治·亨利·里维埃（Georges-Henri Rivière）的鼓励，并受到博物

---

① 参见 Roland Lardinois，"The Genesis of Louis Dumont's Anthropology：The 1930s in France Revisited"，*Comparative Studies of South Asia，Africa and the Middle East*，1996，16（1）：27；Jacob Collins，"French Liberalism's 'Indian Detour'：Louis Dumont，the Individual，and Liberal Political Thought in Post-1968 France"，p. 687。此处需说明的是，尽管拉蒂诺瓦与柯林斯都述及了古埃农对早期杜蒙的影响，但就其影响程度大小，两位作者是有区别的，前者主张杜蒙的研究印度的人类学思想深受古氏影响，后者述及影响可能只是研究兴趣方面。斯特伦斯对拉蒂诺瓦的看法进行了尖锐的批评。

② 伊万的具体批判，参见 Ivan Strenski，*Dumont on Religion*，pp. 7－12。

③ Ivan Strenski，*Dumont on Religion*，p. 13.

④ Christian Delacampagne，"Louis Dumont and the Indian Mirror：An interview with Louis Dumont"（Originally published in *Le Monde*，January 25，1981.），*RAIN*，No. 43，1981，p. 4；Jean-Claude Galey，"A Conversation with Louis Dumont"，*Contributions to Indian Sociology*，1981，15（1－2）：13.

馆同事们谦逊、投入的工作精神的感染，这一切，尤其是在听了莫斯的讲座之后，都促使杜蒙决心重返学术。于是，他重返学校，并跟随莫斯学习。这也使得他接触到一些涂尔干的继承者，如谢列斯汀·布格列（Céléstin Bouglé）。布格列当时已经完成了一部有关印度卡斯特的研究，而我们知道杜蒙在《阶序人》一书中对于“卡斯特”（caste）的定义就是参考了布格列的定义。[①] 斯特伦斯也提到，杜蒙研究的核心“卡斯特”以及“个人主义”很早便是涂尔干及其继承者们全部研究兴趣当中的一部分。[②] 在这个意义上，杜蒙无疑是法国社会学年鉴学派的后继者。[③]

前文提到，杜蒙与“社会学学院”关系密切。这一学习讨论团体是由巴塔耶、加洛瓦及赖瑞斯三人发起成立的。加洛瓦是一位对人类学有浓厚兴趣的古典学者，赖瑞斯是一位在非洲做民族学田野调查的超现实主义作家。自 1937 年至 1939 年，他们每逢双周就进行一次小组讨论，从事神圣经验的研究。[④] 这一社团所倡导的研究深受莫斯和黑格尔的影响[⑤]，而正是在该社团举办的讲座上，杜蒙接触到黑格尔哲学，至此之后，黑格尔便一直存在于杜蒙的作品当中，影响其终生（见前文）。[⑥]

1938 年杜蒙通过了民族学的资格考试。紧接着，杜蒙计划进行一项艺术史的研究，研究当时法国工具中的凯尔特人（Celtic）遗迹，但却因为战争

---

① 参见［法］路易·杜蒙：《阶序人》，2007 年。

② 参见 Ivan Strenski, *Dumont on Religion*, p. 13。

③ 帕金对杜蒙“阶序性对立”（hierarchical opposition）的学术史梳理，以及安德烈·席尔泰（André Celtel）对杜蒙个人主义研究谱系的考察，都表明了斯特伦斯此说的合理性。帕金和席尔泰的研究，具体请参见，Robert Parkin, *Louis Dumont and Hierarchical Opposition*, New York · Oxford, Berghahn Books, 2003；André Celtel, *Categories of Self: Louis Dumont's Theory of the Individual*, New York · Oxford, Berghahn Books, 2005。

④ 参见［美］加里·古廷：《20 世纪法国哲学》，辛岩译，南京：江苏人民出版社，2005 年，第 124—125 页。

⑤ 参见 William Pawett, *Georges Bataille: The sacred and society*, New York, Routledge, 2016, pp. 27－28。

⑥ 参见 Ivan Strenski, *Dumont on Religion*, p. 124；Denis Hollier, *The College of Sociology (1937－1939)*, translated by Betsy Wing, Minneapolis, University of Minnesota Press, 1988。

而被迫停止。[①] 他应征入伍，但很快成为德国的战俘，被留在汉堡郊区的一家工厂干活。在这里杜蒙自学了德语，并翻译了两三本德国关于法国民俗的著作。紧接着，杜蒙感觉自己的德语已然足够，便开始学习梵语。他学习语言的所有材料都是他的妻子从法国寄给他的。他决心将自己的研究志趣从法国转向印度。为什么转向印度而非其他地方？杜蒙自己给出了两个原因：其一是他自己一直以来的兴趣，其二便是莫斯（莫斯的作品及其口头典故极大地激起了杜蒙的研究兴趣）。[②] 偶然的机会，他遇到了德国耆那教研究专家瓦尔特·苏柏林，并跟随其进行专业的梵语学习，当然这一切也得益于监禁他们士兵的宽容。在某种程度上，杜蒙是相当感激这段"囚禁"生涯的："（你知道）作为莫斯的学生，不懂梵语就开始研究印度，简直是不可思议的事。而正是那段囚禁的岁月促使我去研究印度，那段经历（学习梵语）给了我巨大优势。"[③]

1945 年战争结束后，杜蒙重新回到传统艺术与民俗博物馆工作。他主持了博物馆传统家具研究项目的最后一个阶段，并负责《法国民族志月刊》（*Mois d'ethnographie Francaise*）的出版工作。同时，他准备对 La Tarasque（一种传说中的龙）进行研究。杜蒙告诉我们，他在囚禁期间开始对龙感兴趣，并就印度的龙与欧洲的龙进行比较。杜蒙说为此他专门请教过法国比较神话学家乔治·杜梅（Georges Dumez），杜氏建议他进行一项专题

① Robert Parkin，"Louis Dumont：From Museology to Structuralism Via India"，p. 236.

② Christian Delacampagne，"Louis Dumont and the Indian Mirror：An interview with Louis Dumont"，p. 4. 杜蒙曾在英国牛津大学做过有关莫斯的一次演讲，其中他称颂了莫斯的"渊博"。他写道："莫斯整个人散发出一股令你不由自主便被吸引住的力量……可能他受我们这些学生欢迎的秘密就在于，他跟好多学院派人士不一样，因为知识对他而言不是分隔开来的另一种活动，他的生活已经变成为知识，而他的知识亦即生活了，这点也正是他至少能对某一些人发挥出像宗教师或哲学家的影响力之所在。"（［法］路易·杜蒙：《马歇·牟斯：处于转变成形过程当中的一门科学》，见《个人主义论集》，第 277 页）

③ Christian Delacampagne，"Louis Dumont and the Indian Mirror：An interview with Louis Dumont"，p. 4.

性的研究。[①] 就此杜蒙研究了法国南部塔拉斯孔（Tarascon）有关 La Tarasque 的民间节日。这种比较研究的视角从他的第一本专著开始便显露无疑，且贯穿其一生的研究。杜蒙这种重视比较的研究进路或方法，很多学者将其归为涂尔干、莫斯一系年鉴学派的影响。杜蒙后来回忆此段在博物馆工作的时光时，说道：“那段时间，我着魔一般地工作（我的睡眠时间从未如此之少），完成因战争中断的学位学习，并学习泰米尔语及印地语。”[②]

杜蒙研究 La Tarasque 的专著于 1951 年出版。[③] 杜蒙自评，这是一本奇怪的书，其中有诸多不足，但唯一值得他自豪的是其对于细节的描写。[④] 马丹对该书的评价在一定程度上也印证了杜蒙自己的说法：在此书中，杜蒙即展示了其对民族志细节的把握和整体取向的研究方法。[⑤] 1948 年底，杜蒙开始其真正意义上的人类学生涯，即将 38 岁的他前往印度开始为期两年的田野工作。此次田野能成行，也得力于法国印度学家路易·勒努（Louis Renou）所提供的奖学金。

回看杜蒙的早期学术生涯，我们可以说，若没有此段进入传统艺术与民俗博物馆工作的经历，或许他就不会成为一个人类学家。故而，我们强调博物馆是杜蒙学术生涯当中的一个重要节点，在这里开启他的民族学人类学之旅，恰如他自称的那样，博物馆是他自己进入民族学的一扇门。从“青春期叛逆的少年”到“以民族志学者为天职”，我们或可说杜蒙的学术之路多少是有些偶然的。或许，没有这种偶然的机遇，杜蒙会像他祖父一样成为一个艺术家。但也正是这种偶然，使得人类学史上多了一位重要的理论家、思想家。

---

① Jean-Claude Galey, “A Conversation with Louis Dumont”, p. 14.

② 参见 Jean-Claude Galey, “A Conversation with Louis Dumont”, p. 14。

③ 题为 *La Tarasque: Essai de description d'un fait local d'un point de vue ethnographique*。

④ 参见 Christian Delacampagne, “Louis Dumont and the Indian Mirror: An interview with Louis Dumont”, pp. 4–5。

⑤ T. N. Madan, *Sociological Tradition: Methods and Perspectives in the Sociology of India*, p. 197.

第3节　声名鹊起：杜蒙的“印度社会学”

1949—1950年，杜蒙在印度南部的泰米尔纳德邦（Tamil Nadu）做调查，其中有八个月是跟Pramalai Kallar（此为由以前的武士和土匪组成的一个卡斯特）在一起的。何以要选择此地作为他的首个田野点？杜蒙就此解释为，他想去发现古代印度文化与达罗毗荼文化之间“活生生的联系”（living links），他想从当下出发去阐明历史。[1] 杜蒙此说，是基于这样一个假设：在古典印度（文化）起源的过程中，底层的达罗毗荼文化起了决定性的作用（达罗毗荼文化在由吠陀教转至古典印度教的过程中起了重要的作用）。[2] 当然，就这一选择的解释，也符合杜蒙想研究整个印度文明的说法。

前文提到，杜蒙在印度田野期间阅读过斯特劳斯《亲属制度的基本结构》一书的手稿。[3] 这对杜蒙有关印度亲属制度的研究产生了很大的影响。基于深入的田野考察，加上系统的文献资料研究，杜蒙完成了两部重要著作：《印度南部的阶序与联姻》（*Hierarchy and Marriage Alliance in South India*，1957）与《印度南部的一个次卡斯特》（*Une Sous-caste de l'Inde du sud: Organisation sociale et religion des Pramalai Kallar*，1957）。[4] 稍显遗憾

---

① Christian Delacampagne，“Louis Dumont and the Indian Mirror：An interview with Louis Dumont”，p. 5.

② 参见Jean-Claude Galey，“A Conversation with Louis Dumont”，pp. 16－17。

③ 杜蒙与列维-斯特劳斯首次见面是在1936年，那时列维-斯特劳斯刚从巴西做完田野归来。列维-斯特劳斯给杜蒙分享了他有关亲属制度研究的巨著，即《亲属制度的基本结构》。

④ T. N. Madan，*Sociological Tradition: Methods and Perspectives in the Sociology of India*，p. 197.

的是，《印度南部的一个次卡斯特》一书直到1986年才有英译本问世。[1]《印度南部的阶序与联姻》以英文出版，是献给列维-斯特劳斯的。列维-斯特劳斯对规范性/优先婚姻形式的分析，为杜蒙解释他所收集的数据提供了方法。进而，杜蒙认为所谓交表婚在其性质上并不是偶发的，实际是两个父系世系群之间关系持续的纽带。[2]《印度南部的一个次卡斯特》一书被认为是有史以来关于印度最为详尽清晰的民族志。他运用民族志田野工作的方法，通过Pramalai Kallar次卡斯特这一个案，透视出整个印度社会的构成规则。[3]

1951年1月，杜蒙从印度回到传统艺术与民俗博物馆，并负责了博物馆一个关于布列塔尼（Breton）家具的临时展览。[4] 同年10月杜蒙来到英国牛津大学，在这里做了四年的讲师。在牛津的四年（1951—1955），杜蒙逐渐熟悉了英国的社会人类学，并在埃文思-普里查德的指导下进行“第二次训练”。杜蒙言道，牛津的训练使他养成了一个看问题的“立体视角”（stereoscopic vision）。[5] 也是在牛津期间，杜蒙完成了上文提到的两部著作（《印度南部的一个次卡斯特》与《印度南部的阶序与联姻》）。在《印度南部的一个次卡斯特》一书的写作过程中，杜蒙再一次来到印度（这次是印度北部）做了为期六个月的补充调查。

1955年，杜蒙回到巴黎，取得了博士学位，并在法国高等研究院（École pratique des hautes études）担任教授。在其就职演讲中，杜蒙宣称“印度社会学的研究必须置于社会学与印度学的结合之下”。杜蒙提醒我们要谨记“印度是一个整体”（India is one），这也正是印度学给我们的财富。在

---

① Louis Dumont, *A South Indian Subcaste: Social Organization and Religion of the Pramalai*, translated by Michael Moffatt and A. Morton, Oxford, Oxford University Press, 1986.

② T. N. Madan, *Sociological Tradition: Methods and Perspectives in the Sociology of India*, pp. 197 - 198.

③ 梁永佳：《路易·杜蒙论印度种姓制》，《民俗研究》2005年第1期，第49—50页。

④ Jean-Claude Galey, “A Conversation with Louis Dumont”, p. 17.

⑤ Jean-Claude Galey, “A Conversation with Louis Dumont”, p. 18.

此基础之上，印度社会学真正的研究对象乃是“作为整体的印度社会”（Indian society as whole）。同时，他也强调了社会人类学“经验性”的重要性。结合此两点，他提倡“描述性社会学”（descriptive sociology）。杜蒙强调，他们所谓的“描述”（description）即“理解”（understanding）。此种社会学表现为三种路径：其一，要用社会学的语言（sociological language）来表述材料；其二，我们所研究的对象并不是孤立的，他们是体系（system）中的一部分；其三，我们研究的首要目标是“观念体系”（system of ideas），或者是一种“价值社会学”（sociology of values）。[①] 这种观念贯穿于杜蒙的整个学术生涯，其后期对于近代西方意识形态（价值观念）的研究更是直接体现了这一点。

1957 年他与戴维·波寇克（David Pocock）一起创办了《印度社会学集刊》（*Contributions to Indian Sociology*）。之所以用“Contributions”一词，是为了突出他们共同的努力。[②] 帕金指出，该期刊的目的在于将“印度人类学从原来的各种民俗学的、进化论的和功能主义的老路上拉出来从而使其进入到结构主义的轨道上去，这项事业显然是以《社会学年鉴》为蓝本的”。[③] 接下来的近十年，杜蒙在该期刊上发表了一系列印度相关的研究，包括村落共同体、卡斯特、婚姻、亲属、遁世修行及民族主义等等。他在《集刊》上所发表的一系列论文，都是在为其后来的大作（《阶序人》）做准备。[④] 同时，他还培养了一批年轻学者，并与其他的地方学者进行了合作研究。杜蒙

---

① 参见 Louis Dumont, “For a Sociology of India”, in Louis Dumont (ed.), *Religion, Politics and History in India*, Pairs, Mouton Publishers, 1970, pp. 6–7。杜蒙此次就职讲演后来被波寇克译为英文，以“For a Sociology of India”为题刊在两人合编的《印度社会学集刊》1957 年第 1 期上刊出。

② Jean-Claude Galey, “A Conversation with Louis Dumont Paris, 12 December 1979”, p. 19.

③ [英] 罗伯特·帕金：《法语国家的人类学》，见弗雷德里克·巴特等《人类学的四大传统》，高丙中等译，北京：商务印书馆，2008 年，第 291 页。

④ T. N. Madan, *Sociological Tradition: Methods and Perspectives in the Sociology of India*, p. 199.

后来回忆，这段时间他在自己的国家，既有了物质上的保障又得到学术上的认可，是他自己做研究的一个理想状态。[①] 1964 年，波寇克退出了《集刊》的编辑工作，杜蒙独自坚持了三年之后，于 1966 年宣告停刊。[②]

1957—1958 年，杜蒙来到印度北部的戈勒克布尔地区（Gorakhpur district），在此共做了 15 个月的调查。尽管此次田野并不比他在印度南部的时间短多少，但杜蒙关于此次调查的作品却少之又少。他曾向马丹抱怨说，戈勒克布尔地区气候干燥，文化复杂（一个村子竟然有众多的卡斯特），且村民远不如泰米尔人有趣、聪明。在 1982 年时他已然忘记了北部村落的方言，但泰米尔语将会终身留存。[③] 尽管如此，北部地区的田野一直以来都为杜蒙的南部研究提供着比较的视角，这点在其后来的名著《阶序人》中清晰可见。

1962 年，杜蒙受邀于威尼斯东方学院文化与文明研究中心（the Centre for Culture and Civilization at the Venetian Institute of the Orient）进行了三场有关印度社会的讲座，讲座内容涉及印度的社会、宗教、思想、历史及当代变迁。1964 年，讲座内容以《印度文明与我们：比较社会学大纲》（*La civilisation indienne et nous: Esquisse de sociologie comparée*）为题在巴黎出版。1965 年该书的意大利语译本问世，遗憾的是这本小书从未有过英译本。[④]

1967 年，《阶序人》法文版出版，这部作品使他声名远播，同时也引起了诸多争论，如其所言是“毁誉交加”。1970 年，该书的英文版问世，在此

---

① Jean-Claude Galey, “A Conversation with Louis Dumont Paris, 12 December 1979”, p. 19.

② 杜蒙在法国主办的《集刊》于 1966 年停刊。事实上我们知道现在仍有《印度社会学集刊》的存在，现在的期刊其最早历史可追溯至 1966 年，印度人类学家马丹在印度找到出版杂志的资助商，并征得杜蒙的同意，沿用了原来的名字。新系列的《集刊》第一期于 1967 年出版（参见 T. N. Madan, *Sociological Tradition: Methods and Perspectives in the Sociology of India*, pp. 206, 233）。

③ 参见 Jean-Claude Galey, “A Conversation with Louis Dumont Paris, 12 December 1979”, p. 21; T. N. Madan, *Sociological Tradition: Methods and Perspectives in the Sociology of India*, p. 199。

④ 参见 T. N. Madan, *Sociological Tradition: Methods and Perspectives in the Sociology of India*, p. 199。

期间印度学、社会学、人类学界对杜蒙的《阶序人》进行了一系列讨论。在1980年再版的《阶序人》英文版中，杜蒙写了一篇长序，对学界的评价与质疑一并做了回答，[①] 具体内容可参阅该文，此处不再赘述。同样是在1967年，杜蒙创建了印度与南亚研究中心（CNRS，the Centre d'Études de l'Inde et de l'Asie du Sud）。1976年，他又创立了ERASME（Équipe de Recherche en Anthropologie Sociale：Morphologie，Échanges），这是CNRS里面一个"以核心价值观念为基础来进行整体比较"研究的小组。[②]

在中文世界，杜蒙最为知名的作品当属《阶序人》。当然，我们也都清楚杜蒙正是因为此书才在整个社会学、人类学界，乃至印度学界享有盛誉。《阶序人》一书是杜蒙对于印度卡斯特体系的系统研究。他指出，印度的卡斯特体系是宗教性的（以印度教为核心），其核心特征是洁净与不洁的对立。其表现为"身份"与"权力"的分离。"身份"即"阶序"，是宗教性的，"权力"（政治经济）表现为世俗性的，从属于宗教。在印度社会，阶序的顶峰是婆罗门，即祭司；国王的权力须经婆罗门承认才具有神圣性，如果未经婆罗门的神圣化手续，国王的权力就会沦为完全依赖暴力。婆罗门在精神的或绝对的方面至高无上，但是在物质上则是依附性的；国王在物质上是主宰，但在精神上则是从属的……阶序从来没有和赤裸裸的权力联结在一起，而是一直都与宗教功能相连，因为宗教是普遍真理存在于这些社会中所表现的形式。故而，杜蒙说，"阶序基本并不是一串层层相扣的命令，甚至也不是尊严依次降低的一串存有的锁链，更不是一棵分类树；而是一种关系，一种可以很适切地称为'把对反含括在内'（the encompassing of the contrary）的

① 参见Louis Dumont，*Homo Hierarchicus: The Caste System and Its Implications*，translated by Mark Saainsbury，Louis Dumont and Basla Gulati，New Delhi，Oxford University Press，1998，xi-xlii；中译本，［法］路易・杜蒙：《阶序人》，第1—40页。

② 参见Robert Parkin，"Louis Dumont：From Museology to Structuralism Via India"，p. 237。

关系”。[①]

通过对于印度社会的研究，杜蒙发现了其背后的主导价值观念（或意识形态），此即为“阶序”。杜蒙的印度社会研究，不仅使杜蒙发现了伴随其学术生涯的最重要理论概念“阶序”，还使得他透过印度这面镜子，看到了西方社会所存在的一系列问题。这便促使杜蒙转换其研究方向，由关注印度社会转而考察近代西方社会。用杜蒙自己的话来说，从了解“阶序人”（Homo hierarchicus）转而思考“平等人”（Homo aequalis）。

确实，提起杜蒙，人们都会想起他的成名作《阶序人》。我们也知道，确实是印度的研究，是《阶序人》使杜蒙成为闻名世界的人类学家。我们在强调“印度社会学”成就杜蒙的同时，更多的是希望他对印度这个“文明体”的研究能为我们带来一些方法上的启发。在面对一个有着丰富文献资料的印度文明时，杜蒙强调印度社会的研究必须要结合传统印度学和社会学，要充分利用既有的文献材料。更为重要的是，他指出当人类学的田野研究在关注一个社区或一个村庄的同时，要时刻谨记“印度是个整体”或印度乃为“一”。此即要我们时刻意识到，我们所关注的村庄或社区是大的体系中的一部分。借用杜蒙的思路，我们或可以说中国也是“一”。我们如此表述，不是说想要去抹杀不同地方、不同区域的多样性。正好相反，我们想要表达的意思是，借用史学家的话“中国既是‘一’，又是‘无数’”。“这个‘一’和‘无数’并不对立，而且‘一’并不是从无数中抽象出来的，相反，‘一’只能借助于‘无数’才能呈现自身”。[②] 在此思路的引导之下，我们期望能从人类学的中国研究中探寻表述“中国”的方式。这无疑是杜蒙于我们的隐形财富。

---

① ［法］路易·杜蒙：《阶序人》，第417、418、441、442、443页。

② 刘志伟、孙歌：《在历史中寻找中国：关于区域史研究认识论的对话》，上海：东方出版中心，2016年，第111页。

第4节　作为“思想史”（观念史）研究的人类学家

借着西方去描绘印度，杜蒙勾勒出了一幅阶序性社会的风貌，也正是印度帮他“问题化了西方”[①]。借着印度去观照西方，由阶序性社会去了解平等性社会，这个思路引导出了杜蒙所言关于“平等人”的研究，促使杜蒙转向了近代西方价值观念（或意识形态）的研究。

杜蒙言道，“我对近代意识形态的研究始之于1964年，此一研究的思想路线很自然地是跟对印度社会所作社会学上的理解研究所需之事倒了过来；我们必须走出近代个人主义式的观念以外，才能对印度方面的材料来作分析，而得以掌握住整体之属的情况与整体社会”。[②]“人类学的研究观念，可以反过来让我们更能了解自以为已知怎么一回事的近代思想与价值系统（因为思想和生活于其中）。”[③] 至此，杜蒙由印度社会研究逐步转向对近代西方价值观念的考察与反思，这项工作一直延续到其去世。杜蒙这方面的系列思考与研究，共有三本专著问世：《从曼德维尔到马克思：经济意识形态的起源及其胜利》（1977）[④]、《个人主义论集》（1983，1986）以及《德意志意识形态：从法国到德国再至法国》（1994）[⑤]。

---

① T. N. Madan, *Sociological Tradition: Methods and Perspectives in the Sociology of India*, p. 202.

② ［法］路易·杜蒙：《个人主义论集》导论，第14页。

③ ［法］路易·杜蒙：《个人主义论集》导论，第13页。

④ Louis Dumont, *From Mandeville to Marx: The Genesis and Triumph of Economic Ideology*. 该书的英文版、法文版同年（1977）出版，法文版题为 *Homo aequalis I: Genèse et épanouissement de l'déologie économique*，正是杜蒙所言的“平等人”。

⑤ Louis Dumont, *German Ideology: From France to Germany and Back*. 该书的法文版于1991年出版：*Homo aequalis II: L'idéologie allemande, France-Allemagne et retour*。

杜蒙指出在近代观念的谱系当中，经济曾被含括于政治（道德）之中，如同在印度宗教中含括了政治一样。故而《从曼德维尔到马克思》一书的主题便是去发现“经济”如何逐步独立于“政治”（道德）之外。杜蒙写道，“在多数社会里，主要指高度文明的社会（可称之为‘传统社会’），人与人的关系要远比人与物的关系重要；而此一优先顺序，却在近代社会中被颠倒过来，于其中人与人的关系臣属于人与物的关系”。[①] 与这样一种优先顺序颠倒密切相关的，是近代社会对于财富的一种新观念。在传统社会，动产（土地）与不动产（金银财宝等）区别明显，拥有土地所有权的人往往居于支配他人的地位。这样一种权利或财富的观念是人与人之间关系的问题（整体主义）。到了近代社会，人们的财富观发生了变化，动产的地位上升，因而出现了一种不同于传统社会的财富观念。正是这一独立财富范畴的出现使得“经济”与“政治”界限明晰，也正是对于这样一种财富观追求，一种视“个人”乃一价值拥者的个人观念（个人主义）出现。

《个人主义论集》一书是杜蒙多年以来对于近代西方意识形态即个人主义研究的集结。他就个人主义之历史起源进行了追溯，透过宗教、政治以及经济三个层面，向我们展示了现代意义上个人主义的逐步兴起，并成为近代社会的主导意识形态。同时，杜蒙关注了近代意识形态与国家相遇之后的“变体”（variants），亦即对德国意识形态（兼与法国之比较）的研究（这部分研究后来被杜蒙继续扩充成专著），在此基础之上，杜蒙考察了近代意识形态的具体运作，即对于希特勒之极权主义进行了系统研究。通过阅读，我们不难发现，个人主义在近代社会几乎以一种“全球”或“普世”之态势铺展开来，在与不同的国家“传统”相遇之后，亦产生了许多危及人类本身的“主义”，如种族主义、极权主义等等。如前所言，《德意志意识形态》一书是杜蒙对于

① Louis Dumont, *From Mandeville to Marx: The Genesis and Triumph of Economic Ideology*, p. 5.

近代意识形态的“国家变体”（national variants）研究的继续扩展，如书名所示，此书旨在关注“近代意识形态的德国变体”（the German variant of modern ideology）。

杜蒙指出，始于18世纪，特别是在德国狂飙运动，以及法国大革命、拿破仑帝国期间（主要是1770—1830年），德国文化在人文学科方面（哲学、美学、文学等等）有前所未有的发展。正是这一发展，使得德国文化与法国文化之间的关系得到解放。在此之前法国文化在德国居于主导地位，甚至给人一种两国在文化是联成一体的错觉。此一发展，使得德国逐步与法国（及其周边邻邦）“疏离”。而正是这一发展奠定了近代德国意识形态的基本框架。[①] 通过研究德国学者恩斯特·特洛尔奇（Ernst Troeltsch），杜蒙指出特洛尔奇笔下德国人观念中看似相悖、矛盾的两个特点：其一是对于整体的效忠精神；其二是内省式的个人主义。德国人在其血液里即流着对一件事情、一个观念、一项制度、一种超个人实体的效忠精神。另一方面，德国人又强调内省式的个人主义，这一点源自于路德的宗教改革。这一矛盾、相悖的特色结合在德国人的Bildung（自我修养、自我教育、自我发展）这一概念中得到了很好的体现。在杜蒙笔下，德国意识形态的基本形貌被归结为共同体式整体论（community holism）与自我修养式个人主义（self-cultivating individualism）的混合。杜蒙说德国人的认同主要是在文化方面，政治方面则为次要（法国则恰恰相反），但这并不意味着其在政治方面的完全缺席。他提到了德国政治意识形态的核心特征，即“普世主权”（universal sovereignty）。此一思想遗产可追溯至神圣罗马帝国时期，发展至近代形成了一种极具诱惑力的泛德意志主义。[②] 德国人相信，他们有主宰（支配）世界的天职。故而，杜蒙给德国的意识形态总结出三大特色：1）整体主义大行其

① 参见Louis Dumont，*German Ideology: From France to Germany and Back*，pp. 17-19。
② Louis Dumont，*German Ideology: From France to Germany and Back*，pp. 21-22，pp. 199-200.

道；2）路德改革的决定性影响；3）普世主权幽灵的回荡。[①] 那么，在此种意识形态主导下的德国人可如此描述，“我本质乃是一德国人，正因为我是德国人才使得我成为一真正的人”；法国人则与此不同，“我本质上乃为一人，生而为法国人则属巧合”。[②]

无论是对于近代西方社会个人主义起源的追溯，还是对于德国意识形态的研究，这些无疑都是杜蒙对于所谓“现代性”的深刻反思，是一个亲历战争的人类学家对于他所处时代问题的深刻忧虑。在这个层面上，我们在强调杜蒙是一个从事“思想史”（观念史）研究的人类学家的同时，也将其列入伟大的思想家行列。

不管是印度社会，还是近代西方（欧洲），杜蒙的研究一直关注于所谓的“文明社会”。杜蒙通过印度与西方的互相关照，从其中看到了各自社会中至高无上的价值，前者为阶序，后者为平等。以阶序为主导价值的社会，社会乃一整体，人是一种社会性存在。杜蒙称其为整体主义（holism）。以平等为主导价值的社会，“个人”成了整个人类的化身，成了万物的准绳，个人成了一种至高无上的价值存在。他称此为个人主义（individualism）。通过两种主导价值观念（或意识形态）的对比，杜蒙指出近代西方社会的意识形态已为个人主义所主导，“唯平等是尚”成了普遍追求。而杜蒙对于近代意识形态所产生之始料未及的后果（种族主义、极权主义）的追踪，旨在反思近代社会个人主义之弊。在这个意义上，我们可以说他不仅仅是一位人类学家，也是一位对现代性进行深刻反思的思想家。而杜蒙的这一反思无疑与他不仅亲历战争且做过德国战俘有关（见前文）。在一个倡导人人“平等”的社会中，何以会出现纳粹主义？这是时代留在杜蒙思想当中的印迹，也是杜蒙对自己所

---

① Louis Dumont，*German Ideology: From France to Germany and Back*，p. 24.

② Louis Dumont，*German Ideology: From France to Germany and Back*，pp. 3，199.

处时代不满的表达。他时刻提醒我们，“于有些事而言平等可以办到，而对于有些事平等则亦无能为力”。[①] 当人们追求极致的无差别的平等时，就将“平等”视为了至高无上的价值，而正义、自由等等其他的价值便已经处于一个较低的层级了。这何其讽刺。西方人及其厌恶 hierarchy，却无形之中处处暗藏着 hierarchy。由此，便可以反过来理解杜蒙何以积极推销其在印度发现的“阶序”价值，因为其强调了对于差异的包容，而不是抹杀差异。我们也由此看到了斯特伦斯所说的，在杜蒙的社会宇宙观中深刻的道德关怀，其最为核心者乃为——“对差异的包容与承认”（tolerance and recognition of difference）。[②]

我们对于杜蒙个人学术史的关注，旨在对其整个思想理论有一个更加明晰的认识。同时也如我们在另一篇文章[③]中提到的，我们希望阅读杜蒙——这一关注“文明社会”的人类学家的著作，帮助我们理解和思考中国这个历史悠久的复杂文明体。杜蒙的整体论思想，他对于社会行为背后价值观念结构的关注，他对于差异性、多样性予以包容的强调，他对于自身所处社会意识形态（或价值观念）的反思等等，这一切对我们的思考和研究无不有所助益和启发，有待我们进一步去深入阅读、理解和思考。在这方面，桑高仁（P. Steven Sangren)、梁永佳等已经为我们展示了杜蒙之于中国研究可能的意义。[④]

从青春期的叛逆少年，到世界著名的人类学家，我们通过梳理其个人生

---

① Louis Dumont, *Essays on Individualism: Modern Ideology in Anthropological Perspective*, p. 265.

② 参见 Ivan Strenski, *Dumont on Religion*, pp. 132 - 135。

③ 赵亚川、黄剑波:《阶序、个人主义与价值——杜蒙及其“文明社会”研究》,《西北民族研究》2020 年第 1 期。

④ 桑高仁对于台湾大溪的研究，以及梁永佳对云南喜洲的研究均借鉴了杜蒙的“hierarchy”(阶序) 概念，重点突出其“把对立情形含括在内”的特点，具体请参见 P. Steven Sangren, *History and Magical Power in a Chinese Community*, Stanford: Stanford University Press, 1987。梁永佳:《地域的等级——一个大理村镇的仪式与文化》，北京：社会科学文献出版社，2005 年。

活史见证了杜蒙的成长和经历。通过此叙述，我们看到了个人经历及其所处时代，在一个学者及其理论的“生成过程”中的重要作用。同样，我们也在这一过程中看到了一个思想不断变化的杜蒙，我们可以称他为“印度学家杜蒙”，或者我们还可以称他为“思想史家杜蒙”。但是，归根结底我们应当十分清楚地记得，杜蒙是一个人类学家，这也是他对自己的定位。当然，我们在强调杜蒙是一个人类学家的同时，要不吝言辞地去称赞其思想的超越性。他一方面重视经验性的研究，另一方面也在做全球性的反思，其所关心的不仅是印度或西方，乃是整个人类。我们会同很多学者那样称呼杜蒙为一个“民族志学者”，一个理论家，一个人类学家，同时我们还坚称他是一个“法国式思想家”。

第十章　玛丽·道格拉斯：洁净、风险与有秩序的宇宙

玛丽·道格拉斯是英国迄今为止最著名的女性人类学家，也是20世纪象征人类学的代表人物之一。她以《洁净与危险》名世，不仅开创了分类问题研究的新道路，更极大影响了圣经研究与基督教神学研究。同样值得关注的是她宏大的跨文化比较与宗教理论抱负。从原始社会到现代社会，从非洲到欧美，从宗教到饮食、消费乃至风险等问题，玛丽·道格拉斯研究成果斐然，具有穿透性的理论超越学科边界，影响力辐射整个社会科学领域。

纵览玛丽·道格拉斯一生，虽然研究领域与具体理论都在变化，但她的思想存在惊人的连续性。不管是早年对洁净规则的分析，还是晚年对风险问题的研究，都体现了她对人类文化及思维的结构问题的关注，同时也蕴藏了她深刻的天主教思想传统，即对秩序［有秩序的宇宙（ordered universe）］的思考，对更具层次感、差异共存的整体性的寻求。从这个角度看，玛丽·道格拉斯向我们展现的，不仅是经典人类学理论，更是信仰、思想与情感如何共生，成就自我。

第1节 早年岁月

玛丽·道格拉斯出身于英国一个与殖民地有紧密关系的中产阶级家庭。她的父亲依靠奖学金在剑桥大学伊曼纽尔学院（Emmanuel College）修读古典文学，毕业后投身于殖民事业，在印度政府担任地区专员达 25 年之久。1921 年道格拉斯出生时，他与新婚的妻子已改为派驻缅甸。

众多研究者（包括道格拉斯本人）都认识到了虔诚的天主教信仰对她的研究的巨大影响力，特别是她对仪式、等级制度的偏好。而在道格拉斯的早年岁月中，天主教已经成为了一个关键词。信仰、情感与生活境遇以奇妙的方式连接在一起，淬磨出思想的火花，照见她二十余年后的人类学之路。

像当时的许多殖民地家庭一样，道格拉斯三岁时便被独自送往英国的外公家，与父母分隔两地。在外公家，感觉自己被抛弃的道格拉斯第一次对等级制有了较深的体验。这个天主教家庭人口众多，围绕着外公的权威建立起了一套长幼有序、富有等级的家庭生活。在晚年的道格拉斯看来，那些行为举止的全方位规范，使得她的外公"既是有名无实的家庭领袖，又无人怀疑一切尽在他的掌控之中"[1]。同时，她也切身感受到，这些规范实际上通过分隔分散了家庭权力，保护了如她一般的年轻成员。这些无疑成为了她后来思考等级制的一个生活经验上的原点。

1933 年，在复杂的家庭关系与接连丧亲之痛下，道格拉斯进入罗汉普顿（Roehampton）圣心女子修道院接受中学教育。这是一所天主教修道院，

① Mary Douglas, Richard Fardon (ed.), *A Very Personal Method: Anthropological Writings Drawn from Life*, London, Sage, 2013, P. 17.

它的历史最早可追溯到圣玛德琳·索菲·巴拉（Saint Madeleine Sophie Barat）1800年在法国巴黎创立的圣心女子协会（Dames du Sacré Coeur），它以崇敬耶稣圣心及提供年轻女子的教育为组织宗旨。在这个近乎封闭、自足的环境中，修女们恪守等级秩序、信条与圣礼，建立起理想化的组织结构，学生们的日常行为受到细微的控制。于道格拉斯而言，她在这里获得了学识渊博的修女们广泛的天主教理论以及人文教育。同样重要的是，她在此体验到了稳定与归属感，并燃起了对于制度问题的兴趣。就像她的传记作者理查德·法登（Richard Fardon）说的那样，修道院学校不仅是一套教条，更是一种信仰、态度与思想被赋予实际生活的制度[①]。这一制度强调忠诚、承诺与秩序，而它们成为道格拉斯后来推崇及写作的主题。

离开圣心女子修道院后，道格拉斯凭借助学金于1939年进入牛津大学攻读学位。她的第一段大学生活并不快乐，她不仅遭遇了信仰危机，也对经济学专业的数学及统计学课程力不从心。随着二战战火的蔓延，道格拉斯中断学业，于1943年进入殖民地办公室为战争服务。在那里，她第一次接触到了人类学家，他们的工作给她留下了深刻的印象。当四年后离开殖民地办公室的她有机会继续学业时，她选择重回牛津攻读人类学。

牛津大学彼时已成为英国人类学的中心。从学术传统上讲，牛津大学的社会人类学推崇涂尔干的社会学思想，特别是拉德克利夫·布朗与埃文思-普里查德，他们自涂尔干思想中生发出对社会结构和社会团结问题的普遍关注，强调对群体边界与组织的形式的研究，这与道格拉斯的少年经历极为契合。而在战后萧条中，牛津大学还接收了一批背景各异的研究者，他们为牛津带来了丰富的人类学研究议题，如埃文思-普里查德的尼罗河沿岸社会研究，马克斯·格拉克曼的祖鲁社会研究，路易·杜蒙的印度研究等等，这些为道格

① Richard Fardon, *Mary Douglas: An Intellectual Biography*, London and New York, Routledge, 1999, P. 9.

拉斯日后的跨文化比较奠定了基础。此外，这些研究者大都对战争有深刻的经历，他们对世界怀有平等与人道的包容观念，对基于种族鼓吹人存在本质差别以及所谓原始与文明的论调批判激烈。从理论方法上讲，他们对文化和社会的整体主义的强调深深影响了道格拉斯。

1949 年，道格拉斯在尚属比利时的刚果开赛（Kasai）地区开展了为期两年的田野调查。她原本想做关于地中海的人类学研究，但是西方人类学以异域研究为传统，英国人类学更是当时非洲研究的中心，无论是资金、制度支持还是研究资料积累，非洲都是更合适的选择。在开赛，道格拉斯接触到"性情温和"的勒勒人（LeLe），他们缺乏层阶与权威的社会形态引发了道格拉斯的兴趣。

呈交博士论文后，道格拉斯于 1951 年离开牛津大学，去往伦敦大学学院。同年她与经济学家詹姆斯·道格拉斯（James Douglas）结为夫妻。此后的十年间，道格拉斯一直在伦敦大学任教，她参与编辑和审阅该校的国际非洲研究院的重要刊物——《非洲》，同时也继续自己的非洲研究工作，发表了许多民族志论文。1963 年，她将这些民族志重新整理结册，出版了首本专著——《开赛的勒勒人》。

第 2 节　发轫之始：分类、仪式与秩序

如果要选择一本书作为道格拉斯的代表作，那无疑会是《洁净与危险》。这本书自 1966 年出版之后，数度重版，被视为 20 世纪人类学的开创性著作之一。而从道格拉斯的人生史与思想史角度讲，这本书也可以算作承前启后之作。数年的非洲研究经历使她具有了对仪式与禁忌问题的足够认识。而受埃文思-普里查德的直接影响，道格拉斯亦相当关注人类认知与社会生活形式、道德间的关联。值得一提的是，埃文思-普里查德不仅是道格拉斯在牛津求学时的导师，更可算作她学术上的父亲。普里查德逝世后，道格拉斯还为他写了一本充满感情的小传。[①] 此外，道格拉斯的生活经历及与斯里尼瓦斯教授关于婆罗门教的交流也启发了她对洁净问题的思考。总之，这些都促使她将工作转向了跨文化的比较，试图建立起更为广泛的文化与宗教理论，《洁净与危险》正是这样应运而生。

《洁净与危险》最为人称道的部分是对不洁之物象征意义的分析，但正如法登指出的那样，这本书实际暗藏着两条线索：一是原始社会和现代社会的相似和差异（文化与宗教的进化理论），二是依赖于结构和功能类型的分类分析。[②] 它们相互关联，构成了道格拉斯想要揭示的象征秩序与社会秩序的同构性。

在第一条线索上，道格拉斯打破了对污染观念一种“我们—他们”的看法，即认为现代社会与原始社会具有本质上的区别，这些区别体现在卫生条

① 参见 Mary Douglas，*Edward Evans-Pritchard*，New York，Viking Press，1980。
② Richard Fardon，*Mary Douglas: An Intellectual Biography*，P. 82.

件、思维方式等方面，进而可得出诸如"原始人神圣与不洁不分"一类的结论。道格拉斯将其批判为欧洲中心主义的偏见，她对涂尔干与弗雷泽的宗教研究均有所批评，认为前者尽管认识到了宗教作为社会神圣的整合功能，却将巫术贴上了"原始卫生学"的标签，忽视了污秽的社会规则与道德效力；而后者虽然注意到了污秽问题，但却深受进化论影响，试图从"巫术—宗教—科学"的脉络来研究污秽问题，忽视了污秽的普遍性与作用。而在她看来，反视自身才是破题之道。污染的观念并不局限于原始社会，比如欧洲城镇就同样存在春季制帽和春季清扫。清洁、避免灰尘或者控制混乱，几乎是所有社会共存的现象。因此，就污染问题而言，原始与现代本质无别，那种"我们"与"他们"的形象建构，本身成为应当从西方宗教中寻找答案的问题。

但是，道格拉斯依然认为原始社会与现代社会存在差异。她的思考建立在涂尔干机械团结和有机团结理论之上，将差异归结给社会分化与智力分化的进程。她举出由技术因素驱动自我分化的证据，但也认识到这并不必然导致智力上的分化，比如澳大利亚的分工水平很低，但是宇宙观极其复杂。因此她又引入了康德的原则——"思想只有在人意识到自身主体性的条件之后才能提高"，把"反身性"（reflexivity）作为原始世界和现代世界的区分。

而在第二条线索上，道格拉斯继承和发展了涂尔干与莫斯提出的社会范畴与类别图式概念[①]。涂尔干与莫斯认同康德把个人所拥有的知识和经验作为其整理知识和经验前提的观点，并在此基础上推出社会范畴与类别图式的普遍意义：范畴的共享起源于社会，类别图式以社会为模型。也就是说，社会具有的类别图式把自然世界纳入某种统一体中，并在每个人的思维中呈现出固定、明确的分类观念。而道格拉斯认可分类作为普遍人性与感知经验世

① 参见［法］爱弥尔·涂尔干、马塞尔·莫斯：《原始分类》，汲喆译，上海：上海人民出版社，2005年。

界的基础，却不认为一个清晰的图式系统必然对内在杂乱的世界有意义，分类也并非永远是清晰、能够包容所有因素的存在。相反，有洁之处就会有不洁，有分类体系存在便会有超越分类经验的异常。具有两义性的事物在类别图式中处于错位（out of place）状态，因而成了不洁之物。例如鞋子放在地上是洁净的，放在饭桌上却被认为是污秽的。因此，所谓的污秽是不可孤立理解的、事物被社会进行系统排序与分类的副产品。

道格拉斯对《圣经·利未记》中禁食规则的讨论能够很好体现她的分类观，这些讨论也是同类论文中最具分量的作品之一。她注意到这些规则背后对神圣作为一种秩序而非混乱观念的强调。在圣经的世界中，人类被要求与具有整体性和整合性的圣洁属性相一致，这种要求从人体的完整性扩大至身体的完全性，最终覆盖整个社会。所以人应符合他所在的阶段或阶层，不同种类与层次的事物不得混淆。依照这种要求，禁食之物乃因不合乎“正常”、“可分类”的模式，而被视之为不洁、违背神圣秩序。如猪因无法与羚羊归为一类而被视为不洁净；爬行动物虽然有两只手两只脚但却用掌行走，姿态不类鸟也不类鱼，因而也是不洁净的。道格拉斯指出，透过这些禁食规则，事物的分类界限得到了澄清，神圣秩序得到了维护，因而“人们在遇到各种动物与食品的场合，圣经都有了实在的体现”①。

在此基础上，道格拉斯进一步将洁净与肮脏的概念提升到社会性、文化性的层次上，关注二者实际反映的社会形式的有形与无形、秩序的有序与无序、社会结构与无结构间对立协调的过程。她将肮脏定义为失序，探讨其根植的社会系统内外运作的逻辑，在她笔下，试图摆脱肮脏、成为洁净的诸多仪式与行为不再是对现实的逃避，而是对社会关系形式的演示，是具有创造性的、对个体经验生活的整合。可以说，结合第一条线索，道格拉斯想要告

① ［英］玛丽·道格拉斯：《洁净与危险》，黄剑波等译，北京：民族出版社，2008 年，第 73—74 页。

诉读者：对于任何社会而言，象征秩序和社会秩序之间的同构性都是不可或缺的。在每一种社会秩序（包括伦理道德）的重组过程中，污染观念、禁忌、宗教仪式都发挥着十分重要的作用。于人类生活，象征意义无处不在、跨越古今。

随着《洁净与危险》的出版，道格拉斯将研究更多转向了象征领域，进一步思考前者遗留下的一些问题，如社会的象征性运行、身体的象征性以及如何比较不同社会和文化等，她也因此被视为象征人类学（Symbolic Anthropology）的代表人物。与此同时，世界局势也发生了剧烈变化。学生运动席卷欧美，对种族、性别、婚姻与阶级等问题的抗议活动喧嚣一时。天主教内部同样受到自由主义改革的冲击。第二次梵蒂冈大公会议修改了教会的权威教义，特别是关于启示、礼仪及教会与非基督教会之间的关系。就连道格拉斯少女时期视为归属之地的圣心修道院，也进行了一系列革除仪式的改革。这些都引发了对天主教徒身份及教会定位的忧虑。

《自然象征》（1970）正是在这样的背景下诞生的。纵观道格拉斯的学术生涯，这本书或许是她最为重要，同时也是最具个人风格的作品。道格拉斯写作本书的最直接原因便是反对反仪式运动。在《洁净与危险》一书中，道格拉斯曾提出，在犹太教与基督教的历史中，宗教本质均在内在意志与外在实施间摇摆，因而导致西方宗教对形式主义存在恐惧，人们转而试图寻找自然产生的表达方式。而在本书中，道格拉斯用书名为以上行为提供了否定答案——何为自然表达方式？象征不是自然的，但自然象征是社会的。

在这种观点的推动下，道格拉斯将仪式、制度的"相对"与"绝对"张力推到了极致。在她的讨论中，一方面，分类是相对的，每一种社会形态与它伴随的思想方式都限制了个体的认知和分类。人们倾向于把那些混合了社会类别的知识分类，作为上帝给定（God-given）他们的永恒真理。形如注重内在体验而排斥外在形式的社会，本身也是社会化过程的结果之一，是混合了自我概念，无法彻底脱离社会的一种分类形式。另一方面，对每一个社会来说，仪式又是必要的。反对仪式和象征符号，也必然需要利用表达这种内在概念的象征符号。从排斥仪式转向内在的体验，实际上是由一种抽象原则转向另一种原则的窠臼。更重要的是，象征性行为的缺乏，导致人们无法直接地、浓缩地、通过非语言渠道传递信息，对智力的发展乃至社会秩序的维持都将带来忧患。

如果认为某个社会如此不同的观点仅只是具体社会形态和思想方式的结果，那么人类学应该怎样研究社会？道格拉斯就此试图建立一个跨文化的比较人类学，以寻求超越任何政治—经济背景的基本社会经验。她首先用物质身体（physical body）与社会身体（social body）的概念指出了身体的象征性。她认为，虽然不同社会条件不同，但是人体作为象征表达社会经验是共通的，最具有象征意义的行为恰恰必须通过人体这个所有人共有之物来完成。借由物质身体与社会身体的对应关系，分类体系、社会规范通过社会身体加诸于物质身体，反之亦然。例如丁卡人社会结构松散，人们更为积极地看待精神分裂，崇拜恍惚状态。而努尔人社会结构紧密，因此认为恍惚状态是危险的。

其次，道格拉斯创造了一个基于组织结构分析社会运行的象征性逻辑的模式——格群理论。她借鉴了巴兹尔·伯恩斯坦的结构语言学理论，在语言编码与社会结构的二元关系中发展出两种社会维度下的个体相互作用：一种是秩序、分类与象征体系，另一种是社会压力。就她的分析来说，社会以这样的逻辑运行：秩序以社会交流为基本要求，而这有赖于对类别的明确定位。个体的社会经验也由分类体系连贯地组织起来，并与社会整体经验保持统一。同时，社会压力促使人们支持分类并相互强化分类的可信度。倘若离散的经验无法与整体经验保持连贯，这些分类体系中矛盾、不协调之处将使系统一致性丧失、整体范围缩小，维持它所需的社会压力增大，也就为个体寻求内在自我的表达甚至发展不同宇宙观提供了机会。

这两种相互作用被提炼为两个向度——格栅（grid）与群体（group），以检测不同社会的运行情况。格栅可以理解为分类体系整体范围与经验的一致性程度。格栅强意味着社会组织内个体的地位与角色区分明显、界限分明，个体间互动有清晰的规则可言。群体则是社会组织在“我群”与“他群”间建立的边界。它向成员施加来自社会的压力，对行动提出了要求和限制。通过“格栅”与“群体”组成的坐标轴，道格拉斯发展出四种典型社会类型：强格强群、强格弱群、弱格强群与弱格弱群。每一种社会都有对应的宇宙观与社会关系。强格强群社会是等级主义社会，具有严格戒律和禁忌，对统治权威和象征极为遵从，喜欢将灾难归结于因道德败坏而受到的惩罚；强格弱群社会是群体认同与社会约束较弱的社会，它持非人格性宇宙观，以自我为中心形成社会关系，鼓励个人奋斗与权力竞争；弱格强群社会是具有巫术型二元宇宙观的社会，它的群体成员角色不清晰、不确定，常视统治权威为邪恶力量，依靠外部边界确定成员角色与善恶属性，并采用净化、放逐等手段维护边界；弱格弱群社会是成员类似嬉皮士或隐士的社会，它的组成可变动和收缩，成员既不受强大社会压力束缚，也没有清晰的角色定位，仪式注重内在情感和个人体验。

第3节　文化理论的再运用：饮食、货币与风险

20世纪70年代，道格拉斯迎来了人生的又一转折。生活上，她的丈夫詹姆斯·道格拉斯在英国保守党党内遭到降职，由彭定康顶替出任董事。她长期任教的伦敦大学学院人类学系内部也因学派观点的割裂而气氛紧张、学生流失严重。随着丈夫临近退休，道格拉斯开始考虑离开英国另谋发展，并于1978年前往美国纽约。而在学术上，道格拉斯的研究重心也发生了转变，她把目光转回西方社会，广泛吸收经济学、政治学、科学史乃至心理学的研究成果，积极邀请这些领域的专家与她开展合作研究。

在这个过程中，道格拉斯逐渐形成了她独特的文化理论（culture theory）。她的文化理论强调从社会文化的整体性出发，直接或间接以“格群”为工具检测研究对象的宇宙观及社会形态。在其发展中后期，它被简化为了四种理想社会类型，并用以分析不同范围（团体、机构、社会）的组织结构。道格拉斯运用它研究了英美社会的多个议题，其中较为突出的是饮食、货币和风险。

1971年起，道格拉斯陆续发表了数篇探讨英美家庭饮食结构的论文。同《洁净与危险》的思路类似，她发现仅从营养学价值、消费偏好等因素出发，无法解释诸如人们在对面包和蛋糕需求下降的同时大量消费饼干一类的现象。透过食物消费、烹饪的复杂过程，道格拉斯敏锐地注意到，食物通常与它们所属的家庭、社会环境有广泛的相关性。更进一步说，食物应被视为表达家庭内部关系系统的媒介，饮食结构的差异应当用家庭结构类型进行比较。比如，一个高度结构化的饮食系统可能对应一个强格栅强

群体的、等级森严的家庭，或者反映了家庭通过满足每位成员的偏好解决饮食选择冲突。而一个非结构化的饮食系统可能对应弱格弱群的非结构化家庭。同理，食物的象征性作用也意味着社会背景与其是共变的，就像饼干因其感官与可塑价值而成为更加浓缩性的象征，从而占据了从日常饮食到节日的各个事件。

饮食结构的研究启发了道格拉斯对消费问题的关注。她与计量经济学家伊舍伍德男爵历时两年合作，出版了消费人类学领域的重要作品——《财货的世界》(1979)。该书将社会地位与消费方式联系起来，通过认知与分类图式探讨商品的消费。列维-斯特劳斯的观点为他们的研究奠定了基调："忘记商品对饮食、服装和住房有好处；忘记它们的有用性，转而尝试商品对思考有好处的想法吧，把它们当作人类创造能力的非语言媒介。"[①] 他们进而将商品的媒介属性与人们获取、传递信息的能力联系起来，并嵌入消费——人们构建有序、可理解和可居住环境的行为中予以理解，进而比较不同社会结构的商品储存、使用模式以及消费周期等。

1978年，道格拉斯未能在芝加哥大学人类学系获得教授职位，她接受了罗素赛奇基金（Russell Sage Foundation）的任命，成为新一任文化研究主管。该基金会支持对美国社会、政治和经济问题的研究项目，在其资助下，道格拉斯开始与经济学家亚伦·韦达夫斯基合作开展美国风险问题的研究。这一合作的影响相当深远，道格拉斯因此在14年间撰写了一本合著和两本独著，其中富有创见的看法超越了传统的自然主义与结构主义风险观，引发了巨大的争议，同时也开辟了风险文化研究的新道路。

事实上，道格拉斯对风险问题的思考从未停留在美国社会风险感知、归责的层面，而是暗藏着对个体主义与自由资本主义的质疑，并旨在解决她思

---

① Mary Douglas, Baron Isherwood, *The World of Goods*, New York, Basic, 1979, P. 62.

想中后期的诸多问题，如什么是个体的自主性？如何看待经济学理论？如何看待所谓“现代性”？

具体到风险研究，在1982年出版的《风险与文化》一书中，道格拉斯抛出了这样的问题：我们能知道我们所面临的风险吗？她从四个方面批判了传统风险观的回应。第一个便是建立在“古今有别”上的进化论观点。她否定了现代社会与原始社会之间认知鸿沟的存在，指出现代概率统计依赖的“正常”指标本就是一种根植于分类体系上的价值判断。原始思维与现代思维实则一脉相承，它们都在以合乎自身社会分类体系的方式对危险进行选择与排序。故而鼓吹现代风险识别的技术中立性，实则撼动了风险作为理解和处理危险事物方式的存在本身。第二个是经济学理性人假设。在经济学家看来，人类应该是“理性”的，他应具备稳定而有条理的偏好体系，并拥有很强的计算行动方案收益最大化的能力。道格拉斯对此重申了人类思想工作的社会性，认为人只能通过业已获得的知识与经验选择风险，其中之偏见无处、无法避免。这必然导致用以评估风险的所谓有条理、稳定的偏好体系失之准确。第三个是专家知识。道格拉斯强调了科学知识中的政治与权力，指出不仅科学研究本身固有的对抗性使专家知识于其内外均未实现预想中的中立，而且科学行动的公共性质也使一定程度的风险可接受性本身成为政治问题。第四个是心理学研究。道格拉斯继承了涂尔干对人类心理的看法，认为个体的心理经验受集体调节和决定，对社会责任的分配应当从社会表征（Social Representation）而非个人心理上解读。因而在她看来，心理学刻意采取了文化上的无害立场，规避社会形成的“共同意识”，并不能较好解决对风险的认知。

倘若联系《洁净与危险》，不难看出风险研究与它思路上的对应。风险的概念是一个特别建构的概念，它不再是一种客观的、关于危险（danger）的明确后果，而是像“肮脏”、“污染”一样根植于分类体系建构的观念世界中，表达某一群体对危险的集体信念与价值。道格拉斯用非洲与欧洲社会的比较生动地反映了这一点：就像希玛人将风险诉诸于女性变瘦或奶牛死亡，西方社会也能听到风险来源于国防需求、资源有限性或种族问题的论调。外在的分类系统投射到个体的观念结构中，隐蔽地塑造思想的元素。置身于某个社会中的人，不会怀疑自身的污染信念与自然间存在任何可能的区别，而是真的将污染观念视为自然秩序的一部分。

如此一来，回到特定社会形式探查它的指导性原则成为必要一举。道格拉斯使用自格群理论简化而来的社会类型对美国社会进行检测，把西方思想传统中官僚主义与市场的对比转换为“两个中心一个边缘”，即以等级主义、个人主义为中心，以宗派主义（边缘群落）为边界。在她笔下，“弱格强群”的宗教主义团体，内部规则模糊、外部边界清晰。这些团体过分强调自愿与平等致使内部角色、规则不清，整体一致性程度下降。唯有足够清晰的边界能够限制成员并证明组织原则的价值，以保证团体的存续。环境污染风险则很好地满足了这类需求，它不仅象征着非人权威对组织的领导、树立起与“两个中心”所代表的巨大外界威胁的边界，而且使成员既维持了人性本善的信念，又悲观地看待当下社会，呼吁成员用内心的善抵制现有中心的恶。

道格拉斯的这一分析引发了轩然大波，许多批评者认为她罔顾了风险的真实性，并受到合作者政治倾向的影响，对边缘群落怀有偏见。道格拉斯事后认为此书的问世过于“超前”，其后将研究转向风险的归责问题，并于1996年出版了《风险与归责：文化理论论文集》一书。在书中道格拉斯进一步分析了风险的道德与政治意涵，以及个体在不同社会组织模式下的风险决策。这些分析凸显了她对制度的强调：个体总是将决策的相关部门转移到所处制度中，接受制度赋予的价值与权重，并以强化权威或颠覆权威为最终结果。同时这也体现了她的一种显著的“现代性”批判倾向，她对拉平了个体之间差异、试图建立一种无差别的个体主义的现代社会想象持一种深刻的怀疑态度。实际上，风险研究蕴藏着她理论的最终关怀——秩序，即天主教创造论意义上的内部复杂、多样的阶序性整体（hierarchical whole）。这些亦成为她晚年思想的主题。

第 4 节 归全返真：制度与信仰

“她既是激进的保守派，也是保守的激进主义者。这一立场可能会让人预料到她属于少数派，但在更广的维度上她属于一种更古老、更广泛、更有力的确定性。”这是道格拉斯著作的长期评论者大卫·马丁（David Martin）对她的评价[①]。确实，纵观道格拉斯的一生，她如此广泛地从人类学家、社会学家、哲学家、心理学家、教育家、语言学家、历史学家、神学家等处吸收研究成果，研究议题从非洲转到当代西方社会又回到古老的神学，这样的跨越让她备受争议。一方面她被认为无视学科边界、离经叛道、好高骛远，一方面她又被认为是过时的：反对宏大叙事的后现代，固守高度抽象的理论建构。甚至于，她的性别与政治主张等，也成为争议的对象。然而在这些争议之外，理论关怀、信仰与学术经历的交织，构成了她研究生涯的稳定力量，使她的思想呈现出惊人的连续性。

道格拉斯在晚年岁月里，曾两度对自己早年的研究进行回顾。一次是始于《洁净与危险》出版 20 年回顾的作品——《制度如何思考》(1986)，另一次是她自 20 世纪 90 年代起对《圣经·利未记》、《圣经·民数记》等部分的重新研究。透过这些，她理论中蕴藏的深刻宗教与思想传统展露无遗。

道格拉斯曾表示，《制度如何思考》本应是她首先写作，以澄清其他研究的著作。在这里，道格拉斯所指的“制度”并未落在狭义层面上，而是指一种人类被给定的、前提性的思考方式。她试图凝合自己对形式、秩序与结构

---

① Mary Douglas, Richard Fardon (ed.), *A Very Personal Method: Anthropological Writings Drawn from Life*, P. 13.

的关注，重构制度对分类和认知过程的制约机制，以及思考对制度的依赖程度。一方面，她紧随涂尔干讨论合作与团结，强调分类的中心地位——思维的范畴根植于所处的社会世界中，社会给个人提供了分类、逻辑操作和隐喻指导。另一方面，她吸收了德国科学史学者富莱克（Fleck）提出的思想风格（thought style）、思想世界（thought world）的概念[①]，以解释人们为何在持有不同思维方式的同时无法对自身思考的状况进行思考——因为思想风格以隐蔽的方式确立了所有认知的前提，并提供所有关于客观现实的判断。而不同的思想世界既共享嵌入性，又被囊括在更广泛的思想世界以及制度背景下，故而不同的社会群体都与不同程度的普遍性思维有关。

一种有内在动力而非静态的机制就此在道格拉斯笔下形成：制度由群体共享的观念而生，为了获得稳定而非变为可任意变动的规则或习俗，其需要获得合法性，即在自然与理性中找到根据。通过与物质世界、超自然世界等任何地方的存在进行类比、分类，事物被赋予了同一性，制度化规则也获得了自然化。因而制度成为“宇宙秩序”的一部分，变成不言自明的论证证据与推论的前提。随着制度的建立，即使最简单的分类与记忆行为也会被制度化。个体记忆被制度系统引导，将感知与其塑造的形式相适应。于是，本质上是动态的过程被掩盖，变成了标准化的结果。而另一方面，越是在关键的事务上，看似个体自主的独立选择越体现了制度无意识的偏好，这就是所谓的“制度决定生死”。

这样的制度观与“秩序”有紧密关系。制度的类比与自然化，实则就是秩序基础上的认知过程。正如上文提到的那样，道格拉斯的最终理论关怀就是秩序。这里的秩序不仅仅是涂尔干式的社会秩序，还包含着象征秩序，亦即她所言的“有秩序的宇宙”，这是道格拉斯深深沉浸其中的天主教传统对世

---

① 参见 Ludwik Fleck，*Genesis and Development of a Scientific Fact*，Chicago，The University of Chicago Press，1981。

界本身的理解——世界是有秩序的被创造。

“创造”（creation）、“秩序”（order）正是道格拉斯晚年圣经研究暗藏的主题。在1999年出版的《作为文学的利未记》中，道格拉斯对圣经旧约文本做了重新阐释，她提出了一个关键问题：“到底是这些动物可憎，还是伤害它们才是可憎？”在《洁净与危险》中，她认为爬行动物因姿态不像鸟类与鱼类而成为异类之物，需为了维护神圣秩序而将它们禁食。而此时她却注意到，“爬行”在希伯来语中是“丰产”之意。换句话说，这些禁食之物，在创造论意义上而言，都是“好的”（good）。那些禁食规则，其意乃是提醒以色列人要规避伤害这些动物，保护它们繁殖和丰产。

结合《洁净与危险》2002年再版序言，这一观点实则指向了天主教的重要宇宙观——含括性阶序。在天主教神学中，秩序与创造论有直接关系，它喻指上帝的创造，这也是欧洲近代以来自然法中“自然”的题中应有之义，并且较之前者，天主教意义上的“自然”是更具有包含性的概念，它几乎等同于包含了完整社会中人、非人、超自然存在的“创造”概念。而含括性阶序，便是指在认识上帝的同时也需认识可以脱离上帝意志独立存在的自然，接受造物的整体论，接受一个含括了对立面、不同与差异的整体。就像那些禁食规则，“洁净”并不是指没有任何偏离、异常或污染，而是含括了不洁（impurity）之存在的更大整体的秩序。

在此基础上，道格拉斯提出了“自主”（free will）的概念。就像福柯注意到法律或制度/体制的强大限制力那样，道格拉斯也同样发现了制度对于个体的束缚力。但是在她看来，制度是积极的、有益的，甚至是必须的，是创造意义上的秩序，也是对人的保护，是处于上帝的慈爱中的。

可以说，终其一生，道格拉斯都试图处理和协调自己的天主教信仰与时代思潮，积极面对包括人类学在内的整个现代科学中反仪式、反权威、反等级，甚至反宗教的迭代。回视她的著作，这些对制度、秩序与创造的思考始终存在，并随着她的生活境遇闪现出不同的光芒。从《洁净与危险》中“原始与现代”之别，到饮食研究中的现代营养学，再到《风险与文化》中古今认识的鸿沟，道格拉斯展开了其一贯的犀利批判，而这也展示了她对天主教神学关于“机械的宇宙”的理解，以及对自宗教改革以来物理世界的规律化以及人文世界的规则化的疑虑。在她看来，世界存在一种超越人而唯一中心的整体性，因而“我们”和“他们”乃是一样，“现代”未曾断裂，“传统”始终延续。同样，不管是《自然象征》中对仪式价值的强调，还是风险研究中对混乱无序的边缘群落的强烈反感，以及对等级制度的偏向，道格拉斯都试图表达对无视差异性、追求简单平等类型的个体主义与现代资本主义的批评。她想要强调的是一种更有层次感、多样性和丰富性的整体，一种差别能够共存的阶序性社会。

从这个意义上来说，这不仅仅是一个所谓20世纪下半叶英国人类学现代主义经典研究，也不仅仅是一个现代社会理论如何在宗教传统和历史中变迁，而是一个人、一个地方以及一个时代的信仰、思想与情感如何共生，成就一个“完全的天主教徒”，以及，一个“完全的人类学家”①。

---

① Timothy Larsen, *The Slain God — Anthropologists and the Christian Faith*, Oxford, Oxford University Press, 2014, p. 173.

第十一章　阿萨德：宗教谱系与世俗的形成

阿萨德，1933年出生于沙特阿拉伯，后在英国完成学业，作为人类学家长期任教于纽约城市大学，是一位极具批判力的理论家。他早期因其后殖民批判知名，之后则以其对现代宗教概念的批判进一步确立其学界地位，近来则主要关注世俗（secular）、世俗主义（secularism），以及自杀性袭击（suicide bombing）等问题，每部作品都相当有力度。

尽管阿萨德自己已经是一位知名人类学家，但我们有必要首先认识他传奇式的父亲，穆罕默德·阿萨德（1900—1992）。这位被认为是20世纪欧洲最知名的穆斯林原名韦斯（Leopold Weiss），本是出生于奥地利的犹太人。他年轻时接受了系统的希伯来旧约圣经的训练，对犹太经典《塔木德》、《密西纳》有很深的研究，后来曾做过一段时间的记者。1926年，在与穆斯林文化的接触过程中，他决定改宗伊斯兰。此后，他在沙特、埃及、阿富汗、伊朗等地游历。1932年，他在英属印度结识了几位推动建立独立的伊斯兰国家的穆斯林，这在很大程度上改变了他之后的人生经历。1947年，巴基斯坦建国后，他被授予国籍，受命负责伊斯兰重建工作部，并参与制定了巴基斯坦的第一部宪法。两年后，他进入巴基斯坦外交部，负责中东地区事务。1952年，他被任命为巴基斯坦驻联合国全权大使，长住纽约。

老阿萨德一生著述颇丰，其中最有影响的是他自己前半生的回忆录《通往麦加之路》[①]（1954），以及他对可兰经的英译及注释——《可兰经的信息》（1980）。老阿萨德一生结婚三次，第一任妻子是一位德国人，第二任妻子是沙特阿拉伯人，即人类学家阿萨德的母亲，她于1978年去世。之后，老阿萨德迎娶了第三任妻子，一位波兰天主教裔的穆斯林。老阿萨德在晚年移居西班牙，直至过世。

作为老阿萨德的次子，人类学家阿萨德继承了其父强烈的批判意识和明确的伊斯兰文化传统。他幼年生活在印度和巴基斯坦，后来到英国求学。1968年，他在牛津大学获得博士学位。1970年，阿萨德出版《卡巴比什阿拉伯人——游牧部落中的权力、权威与共识》，探讨阿拉伯人的政治生活，特别是在西方文明的压力下的思考和行动。1973年，阿萨德主持编辑出版《人类学与殖民相遇》，其中收录了一些重要学者的分量很重的文章，一经出版就得到广泛关注，成为后殖民批判思潮中的代表性作品。而这与萨伊德在《东方学》中提出的知识批判相互应和。2006年，阿萨德在Wellek图书馆系列讲座中谈论了与9·11事件相关的问题，后来以《论自杀式袭击》[②]为题出版。2018年，他将2017年在哥伦比亚大学"露丝·本尼迪克特讲座"上所发表的系列讲座内容进行了拓展，以《世俗翻译：民族国家、现代自我与计算理性》[③]为题在哥伦比亚大学大出版社出版。阿萨德通过三篇相互关联的文字探

---

① 该书有中译本，[巴]穆罕默德·阿萨德：《通往麦加之路》，孔德军等译，兰州：甘肃民族出版社，2009年。

② Talal Asad, *On Suicide Bombing*, New York, Columbia University Press, 2007.

③ Talal Asad, *Secular Translations: Nation-state, Modern Self, and Calculative Reason*, New York, Columbia University Press, 2018.

讨了他多年来一直试图思考的话题：世俗观念（the idea of secular）。除此之外，阿萨德还培养和影响了一批学者致力于伊斯兰研究，如赫什金德（Charles Hirschkind）、马茂德（Saba Mahmood）等。在某种意义上，阿萨德在学界的盛名与其弟子是分不开的。

在阿萨德的作品中，最为重要的无疑是1993年的《宗教的谱系》[①]以及2003年的《世俗的形成》[②]。我们试图通过此两本书，就阿萨德的理论做一些初步的分析和讨论，以其著来观其人及其思想轨迹。

---

① Talal Asad, *Genealogies of Religion: Discipline and Reasons of Power in Christianity and Islam*, Baltimore and London, The Johns Hopkins University Press, 1993.

② Talal Asad, *Formations of the Secular: Christianity, Islam, Modernity*, California, Stanford University Press, 2003.

第 1 节　权力、阐释和现代性：阿萨德的宗教谱系学研究

在《宗教的谱系》这部著作中，阿萨德继承了尼采开创并由福柯发扬的谱系学研究方法，并对基督教、伊斯兰教和现代性进行了研究。康诺利对此评论说，阿萨德“对于人类学家、神学家、哲学家等都习以为常的一些基本概念进行重新考察，促使大家对其前提假设及来龙去脉进行反思”[①]。确实，阿萨德首先在殖民主义问题上，对萨林斯等人进行了批评。同时，他在宗教谱系学研究中突出地对以格尔茨为代表的学者提出的“普适性的宗教概念”进行了批判。

格尔茨和阿萨德，分别有着西方基督教背景和东方伊斯兰教背景，这一差异在二人的宗教观点上得到了直接体现。宗教改革后的基督新教对传统天主教会和普世神权的反叛，以及启蒙运动带来的自由主义精神，都使得欧洲开始世俗化。神圣和世俗的分割在基督新教的传统中得到延续，并深刻地影响着后世学者。在这种传统影响下，格尔茨在他的宗教定义体系中，尤其强调“没有人生活在宗教符号建构的整体世界中……大多数人只是在某些时刻生活在这个世界当中”。阿萨德对格尔茨的最重要批评在于：以格尔茨为代表的西方诸多人类学者所强调的，“宗教，作为一种信仰和符号体系，并不直接指涉人类文化其他方面；宗教与其他文化实在可以截然分离”，这种理解本身就不能普遍成立。或者可以说，这样的理解完全是受到了现代新教主义精神

---

① William E. Connolly, "Europe: A Minor Tradition", in David Scott and Charles Hirschkind (eds.), *Powers of the Secular Modern: Talal Asad and His Interlocutors*, California, Stanford University Press, 2006, p. 75.

的影响。在阿萨德看来，在基督新教、自由主义和现代性的鼓励下，以这样一种崇尚个体行动者信仰和动机的“后”中世纪基督教为认知背景的学者们，其实只看到了基督宗教的多元化、教会在社会学意义上的世俗化，而彻底误读了非西方社会的宗教信仰。

一、“撰写人”问题及宗教的概念

在1980年代，传统叙述中存在着这样一种倾向和预设：将西方资本主义世界，作为整个人类历史的主要发声人；将殖民地地区和外围“次要地区”的人群，作为其自身历史过程的被动承担者而非主动撰写人。以萨林斯为代表的人类学家对此提出了广泛抗议和质疑，对殖民地地区“作为一种资本主义全球经济附属物的经济关系状态，使得其文化自身变成一种羼杂的次生品”的结论进行了重新思考。首先便针对沃尔夫在《欧洲与没有历史的人民》中的分析进行了剖析，尽管沃尔夫限定了“要以非欧洲地区的当地人，作为其历史和文化的主要创作人”，但实际上，沃尔夫仍旧将生产理解为一种文化过程——欧洲大陆以外，其他不同文化形态的社会和族群，逐渐被卷入这个全球性的整体中，湮没其中；进而，资本主义全球扩张，为其他地区的历史文化进程带来了终结①。实际上，尽管沃尔夫希望坚持这样的历史观，即非欧洲历史之下，本土人自有其文化自主性；但是基于其马克思主义生产模式的政治经济学分析逻辑框架，非欧洲地区的历史被归纳为了全球资本主义扩张史，本土自主性在他的分析过程中已经不自觉地消失了。

针对这一点，萨林斯进一步提出，尽管资本主义经济模式扩展时有其不

① 参见［美］埃里克·沃尔夫：《欧洲与没有历史的人民》。

可否认的历史进程，但从根本上来说其商品生产和流通，依旧要遵循本土文化的内生逻辑才得以实现。沃尔夫要将“没有历史的人民”当作主体，但是最终又回到了他们如何被唯一支配性的资本主义体系所操纵。沃尔夫并没有写出“没有历史的人民”的真正历史，而是在写作由资本主义的宇宙观赋予他们的资本主义体系中的历史。但是，这种批判本身也存在着问题，萨林斯并没能提出一个超越资本主义世界体系的、更加具有本土和自主性的解释模型。进而将这一议题推到了无解的状态。

萨林斯这种对传统“殖民式认知/历史观”的批评，似乎在广泛范围内得到了众多人类学家的全力支持，以至于他以“人类学合唱团”（the anthropology chorus）这样具有意向性的比喻来展示其被接受的程度。这也无疑切合了发端于1960年代，尤其是1980年代“写文化”之争后，整个西方人类学学科内部的自我反思，以及二战后人类学家角色转型这两种潮流。这种主张“人类学回归本土文化批评，以使文化表述真正摆脱权力关系的影响”的思潮，同时也使人类学学科整体出现了认识论和方法论转型及碎片化趋势。

但是阿萨德认为，尽管萨林斯等人强调要反对沃尔夫式的分析路径，即作为文化他者的当地人，实际上是其自身历史的被动参与者，可是这样的论断并不等于，提出或佐证当地人自身便是其文化和历史的“撰写人”或“作者”（author）。

撰写人这一概念的模棱两可，并没有被学界完全认识到，叙述背后的权力关系，实质上还在决定着谁来叙述、如何叙述，以及叙述的合法性问题①。一旦过于简化，对于“撰写人”概念不加以分析，没有意识到其背后一直存在的权力预设关系，那么这样一种人类学批判，其内部的逻辑体系也并不能

① 格尔茨对于人类学家作为“撰写人”的角色曾提供了一个独特的分析，参见克利福德·格尔兹：《论著与生活》。

称为完备。虽然萨林斯强调，在欧洲帝国主义对世界其他地区的干预中，本土文化的解释力和本土历史的撰写人都是存在的，但是，他过分强调的是，并不存在一个绝对意义上自我历史的撰写人，也就是并不存在一个集合意义上的、有主体性的本土撰写人。

而阿萨德指出，尽管诚如萨林斯提出的，每一个体在某种程度上都是和他人相对独立的存在，不可替代也不能完全被理解和代表，并且这种碎片化的个体性使得在绝对意义上并不存在所谓“撰写人”这一集合概念。但是不可否认的是，物质优势和社会资本的存在——权力的建构，正如认知结构已经为每一个个体日常生活中的自我构建和自我呈现提供了一种先在基模。换言之，尽管萨林斯太过强调绝对性而忽视了权力在其中的作用，不过如果从萨林斯的绝对主义中脱离出来便可以发现，在每个个体都真切地融入其中的、活生生的日常生活过程中，“撰写人”这一概念背后真实蕴含的权力的重要作用和意义。

阿萨德进一步指出，萨林斯的“合唱团”——以及“写文化之争”后的整个后现代主义人类学有这样一种倾向——虽然在强调“本土逻辑”和“他者的自主性”，却在事实上忽视了一个问题，即无论殖民经历前后，本土文化的自我撰写是否存在，或资本主义自身又是否要遵循本土文化逻辑。更重要的问题在于，由欧洲殖民主义带来的权力结构关系和整个世界体系，都已经在主动而先决地决定着所谓历史的“撰写人”要遵循的撰写规范、撰写逻辑。“表述背后的政治和道德、权力结构规定着表述可采用的形式”——这既适用于欧洲，也适用于其他地区。

学者们忽略掉的问题，也表达着人类理性所固有的局限性。在他们将目光投向遥远的“原始部落”时，绝大部分的学者还是在有意无意地采用西方基督教文化下的概念、逻辑和分析框架。若抛开静态文化观，将文化自身视为一个流动的过程，一个隐而不宣的问题将浮现出来。在人类学家寻求“当地人的声音”和“土著如何思考”时，他们到底何以得知，这些声音和思考真正是土著人“自己”的？面对一个已经被占据主导地位的西方文化所“规训”过的本土性，撰写到底在何种程度上是真正自主的？数千年来古老经书所指称的“各归其类”，尽管是人类认知的固有方式，在当今的世界体系中越来越缺乏解释力与合法性——但是如何跳出这种先在于个体认知的“常识性知识”却成为西方人类学者要面对的最大挑战。

这也便引出了阿萨德在其《宗教的谱系》一书中首先提出的最基本的理论假设——“西方历史，对于现代世界的形成所既有的极端重要性”，使得“对于西方基督教中世纪和后基督教时期历史进行概念上的谱系学考察，能够深远地揭示非西方传统时下发展和变化的可能路径”①。而这种西方与非西方二元的不对称地位，其存在状态不仅仅展现于以欧洲为代表的西方与东方或非西方之间，也同时存在于过去与现实的历史阶段以及神圣与世俗的人为划分之间。

首先被阿萨德置于谱系学放大镜之下的，便是当下作为人类学学科基本概念之一的“宗教”。他认为，在宗教的定义上不可能有一种普适性定义，这不仅仅是因为其内部构成元素及它们之间的相互关系，在漫长的历史过程中建立起的历史特殊性，同时还因为这一定义自身就是一个历史性的离散进程的造物（the historical product of discursive processes）。

受19世纪“进化论”影响，宗教虽然在一定程度上被承认是一种人性的需求，有其存在的合理性，但是往往被作为一种母体般的存在物。一切现时具体的社会设置，都曾被包含在宗教设置当中，最终又脱离出来。对于20世纪西方人类学来讲，宗教更被理解为一种基于这种脱离过程基础上的那部分独特、不可化约的东西，抑或“剩余物”，是一种独立个体自身的实践和信

① 在此特别要注意阿萨德的“宗教”一词用的是单数，而“谱系”一词则是复数，也就是说存在不同的谱系。

仰，其本质不会和诸如政治一类的社会设置相混淆。如果将这两个时代对于宗教的认识联系起来，似乎可以理解为何在格尔茨那里，宗教会成为一个有边界的文化体系：

宗教就是，一个象征体系；其目的是确立人类强有力的、普遍的、恒久的情绪与动机；其建立方式是系统阐述关于一般存在秩序的观念；给这些观念披上实在性的外衣；使得这些情绪和动机仿佛具有独特的真实性。①

从格尔茨给出的宗教定义中可以看出，他更强调，宗教作为文化体系，是一种由各种意义构成的文化模式，或者说是由观念构成的文化模式。这些"意义"或"观念"由符号传递，通过这种文化模式，人们传承对生命本身的了解和态度，进而宗教也成为一种符号体系。它作为观念和符号的公共性，使得其自身可脱离思考它的个人之心理而被独立理解。但这些符号又与社会结构和个体心理紧密相连，因此必须沿着连续不断地给出符号、接收符号和反馈符号的循环过程来考察这些联系。这样，立足于有关世界的概念，把握由道德理想引导的一套心态和动力、概念化的观念和行为趋向，两者结合就构成了宗教的核心。正因为如此，格尔茨将宗教归为一种文化体系、符号体系，一种可以与其他文化系统相区别的系统，是一整套心态和动力，并进一步强调本土化的宗教阐释才是最本质的。由此对于宗教的人类学研究，要进行两个操作：分析使宗教适当（proper）的符号和嵌入其内部的意义体系；分析这一体系和社会结构心理过程的关联关系。

阿萨德指出，格尔茨给宗教下的定义，虽然表面上解决了对于真假的争论，但是它存在着缺陷——尽管其不断强调地方性知识和本土声音对文化解

① ［美］克利福德·格尔兹：《文化的解释》，第105页。

释的重要性。实际上，在格尔茨试图给出一个普适的关于“宗教是什么”的定义的时候，他已经脱离了每一具体社会历史、每一地区自身宗教的不同，用普适性代替了文化多样性。而他有关“宗教界限性”的提出，则是阿萨德所反对的重要内容。自由主义和现代性，作为一种在神学与哲学证实与证伪的角力中发端的现代思潮，其寻求合法性的过程，就是一个不断脱离神学，而又不断构造自身权力和合法地位，“由非法到合法”的过程。虽然表面上，宗教性在这一过程中逐渐被剥离出去，原宗教设置和其承担的功能在逐渐被社会所接替，世俗和神圣似乎早已分离开来。但是对于这种过去和现在的简单二分事实上还存在着疑问，如果说经济行为自马林诺夫斯基对库拉圈的研究开始，就已经被证实是一种嵌入性的人类活动，那么实际上也就没有理由将广泛意义上人类的宗教活动，作为文化中完全隔绝的一个独特现象来对待，尤其是对于并没有西方神学历史，并未经历一个相似的宗教“祛魅”过程的殖民地地区来讲更是如此。

宗教界限性问题背后更深远的问题是——权力，尤其是殖民主义“霸权”自身，以及欧洲文明对于全球知识建构的影响。长期以来西方学者研究中所使用的宗教定义，从来都是自西方基督教神学两千年的传统认识而衍生的——我们并不否认萨林斯、格尔茨乃至桑塔格强调的“阐释”和“意义”，但是即便作为占主导地位的学科发声人，西方基督教的影响还是不可避免的——“它是我们存在的内在组成部分，离我们太近因而无法成为我们的选择对象，不管是赞成还是反对的对象。”[①]

阿萨德也提出，尽管格尔茨强调要在过程中考察宗教符号，但是这种方法还是存在着将宗教符号过分分割的操作。宗教符号不可能脱离历史或社会生活而被独立解释，它是紧密地与社会生活相关联并随之改变的，因此格尔

---

① ［美］古廷：《福柯》，王育平译，南京：译林出版社，2010 年，第 80 页。

茨提出的宗教研究两步法依然值得商榷。

此外，不同的宗教实践和表达，对于宗教表现获致其身份和真实性具有本质性作用；任何宗教其存在的可能性和权威地位，都是由具有历史性、特殊性的权力行动并规训的结果，无论基于什么样的历史和文化背景，对宗教的思考都是如此。有趣的是以格尔茨和阿萨德为代表，基督教和伊斯兰教的不同背景已经给出了不同的宗教理解。颇为悖论的问题，也是后现代主义长期面临的一个问题却是，虽然学者并不会将宗教的本质与其他文化现象混淆，但如果都不能提出一个具有多样性和阐释力的宗教定义或宗教解释，那么一种智识上的共识何以达成？我们又何以保证理解的准确性？也许从福柯的角度来理解，实际上这也就是权力构建知识的事实展现。或者说，人类理性有限性的表现——虽然人文主义和科学主义竭力忽视这一点。

在阿萨德看来，对于宗教的人类学研究，应该将宗教看作并如此操作：依据其独特的历史性特点，将宗教转换为异质元素（heterogeneous elements），基于人类社会和文化自有的复杂性和关联性，从一个独特历史的序列来理解。因为西方力量带来的变迁，使得我们无法确定所谓的“他者”和“本土”到底是多大程度上真正的“他者”和“本土”，而世界体系和殖民影响已经是一个无法摆脱的前在。以一种西方预设的宗教来研究“他者”，寻求“本土”阐释，无疑存在严重问题。“流动的”宗教在过去以及现在一直与整个历史、社会、“非宗教”的因素发生着联系。至此，传统人类学的宗教定义已经被阿萨德进行了问题化处理。

二、仪式：谱系学视角下的宗教

有趣的是，尽管竭力自我隐匿的福柯一直在试图通过写作来逃避任何形式的对他身份的固定，但是谱系学的运用，已经使得福柯式（Foucaultian）

研究进路成为一种标志，而被阿萨德完整地运用在对宗教的谱系学研究上。在《宗教的谱系》这本论文集中，尤以对于中世纪基督教仪式和规训的考察最为明显。

在对宗教仪式的讨论中，学者普遍承认，仪式作为一种符号性的活动是与日常生活中的工具性行动相区分的，可以很好地进行识别，只是在如何阐释和如何理解这些符号性活动上或有一定的分歧，但是对于确定一行为是否为仪式则是不存在争议的。阿萨德则把重点放在对这一由人类学构建的概念进行谱系学的梳理。他对仪式的谱系学考察，虽然看来似乎只是一系列对某一概念的学术史梳理，但实际上，他希望能够由此确认一些概念的前设，那种不仅仅是有关仪式本身的前设，也影响到目前西方学者对宗教分析的前设，那种文化里自有的、历史而连续的异质元素。

阿萨德否认仪式作为一系列的符号性活动，其自身蕴含并传达着某种特殊的含义。仪式作为每一宗教中的重要组成元素，目前被学者认为是一种常态行动，作为一种表征或展示，它与个人意志和社会团体间的关系并不相同。仪式不是一种寻常的文化实践剧本，而是一种可以被如此阐释的实践——象征了一些可以进一步地被口头定义而又不言自明之物。

阿萨德用中世纪修道院僧侣对美德和仪式的训练，来探讨宗教美德与公共道德的关系，以及宗教仪式的规训是如何影响公共社会的。虽然宗教僧侣日常实践都集中在宗教仪式和实践上，但是基督教仪式自身并不是简简单单的工具性活动，它是一种符号性的而非技术性的活动。它是一种在其他基本教育手段之上，最终以习得基督美德为目的的重要实践；需要强调的是，它只能在概念上从僧侣生活中抽象出来，而不能从实践中被分离。见山是山、见水是水的分析和理解方式已经破坏了仪式的复杂性实质。恭顺、教导和对于身体的训练，是以圣餐礼仪为代表的仪式被设立的三个因素；对心智、身体和道德的约束也通过对“神圣”教牧的训练，在中世纪由神权对世俗的统治下，借由他们传递给了广泛的公共社会，进而建立起由修道院走向大众，世俗化的道德。实际上在这些仪式的考察中可以发现，神圣和世俗无法简单地进行二元划分。

此外，除去这种肉眼可辨识的、学者普遍达成共识的一系列仪式之外，在阿萨德看来，还有一种潜在的、未被发掘的仪式需要被考察。尽管现代科学和人文主义的诸多设置，诸如大学、法院、慈善团体、共同体、契约、权力统治机构等等，都在中世纪萌芽并逐渐形成，但一个极富戏剧色彩的事实是，在源于神学的现代主义——尤其是人性对于神学、神性的自反过程中，现代人文主义话语将那一时期描绘为一个黑暗的时代[①]。在一些历史学者眼中，在这一时期开始的审判制度里，折磨手段的应用都是迈向理性主义、摆脱神话和宗教影响的重要一步——这种审判和折磨都是宗教"黑暗和非理性的最好体现"，不过"理性的、人性的光芒已经渗透瓦解了宗教"，因为审判制度这种属于"理性和人性"阵营的制度已经在神权世界的森严堡垒内部成长起来。尽管表面上，现代司法制度内部包含对犯罪者的无情刑罚，但是在道德评价上，这种包含在整个司法内部的语言、精神上的折磨手段和裁断性的刑罚，被认为是正义的恐吓和处罚措施。它往往被用于司法实践的协商中，以期获得犯罪者的供认，因其前提是以理性作为协商可以达成的根基。与中世纪审判中从不缺场的折磨手段相比，当下司法实践不过是以刑罚作为砝码，供人"理性选择"而已。所以，宗教的黑暗的、"非理性的酷刑"和法律的正义的、"理性的刑罚"是截然不同的。

阿萨德对中世纪刑罚的谱系学考察，去除了当下的道德判断，为我们揭示出一个事实，即中世纪刑罚和审判中对于身体疼痛（physical pain）的运

---

① 参看冯肯斯坦对于西方现代科学缘起与基督教神学关系的精彩讨论，Amos Funkenstein, *Theology and the Scientific Imagination from the Middle Ages to 17th Century*, New Jersey, Princeton University Press, 1989。

用，以及将其作为是否有罪的裁定标准——这一实践与现代社会法律、司法实践相比较，其背后的逻辑并无二致，只不过是手段的区别——前者是直接施加于身体上的暴力程序，后者是利用暴力惩罚作为一种劝诱的因素，或者说是一种更隐蔽、更"文明"的暴力。二者都遵循"理性"[①] 逻辑，无所谓何者更为理性。前者之所以看来更为理性，只是因为与符号化的身体被作为媒介相比，前者更相信被言说的语词才是本质、必要的媒介。现代司法审问和回答过程使语言的真实性得到评估，而中世纪审判，如同其所宣称的那样，肉体上痛苦的刑罚不过是在加速这一过程，并确保其远超人类极限的至公正义性。另一方面，尽管隐而不宣，现代性也有其自身的残忍形式——虽然"残忍"被现代性自身定义为非人性和野蛮的行为，亦即更隐蔽的暴力。

中世纪的痛苦和惩罚，是政治和社会团体中宗教仪式的一种变形。作为一种达致美德和真理的手段，它不是非道德、非理性的动物性行为，而是一种通过精心论证，对于身体的控制和对于个体的规训手段。借由施加于受刑者身体之上的痛苦，一种真理的仪式（ritual of truth）才得以真正完成。阿萨德指出，中世纪，无论现代人文和科学主义如何给予其负面评价，事实上，审判系统中刑讯的合理性并不意味着一些学者所宣称的宗教性力量的消失和所谓由蒙昧到理性的过程，反而证明了中世纪司法实践以及社会生活诸方面，是如何采纳和遵循了逻辑严密的神学推断，并如何深刻地嵌入到教会制度及其实践之中的。而这种看似严谨公正的现代司法实践，其扩展和繁荣的动力，也是教会神权合法性和其对于整个教徒群体管理的结果[②]。如果不抛弃自启蒙运动以来，对宗教和宗教时期那种有偏见的道德评价，那么实际上根本无

---

① 请注意这里的理性一词。它所包含的并不仅仅是启蒙运动所强调的排他的、无情感的理性，也包含在神学话语之下的情感的、宗教理性，这是一个反现代理性的理性概念。这一点对于阿萨德的中世纪刑法仪式分析至关重要。下文中如不再单独标注则理性一词含义依旧遵照当下理性概念，尤其是经济学与法学中的理性概念。

② 参见［美］吉莱斯皮：《现代性的神学起源》，张卜天译，长沙：湖南科学技术出版社，2012 年。

法得出一种不基于某种意识形态的客观评价，因而将有失偏颇。我们可以回归到"洞穴比喻"的场景中去，同时要保持我们的价值中立。洞穴中的一切有它的合理性解释，洞穴外投射影子的那些存在或许会有另一种合理性解释，但是，任何妄图超越具体历史和空间维度的解释，其本身都是妄图无限夸大人类的理性行为，人类的理性是难以保证洞穴之外才是真实的。这不是一个泾渭分明、孰是孰非的二分，洞口的界限也许并没有哲学家想象得那么清晰。在这一点上，现代量子物理学已经解释得很清晰了。

阿萨德在此详细解释了宗教审判背后的理性逻辑。在基督教历史上，痛苦的主观性与真理的客观性有着复杂的形式，二者之间也有着复杂的相互关系。痛苦，与行动者及其情感相联系，与宗教的主观性相联系。中世纪将精神看作是不断流动和软弱的，它阻止人们思考上帝和真理。此外，由于身体与灵魂之间的联系，使得软弱的身体、拒绝真理的身体，也成为寻求真理和美德的阻碍。由此，罪的重要内容便是人类的有限性。进而对于罪的认知达到一种近乎绝对的地步，或是否认自然人性，或是拒绝上帝及其真理——非此即彼。所以，人为制造的痛苦体验，已经变成人类对于真理的渴求，成为施加于"不可靠"的意志和肉体欲望之上正当合理的控制和规训。身体作为沟通灵魂的中介，使得自我在本质上的潜能也可以借此得以展现，而只有经历了痛苦规训的肉体，才能对真理进行形而上的、真实性的阐释——这样的一种阐释也是其他手段不能达到的。痛苦的规训，对比天启，是人类自身跨越人类有限性的必要合法途径。

一整套复杂的仪式，其规训过程的最终目的，并不是对于人的自我（Ego）进行抑制，实际上，该过程为如何形塑一种理想中的人性结构特征建立了蓝图。而规训的过程除了塑造符合社会规范的、有美德的个体之外，还在不断建构整个社会结构，形成对于权威的一种自愿服从品质。至此，阿萨德认为，权力和合理性行动显然是中世纪宗教的本质之一，不管其合理性是否符合当下人文主义的道德评判标准，但依旧符合中世纪的“理性”[①] 和德行。

三、 现代性的论争

从人类学学科自身的阐释学路径出发，阿萨德提出的问题更为复杂。西方不仅误读了西方自身，也误读了非西方，这种误读也体现出权力结构和现代性带来的弊端。他提出假如英语这样一种为多个国家和地区所运用的语言，也存在着地区文化的各式差异，进而又反馈在语言自身上面，那么几种不同的语言之间，其背后的文化和语言差异到底会为文化翻译（translation）带来怎样的挑战？如列维-斯特劳斯在《忧郁的热带》中所提及的，“由于文化样式都是建基于非常简单的对比上面，在每个社会中发现的类似的文化样式，在不同的社会中却被用来完成不一样的社会功能”。文化翻译的过程亦是如此，从早期结构功能主义者，将语言学意义上的语词作为人类学分析材料，到当前被学界强调的，对于“文化”而不是简单的语词翻译，语言和思维模式的互相嵌套已经越发明显，文化从未、也已经不可能简简单单地从语言中剥离。

异文化文本翻译，类似语言学意义上的翻译，需要在异文化与本文化中寻找一个具有相似性的共通点，借由这一相似和共通，才使完全由另一种语言所承载的文化文本得以被理解。当前人类学者坚持通过文本来阐释文化，以确保异文化中那些看来几近荒谬的东西也可以被理解；不过，真实性和可理解性的要求会造成两难，使得面对难以理解的文本时，翻译的准确性不得不让步于可理解性的需求。这样一种不得不为之的宽容也是启蒙主义带来的，

---

① 参见［美］吉莱斯皮：《现代性的神学起源》。

一方面，强调人类思维的相对功能主义；另一方面，又提出人类理性的绝对性断言——而阿萨德认为，这种绝对性断言本身，也是由神学源出的现代性自身权力运作的展现。

翻译过程本身，就反映了语言之间的不平等。长期存在的一个根本性问题是，翻译者经常抱有这样一个前提：翻译的最终目标总是要将其他语言“变成”自己的语言。翻译过程实际上是在寻找用法和意义上的相似性，并以自身语言去替代对方，因而依然是自身语言的一套实践与生活机制的呈现。而这种翻译者自身特有的实践和生活机制，如果距离被翻译对象越遥远，那么被翻译对象的语言和文本背后的机制就越难被翻译过程还原并重现出来。语言不能全然展现那些文化和生活情境中隐含的内容、隐藏的文化意义和逻辑，这一切无法通过简单的语言学结构模式得以复制。翻译过程能否保持翻译文本与原始文本的一致性，已经不再是语言学表面上语词意义和语法结构的吻合所能轻松决定的了。

另外，正如上面所提到的，人类学对于文化的翻译，一直以来面对一个有趣的挑战，即：异文化语言和文本中看来“荒谬”的部分的翻译。一方面，遵循翻译的一贯原则，人类学者会试图在本文化内对其给出合理解释，促进异文化合理化和“文本化”；另一方面，基于其自身的文化理解，异文化的“荒谬”部分原本就是难以在本文化框架下被理解的，因而也容易产生这样一种假设——这些“荒谬”的部分本身在异文化内部也是荒谬的——异文化在文本自我呈现和自我阐述的过程中产生了错误，因此可以在翻译的宽容机制之下，对异文化的社会历史文化丛集进行戏剧化解读——荒谬的、非理性的异文化。阿萨德强调，在这样一个颇为曲折的文化转译过程里，权力的作用已经呈现出来，学者已经在有意无意地，利用自己的文化常识去为异文化贴上“非理性”标签。

此外，非西方文化、历史、语言地区面对的问题是，需要采借、翻译作为现代“文明和发展”的载体的西方及其语言——工业资本主义和殖民主义给第三世界带来的不仅仅是生产方式的转变，更重要的是知识类型和生活方式的变化，或者说是同化。人类学自诩的文化翻译和批判性地位（萨林斯和他的“人类学合唱团”），一旦排除了世界体系中权力结构下的不平等话语权，就必然存在着问题。因为资本主义世界体系的大环境没有改变，权力结构先在性没有变化，现代性带来的，是多样性的萎缩和同质化的全球扩张。在翻译过程中，处于从属地位的翻译者其翻译行动本身就在改变着、瓦解着自身的语言和背后的思维机制。翻译过程已经变成了一种对于两种语言和两种文化耐受度（tolerance）的考验，对于人类学来说，它揭示了民族志和其撰写惯例背后的不自然性，一种强烈而本质的对于阐释的抵抗：“事实上我们最终获取的并不是‘原始思维’的玄妙，而是我们自身思维和语言所拥有的更深远的潜能。”

阿萨德在假设中强调，在现代国家政治实践下，启蒙运动作为一种意识形态，不仅塑造了当代西方的历史和文化机制，更重要的是提供了一整套评价和测量系统。自由、文明、发达、批判、理性、宗教等等，种种概念的产生、再造和运用，借由权力的实现，都在影响着非西方、第三世界以及他们可能的未来。西方历史和文化所具有的倾覆性的优势，使得以本土性、地方性为特征的自身历史文化传统成为“局限性”的表现。如果不接受并采纳启蒙运动及其理性设置，那么西方与非西方的交流将存在阻碍，而日益西方化的非西方社会——其交流在西方指导下，摆脱不掉对西方的复制过程，天平两端已经如此不平衡。

在没有西方现代性演进这一历史过程的非西方地区，虽然过去宗教以其自在先验的权威和逻辑，为非西方社会（如阿拉伯社会）派生出一系列社会设置，也带来了政治自由意识的运用，但目前因受到西方自由主义影响，这一切已经受到冲击，出现了断裂。西方意识的移植和复制还带来了现实问题。

概念和语词的合法性取代了文化或宗教的事实合法性，但同时法律的权威和个体公民自由之间的界限并不如西方那样明晰，简单的移植和复制带来的麻烦比解决的问题还要更多。

实际上，所谓公民权利和人权这样的名词和一整套观念，并不是西方所指的中性法律事实，它内生于宗教[①]但却并不基于宗教理性的逻辑，背后具有深刻的道德评价、契约逻辑，在持续唤起和指导个体对于现代政治进行批判。在中世纪或者说宗教权力统治下，政治和社会集团强调个人美德，并培养良性、善的、对自身进行持续道德评判的社会个体，以期达到一个良性、服从、谦卑的社会整体，与此相异的是：个人已经成为时下定义政治和社会集团、国家的道德能力和权力的行动者。科学的引入使得宗教成为一种信仰或意见和主张——真理，真实性已经消失了，而看似碎片化的一切人类文明，又逐步丧失它的多样性。传统人类学对于前现代宗教和文化的“非理性”描述、自然科学建构起的优越性，以及由现代性带来的世俗文化本质上的理性主义，都在非西方文化发展中带来断裂性的改变。“理性之于宗教的优越性，基于人们认为宗教信念更刚性而不易改变——事实上，宗教在不停改变。”[②]

阿萨德强调，人类学民族志，最重要的应该是表明文化嵌套其中的多种政治设置，而非其本身是否真实。因为真实与否自有权力建构，进行知识生产。现代政治的介入，应成为人类学者首要的客观观察对象；现代世俗国家的残酷和毁灭性潜质，应该得到人类学者的持续关注。

贝格尔（Peter Berger）在他的宗教社会学研究中提出，西方学者 1960 年代开始的宗教研究，更多的是一种教会研究，传统的以教会为依托的信仰实践的确呈现一种从动机到实践意义上的衰退。阿萨德的批判其实和贝格尔

---

① 对于现代性、个体性和人文主义的谱系学研究会指明这种“现代性的神学起源”。
② 对于现代性和世俗主义议题，阿萨德在随后的《世俗的形成》一书中有更为详尽的讨论（见下文）。

提出的如下问题有着异曲同工之处，那就是“在传统基督教或教会之外，是否不可能存在真正的宗教力量?”教会分裂和宗教改革之后的基督教，是否就不再是基督教？那么究竟什么才是宗教？所谓的世俗化问题到底在何种程度上能够成立？更根本的问题是，逻各斯的边界何在？

阿萨德的研究从宗教的谱系学角度出发，质疑了格尔茨等西方学者关于普适性宗教的定义，更重要的是提供了基督宗教以外的宗教考察视角。以阿萨德为代表的人类学者，开始更加注重识别传统研究中潜在的文化价值评判，而非西方宗教——如果可以说是当地人的声音——文化背景，对于宗教的阐释才真正得到注意。

实际上，阿萨德对于宗教的谱系学考察，也存在一些问题，诸如简单的西方非西方划分，以及他自有的伊斯兰教文化认识，都在影响着他对于宗教和现代性的分析。虽然他质疑西方意义上的宗教定义，的确揭示了传统权力关系导致的定义的片断性趋势，但是他一方面强调不可能存在普遍适用的概念，西方学者研究的局限性，西方文化不具备最广泛的代表性等等；另一方面，又在一种可被不同文化背景、历史传统的诸多学者们所接受的宗教系谱和宗教的多样性之间模棱两可——简言之，他在批判性之上并没有一个替代性的解释。

纵观他对格尔茨的种种批驳，真正能够被批判的是，格尔茨试图将宗教从世俗中切割还原成神秘情感，将基督教传统扩展至整个人类文化评价体系，以及传统西方宗教研究中的普适性倾向和承诺。这都体现出阿萨德力图颠覆西方中心主义的权力和意识结构。一方面，阿萨德虽然认为宗教不能与生活相分割，但他依然坚持将宗教还原成异质元素，而对异质元素的概念界定并不明晰；另一方面，一旦将格尔茨的理论体系还原到基督宗教的框架下，阿萨德的批判就将需要修正，因为此时伊斯兰文明中的范例将不能适用于基督新教。阿萨德在避免对宗教进行是什么、不是什么的定义过程中，不出意外地也无法对自己分析框架下的概念进行清晰的定义。

“曾经大大有助于使宗教名誉扫地的社会科学之理性工具，转而针对那些使超自然世界观名誉扫地的思想本身以及传播那些思想的人们”，使相对化者相对化①之后，阿萨德并没能提出基督宗教和伊斯兰教之外的其他宗教作为佐证，似乎西方与作为非西方的伊斯兰已经代表了整个人类文明。这是否又以伊斯兰教的意识形态取代了基督教的意识形态，以伊斯兰教的权力取代基督教的权力，成为了另一种“人类学合唱团”的发起人？毕竟诚如阿萨德所提及的，在殖民主义权力结构已经存在的大前提之下，本地人到底是何种程度的撰写人，究竟谁才是“本地人”这一点是尚无定数的。非西方视角将西方置于放大镜下观察的同时，难以避免重蹈知识权力的自我中心主义覆辙，更难以避免进一步的碎片化趋势②。

尽管阿萨德研究中体现着对于人文主义“神化人性”的反击，但是也难免在分析的过程中不断试图冲破理性的有限性，而又难以摆脱破碎的现代性带来的种种迷思，在反对“伟大的进化之链”的同时，又难以逃脱人类固有的“各归其类”的认知模式。就阿萨德对格尔茨以及西方知识体系的批判来说，还有必要对阿萨德之假定的知识体系继续批判，而且更重要的问题是，批判之后是什么呢？确实，宗教研究，以及所有的学术思考，都是一个未完待续的故事。

---

① [美]贝格尔：《天使的传言》，高师宁译，北京：中国人民大学出版社，2003年，第1页。

② 这个评论同样适用于那种试图重建以中国为中心，或以中国为叙述主体的历史叙事。尽管这些研究精彩地批判了西方中心叙事，并成功地提供了一种可能的替代性叙事，但其本质仍然是一种自我中心论的叙事，只不过把曾经的“西方”换作了“东方”，把“基督教的”换成了“伊斯兰的”、“儒家的”或其他某种体系。

第 2 节　世俗、世俗主义与现代性

延续着作者在《宗教的谱系》当中的批判性的思路，2003 年阿萨德出版了《世俗的形成——基督教、伊斯兰教与现代性》一书。在该书导论中，阿萨德指出，世俗先于作为政治教义的“世俗主义”而出现，它是随着时间的推移由不同的概念、实践和感知综合在一起形成的。而对“世俗”进行谱系学研究，会让我们更清楚地了解它的一些显而易见的特点。同时，因为“世俗”已经很大程度上成为我们现代生活的一部分，很难对其直接进行分析，所以阿萨德首先从与“世俗”相对应的几个概念入手。

这部作品一经结集出版很快就受到了诸多关注和讨论，特别是其中关于神圣与世俗，及其与现代民族—国家的复杂关系的探讨颇具启发性。

一、何为世俗及世俗如何形成

阿萨德从构成“世俗”理论的几个核心概念入手，通过对“神话”、“agency”[①]、“痛苦”、“残忍”的解构分析，指出“世俗”是“世俗主义”政治原则的一部分。阿萨德认为，所谓“世俗”源于对所谓“宗教”引起的“痛苦”的否定，是一个虚假命题。“世俗主义”关于“反对宗教暴力”这一主旨是毫无根据的，因为，现代世俗国家从来就没有停止过制造“痛苦”。

---

① 虽然 agency 一词已有一些中文翻译用法，但觉得均难以准确表达英文中的涵义，因此本文直接采用英文原词。

通过对神话和暴力之间关系的研究，人类学家发现：当所谓理性的、法律的面罩被揭开后，现代国家远远不是“世俗”的。事实上，“神话”服务于“自由主义”，使“暴力”合法化。当代自由主义的政治理论家认为世俗的自由国家是建立在政治性的“神话”所表述的公众品德（public virtue）基础上的，这些品德包括平等、自由和包容。所以“世俗主义”的政治教义，也是与“神圣的”（sacred）与“尘世的”（profane）这两个概念相关联的。[①] 基督教把“世俗”和“宗教”结合，使现代的“救赎概念”成为可能，从某种程度上为现代化在全球的推行提供了一个理由。[②]

通过对“世俗”概念的形成，尤其是对“世俗”的认识论上的前设进行探讨，阿萨德认为，在人类学意义上的“世俗主义”概念中，“世俗”不是“宗教”的继续，也非简单的断裂，即本质上排斥神圣。“世俗”是一个把现代生活中的一些特定行为、知识和情感聚合在一起的概念。阿萨德的分析认为“世俗的”和“宗教的”并不是两个本质上一成不变的概念。没有根本上的“宗教的”东西，也没有一个可以放之四海而皆准的定义来描述“神圣的语言”或者“神圣的经历”。而在追溯历史（尤其是本质上与宗教相关的历史）的过程中，阿萨德发现“神圣的”与“世俗的”概念是互相依存的。正如，虽然宗教神话帮助人们建立了现代历史知识体系，并促进了现代诗歌的出现，但这并不说明历史知识和诗歌在本质上是“宗教的”。

阿萨德通过对“agency”的概念，尤其是跟“痛苦”相关的“agency”的探讨，来寻求对“世俗”形成的了解。为什么要讨论“agency”？因为

---

① 阿萨德在此讨论了两种“世俗的”或“自由主义”的“神话”：1.“启蒙的神话”（enlightenment myth）赋予精英教授普通人知识的权力；2.“革命的神话”（revolutionary myth）则使多数人可以控制少数人，因为多数人代表集体的意志。而这两者本身也是自相矛盾的。

② 这里指的是，耶稣牺牲自己拯救人类，而世界必须为耶稣而改变。

“世俗”是建立在“行动”（action）和“激情”（passion）的概念上的[①]。为什么要讨论“痛苦”？因为就“激情”的意义而言，“痛苦”与宗教主观性相关，被认为与理性（reason）相抵触；而就“苦痛”（suffering）的意义而言，“痛苦”被认为是一种世俗的“agency”，必须在世界范围内被消灭。

通过讨论一些前基督教、基督教和伊斯兰教的历史上有关“agency”的例子，阿萨德发现“痛苦”在当时的历史时期占据着很重要的地位。当然，探讨这些例子的主要目的还是了解世俗性（secularity）。因为如果人体在经历痛苦，就会影响身体在“真实世界”中行动的有效能力。而痛苦又是关乎“今生”的一个最直接的符号，通过它可以感知身体内部和外部的物质性，从而在某种程度上证明了“世俗”存在的真实性。而更关键的是，“痛苦”使得人们借助诸如“创造历史”和“自我授权”这样的“世俗”观念，通过寻找快乐来渐渐取代痛苦。

阿萨德认为人们对“agency”行动者本身局限性的理解是不足的。虽然以弗洛伊德为代表的精神分析学派使我们对“激情”的内在动态有了异乎寻常的深刻理解，但是人类自信自己最终还是可以通过理性来把握“激情”。这给予了理性在现代世俗事物构成中的首要地位。“世俗主义”理论进而扩大了“agency”概念的使用，错误地假设“权力”和“痛苦”都是压抑“行动者”的外部力量；而“行动者”对这些外部力量和痛苦进行抵抗，就是“世俗”产生和存在的合理性源头。

现代社会构建了自己对痛苦的世俗定义，并把结束由宗教引起和认可的残忍行为作为“世俗主义”的一个主要宗旨。然而这个在现代世俗社会

---

① passion一词显然也不能简单等同于中文意义上的“激情”，例如耶稣的受难（passion of Christ）。

中处于中心地位的概念范畴却因“agency”的局限性而具有非常不稳定的特征。

阿萨德发现，关于“残酷”（torture）的现代定义是含混不清的。虽然《世界人权宣言》提到了同“残酷”含义相近的关于“待遇和刑罚”的描述，[①] 然而这个规定却不能提供一个明确的行为标准来确定什么是“残酷”。“世俗主义”认为只有“世俗宪法”才能限制“残酷”的出现。但“世俗权力”却一直在践行着很多非宗教原因的残酷暴行。比如：纳粹时期的德国、斯大林时期的俄罗斯，以及19世纪欧洲对非洲和亚洲的野蛮征服等。虽然宗教不是与暴力和残忍完全绝缘的，但将制度化宗教等同暴力和狂热是不对的，相反，宗教运动本身宣讲并实践同情和忍让的事实是有目共睹的。

在进一步地对“残酷”和“残忍”（cruelty）进行解构分析后，阿萨德指出这两个概念并不仅仅是宗教教义的直接产物。在现代社会中存在着很多被法律接受的残忍行为：比如战争、残害动物的科学实验等；还有很多人们自愿承受的痛苦和侮辱性对待，比如很多人有自虐与受虐的倾向。由此看来，把消灭（由宗教引起的）痛苦作为世俗主义的一个信条是多么荒唐可笑。

二、如何理解世俗主义

现代人类学的使命是要对文化概念进行系统的探寻。而“世俗主义”作为在现代世界广泛应用的一个概念，恰恰可以诠释文化的多样性和多变性。对“世俗主义”的人类学研究（anthropology of secularism），主要关注“世俗主义”的教义、原则和实践。

阿萨德批评查尔斯·泰勒等人认为“世俗主义”是现代民主国家追求

---

① 《世界人权宣言》第五条规定：任何人不得被加以酷刑，或施以残忍的、不人道的或侮辱性的待遇或刑罚。

"自由、民主、平等"的必然产物的观点，说那不过是一个"无源之水、无本之木"的推论。实际上，"世俗主义"是为"现代性"服务的。"现代性"带有很强的西方霸权的特点，"世俗主义"所提倡的"自由、平等和民主"在本质上是虚伪的。世俗国家不能够保证宽容，世俗国家的法律从来没有寻求消灭暴力，而是寻求管理暴力。①

进一步，阿萨德指出"世俗主义"对于宗教和世俗的定义及区分简单地建立在"私人"与"公共"的区分之上，具有很强的片面性。圣经如果用诗歌的形式表现，那么它是文学作品还是宗教读物呢？还是二者都是？对这件事情的判断不仅取决于复杂的历史背景，还取决于读者的身份是基督徒抑或是无神论者。所以除非有人给出所谓权威答案，否则很难区分什么是属于"个人"的原因，什么是属于"独立于宗教信仰之外的政治道德规范"。宗教与世俗之间的划分不可能有明确的界定。西方学者寻找现代性问题的宗教原因，把"暴力、屠杀"等恶行归咎于宗教，尤其是伊斯兰，是没有根据的，是在为现代性本身的缺陷寻找替罪羊。②

阿萨德尖锐地指出，"世俗主义"所宣扬的"人权"概念在世俗体系内不能自圆其说，其关于"人"和"人权"的定义其实是自相矛盾的。现代世俗社会的实践表明，所谓"人权"并不能保护"人"的基本权利。阿萨德试图

① 深厚的宗教基础和持续强烈的宗教信仰使美国人更容易将敌人当作"恶魔"而不是反对者；与之相关联的是，认为美国是实现全世界自由的最后也是最好的希望，所以反对美国就是反对自由。以此类推，将不同政见者定义为"叛国"，从法律上歧视移民人群；这些不断出现的美国民族主义，从这个国家在18世纪末建立到现在，一直没有停止过。历史学家一直在引用宗教原因来解释这些现象；而在另一方面，美国恰恰有泰勒所说的典型的"世俗宪法"。所以，阿萨德认为这些缺乏"容忍"的现象一直到现在都与高度现代化社会的"世俗主义"共生共存。而这些问题一向都缺乏公开讨论，因为主流媒体掌控着关于什么是国家人格和国民认同的话语权。这些问题在"9·11事件"之后表现得更加明显。

② 阿萨德认为，宗教从历史上就被当作过暴力的根源，现代西方由于意识形态的原因而特别认为伊斯兰是暴力的来源。其实暴力不需要古兰经或任何宗教经典做注。很多暴力屠杀反而发生在"世俗化"了的国家。比如：萨达姆在伊拉克，以及以色列屠杀巴勒斯坦平民。"宗教经典"有时被引用来粉饰这些暴行，只是因为顺手和方便。

论证"残酷的行为"所承担的责任是如何在像"人权"这样的一个世俗系统内被定义的。他认为关于"人权"有一个基本的假设：当一个人遭受的是来自别国的、国际法所允许的军事行动或市场操控所带来的伤害时，他或她最基本的权利并没有被损害。在这里，个人作为公民所遭受的损害有别于他作为一个"人"所遭受的伤害。"人权"只关心后者意义上的权利，而非他或她的公民身份。《世界人权宣言》第25条的第一部分是这样规定的："人人有权享受为维持他本人和家属的健康和福利所需的生活水准，包括食物、衣着、住房、医疗和必要的社会服务；在遭到失业、疾病、残废、守寡、衰老或在其他不能控制的情况下丧失谋生能力时，有权享受保障。"而使这些权利得以实现的责任则归于每个主权国家，这些主权国家有权来管理自己的"国家经济"。因此，对别国经济的损害并不违反人权宣言。该国家自己的政府要对损失负责；并且该种损害被认为是一种短期代价，有利于这些国家的长期利益。[①]

如果是这样的话，我们就会面临一个有意思的关于"人"和"人权"的悖论：人，作为天然的人，所享有的不可剥夺的权利不能依附于民族国家而存在；而公民的概念，连同公民权利，又是以启蒙运动的理论家所讲的政治社会为前提的。一方面，人权，包括在世界范围内约束人们的道德规范，是每个人自身固有的，跟他们的文化品性无关。但另一方面，我们所看到的对人权法的应用和人们可以得到的人权救济，却受到每个人所属的民族国家（或者由公约而联合在一起的几个国家）的法律机构所限制。也就是说，每个人政治上的公民身份决定了他或她所能享受到的人权。

---

① 20世纪90年代，一些亚洲国家在国际（包括美国财政部）压力下开放其金融市场，继而因为国际游资的迅速进入和撤出引发了金融危机，这给当地的社会经济和人民生活造成了巨大的损害。同样的事情也更强烈地影响了俄罗斯。在这两个事件中，被损害国家保护自己的权利受到了IMF和美国旨在实现全球经济自由化的政策的破坏。而这种干涉本身没有被当作违反了人权，因为它们打着"为了推动发展，必须促进经济结构调整"的旗号。

另外，“世俗主义”对于“人权”和“人”的定义也不具有普适性。不同的政治、法律传统会产生不同的对什么是对“人”的威胁和保障的定义；不同国家的政权对此也有不同的语言上的表述。在现代化进程中处于强权地位的国家在定义“人”和“人权”方面享有发言权。科技发展、消费主义盛行之下的物权概念及市场经济原则，也在不断修订着“人”和“人权”的概念。因此，阿萨德认为，宣扬在世界范围内推广“人权”，从而拯救人类其实只是处于强势地位的西方国家在全球推行其文化霸权的一种手段。宣布人权是一种全世界的理想，反对“文化相对主义”，并不有助于理解人权。每个人都可以对别人的习惯和信仰有自己的意见：喜欢，不喜欢，或是漠不关心。但是，这并不能作为使暴力合法化的借口。

阿萨德继续追问道，“世俗主义”宣扬人人平等，尊重社会中宗教少数派的权利，然而，在“世俗主义”起源和盛行的欧洲，作为少数派的穆斯林的权益会得到保护吗？

欧洲现代社会的不确定性使人们产生了由于恐慌而引发的对“身份”（identity）认同的诉求。关于“欧洲身份”的认定，不仅仅是重新确定法律上的权利与义务，也不是用一个含义更广泛的名称来获得对本民族和本地区的忠诚。从根本上讲，关于欧洲身份的讨论反映了欧洲人对生活在欧洲的“非欧洲人”的焦虑。

在欧洲人看来，欧洲不仅仅是个大陆，还是一种文明。欧洲的疆界也是欧洲文明或文化的界限。他们认为只有通过欧洲文化来认同自己身份的人，才是真正的欧洲人，而住在欧洲的人并不都是真正的欧洲人（如俄罗斯人、二战前欧洲的犹太人、中世纪的西班牙人等等）。穆斯林若想融入欧洲，就必须接受欧洲文化。而当代的欧洲及包括美国在内的西方文明正在再一次成为一个文明的、稳定的帝国。对于进入其内的外来势力，要由欧洲人来决定是包容、克制或吸收。欧洲的战略和经济利益并不限于欧洲大陆，而作为欧洲文明延伸的美国则充满了要在道德上拯救世界的欲望。

阿萨德认为，欧洲人关于什么是“文化”/“文明”以及什么是“世俗国家”、“多数派”和“少数派”的定义，造成了生活在欧洲的穆斯林被歧视和边缘化的现状。信仰伊斯兰的穆斯林，在基督教文化的欧洲，注定是少数派。欧洲人对穆斯林不能充分融入欧洲社会的担心不仅仅是缘于这些移民成长于一个陌生的文化中，更重要的原因在于这些穆斯林对伊斯兰的忠诚被认为是对现代世俗国家价值观的侮辱。现代民主国家的公民只能由文化相同的人群组成，世俗的欧洲不是一个文化多元的社会，不可能代表少数的穆斯林的利益。

在这一章中，阿萨德提出了两个很有意思的问题：“民族主义”会因为其确认民族的团结而成为民族国家的宗教吗？宗教发言人可以因提倡民族团结而获得权力吗？

阿萨德认为，只关注前现代神学概念与世俗宪法话语在结构上的可比性是不够的，我们更应该关注的是在“世俗化”过程中，实践这些概念所造成的不同的历史结果。“世俗”不是把人类从“宗教”的控制下解放出来，并取而代之。“世俗”是“世俗主义”政治原则的一部分。“世俗主义”不仅仅是要把宗教实践和信仰限制起来，以免威胁到政治稳定或公民的思想自由，“世俗主义”还是建立在对世界（自然和社会）的特殊看法，以及由这个世界所引发的问题的基础之上的。①

阿萨德批判把“民族主义”与“宗教”混为一谈的观点。他认为这个观点错误地定义了“宗教”。而认为“民族主义”是宗教的，或是被“宗教”打造的观点，则误读了在代表集体利益的结构下，由现代世俗教义和实践所进行的革命的本质和结果。“民族主义”的愿景是建立在民族社会的世界中的，

---

① 在现代欧洲的早期，这些问题包括：对城市和乡村日益增加的流动贫困人口进行控制，对主权领土内互相仇视的基督教派进行管理，规范欧洲在海外的商业、军事和殖民扩张活动等。

在这个世界中，每个人的存在都依赖于世俗概念的存在。每个民族主义者只忠诚于民族国家，每个民族社会的成员创造并拥有他们自己的历史。每个民族国家拥有自己的“自然”和“文化”。人类统治着自然界，并在民族国家的管控下享有自己的个体自由。可见，“民族主义”的前提和结果都是世俗的。

阿萨德认为对“世俗主义”的谱系研究必须通过追溯“世俗”的概念来实现。“世俗”的概念最早来源于三个部分：文艺复兴的人文主义宗旨，启蒙主义的关于自然的概念，黑格尔的历史哲学思想。作为早期的“世俗化”理论家的黑格尔认为，世界历史的发展在“现代时期”达到了真理和自由的顶点；人类经过了痛苦的挣扎，最终认识到“世俗”是获得真理的唯一途径。“世俗”曾经是神学话语的一部分。“世俗化”最早表示从僧侣生活到“教义”生活的改变；在宗教改革之后，表示把教会财产转移到私人手中，并进入市场流通。在“现代性”的话语中，“世俗”是一个人类不断解放自己，最终走向自由的过程。在这个过程中，人类不仅是具有自我意识的历史创造者，而且是认识自然和社会的坚实来源。人类不仅要对自己的行为负责，还要对未知的意识与事件负责。上帝的行为，即意外的发生越来越受到限制。最终，这个世界被祛魅了。同样，这个观点还认为，虽然宗教与世俗截然不同，但“世俗”同时被认为促进了宗教的产生。在前现代时期，世俗生活创造了迷信和压迫性的宗教（oppressive religion），而现代世俗主义产生了被启蒙和容忍的宗教。这种观点与“世俗主义”严格分割“世俗”与“宗教”的做法自相矛盾。

阿萨德指出，“宗教”和“世俗”关系的混乱是因为中世纪的欧洲被现代世俗主义的教义分割成二元的世界：一个是我们真正生活在其中的真实世界，另一个是我们想象中的宗教世界。[①] 同“世俗主义”一样，“宗教”不仅仅由

① 这样的二元分离是因为那个时代所具有的互相关联的时间概念（永恒和不断变动的画面，以及永恒变成不断变动的画面，如创世记、堕落、耶稣的生与死和末日审判等），以及有等级分别的空间概念（天堂、尘世、炼狱和地狱）所造成的。

特定观念、态度和实践组成，还包括自己的信徒。我们首先需要发现人们是怎样对待“世俗主义”的理念和实践之后，才能够了解在现代社会里不同时间和地点发生的对某些神学概念世俗化的内涵。虽然现代“民族主义”借用了先前存在的语言和实践（包括宗教），但我们并不能说是宗教打造了“民族主义”。民族主义在本质上还是“世俗的”。

同样道理，伊斯兰也不是“民族主义”。对西方建立的现代化国家无休止追求物质利益对人民造成的道德改变，阿拉伯民族主义者和伊斯兰信徒都感到十分担忧。为了改善这种“世风日下”的状况，他们认为要从改变民族国家做起。伊斯兰运动在阿拉伯的复兴，被参与运动的阿拉伯世界的穆斯林和“世俗主义”者认为是“民族主义”的表现。但伊斯兰远远不是狭义的“民族主义”。它被贴上民族主义的标签是因为伊斯兰参与和改变社会的要求，触碰了“世俗主义”的深层结构，违反了“世俗主义”对宗教的要求：要么止于个人信仰，要么不能带有改变生活的目的来参与公共讨论。

三、“世俗化” 及其与“现代性” 的关系

在阿萨德看来，“世俗化”的过程就是确立“现代性”合法地位的过程。在这个过程中对“宗教”（主要是制度化宗教）的批判，是实现“现代性”的需要。因为，建立现代世俗国家的前提是创造独立于“宗教”之外的道德伦理体系和“法律审判”。

“现代性”是一个政治经济的课题。它的目的在于将许多互相矛盾，而且经常变化的原则制度化：立宪、精神自由、民主、人权、公民平等、工业化、消费主义、自由市场，以及世俗主义。它采用各种技术手段（生产、战争、旅行、药物）使人们产生对于时间与空间、残酷与健康、消费与知识等的新的体验。现代性的一个突出特点就是认为这些体验使人们可以直接感知到现

实世界，是去除了神话、魔法和神圣的现代觉醒。“现代性”被一些人认为是19世纪浪漫主义的产物，跟人们渐渐习惯阅读想象文学作品有一定关系。

“现代性”的目的不是认知现实，而是一种活在当下的理念。关于“现代性”特点的整体定义的假设是政治现实的和实用主义的需要。“现代性”的发明者和实践者，希望别人，尤其是“非西方”的人也起来效仿。而构建“世俗”和“宗教”的分别，是为了吸引“非现代”的人们走上“现代化”的道路。因而也就具有“霸权主义”的政治目的。虽然“西方”自己内部在“现代性”上也有很多分歧和不可调和的意见，但他们却在一致对外（非西方）上保持一致。从西方“现代性”衍生出来的“世俗主义”是建立在“现代”与“非现代”、“西方”与“非西方”的二元假设上的，这个假设本身就带有强烈的霸权主义色彩。“世俗”的产生就是为了顺应“现代性”的这种号召，即通过批判宗教对个人的约束，来实现所谓“主权个人”（sovereign self）本质上的自由与责任。①

在以往对“世俗化”的很多论证中，都把“世俗化”作为“现代性”的中心。乔斯·卡萨诺瓦（Jose Casanova）总结了关于“世俗化”的三个特征：宗教与政治、经济、科学及其他社会活动的分离；宗教的私人化；宗教信仰、宗教机构的社会意义、重要性的衰落。以上这几点，从韦伯开始，就已经被认为是“现代性”发展的最基本的特点了。然而，现实却为我们呈现出了另一种景象：在已经实现和正在实现现代化的社会中，政治化了的宗教在全球范围内层出不穷。关于“世俗化”的论证在我们看来越来越不真实。随着对现代世俗国家政权的不断了解，我们发现“政治”和“宗教”变得越来越密切相关，“世俗”与“宗教”的概念也相互依存。现代世俗宪法从来就

---

① 冷战后美国通过其控制的国际组织，包括经合组织、国际货币基金组织和世界银行，在全球推广“美国模式”；这种“美国模式”不仅包括自由贸易和企业私有化，还包括道德和政治领域的意识形态，其中突出的一点就是“世俗主义”。其目的是为了保护美国这个全球唯一的超级大国的利益，在世界范围内推广它的所谓全球统一的价值观。至于这种对当地情况的改变是自愿选择还是被迫，就另当别论了。

没有，也不可能就“宗教”的范畴给出确切的定义。世俗生活在民族国家内外的变化，使得宗教在社会中正当存在的空间被法律不断重新定义。宗教与其他社会领域的界限也在不断地被重新界定。宗教的这种“去私人化”的发展，使很多批评家开始质疑“世俗化”理论的真实性。

卡萨诺瓦试图为“世俗化”理论进行辩解，他认为如果宗教的“去私人化”是与现代社会和民主政府的基本要求相一致的话，就不能证明“世俗化”的理论是错的；虽然“世俗化”要求把宗教“私人化”，但宗教的“私人化”并不是现代性最根本的特征。阿萨德认为卡萨诺瓦的这个观点没有建立在对宗教“去私人化”的正确理解之上。所谓可以同现代性相匹配的宗教，是指那些愿意以理性的态度（对反对者要进行劝说而不是强制）来参与公众领域讨论的宗教。但是，作为现代自由社会核心的“公共领域”，并不是一个进行理性争论的论坛。现代国家的“公共领域”，是一个只能由“权力”来发号施令的地方，进入其中的参与者必须考虑到“权力”对某些人和事的态度。换言之，“享有言论自由”不仅仅是能“说”，而是能“被听到”。法律和宪法的规定，以及各种外来势力都决定着公共辩论的进程、结果和对公共政策的影响。在种种限制之下，不存在可以与“现代性”匹配的宗教进入到公共领域并发挥作用。

另一种希望宗教可以进入公共领域来维护“现代性”的假设认为，宗教发言人可以通过倡导民众的“国家良知”（national conscience）来唤起人们的道德情感。但是，现代“国家良知”的异质性，决定了现代国家根本不存在可以被称为“对国家的内在情感”的集体的道德感情。所以卡萨诺瓦所说的与“现代性”相符的“去私人化”的宗教是不存在的。而如查尔斯·泰勒所说，在一个自由的民主社会，信仰不同宗教的公民会试图劝说对方来接受自己的观点，或者通过协商的方式讨论彼此的价值观——就只能成为一个美好的愿望而已。“世俗化”理论的中心思想还是排斥制度性宗教在现代国家和社会生活中的影响力。

现代世俗社会明确划定了国家法律和个人道德之间的界限。在现代国家中，宗教已经成为一种“个人”信仰。换言之，认为宗教容忍有助于世俗国家的建立的前提是，信仰不能被强制；只要宗教停留在个人的领域，政治权威就不要干涉宗教。个人的信仰自由被从法律上定义为“表达自己信仰的自由，宗教信仰实践的自由”，由此“宗教”重新回到公共领域。这种“表达自己信仰的自由，宗教信仰实践的自由”，不能被理解为有破坏和平的可能，不能象征对国家人格的冒犯。由此可以看出，世俗社会被认为像人一样，可能在道义的层面被威胁。

在欧洲，“世俗主义”这个词语体现了这样一个原则：道德、国民教育和国家是不能建立在宗教信条上的。“世俗主义”在欧洲各国的理解也会因其不同的政治历史背景而不同。① 这些分歧引发了关于宗教教义和教徒共有的道德观是否可以被允许影响公共政策的制定的讨论。尽管“世俗主义”的概念和词汇在 19 世纪的西欧就已出现并应用于不同的机构和政治事务，但没有人尝试去创造一个相应的阿拉伯词汇。当然，这种词汇上的缺失并不能说明 19 世纪的埃及人对“世俗主义”没有任何概念。但这说明，阿拉伯的政治话语在当时还不需要直接应付这个概念。从这个意义上来说，“世俗主义”出现在“现代性”之后。同样，“世俗化”作为一个动词，在 19 世纪的埃及也没有一个对应的词语。②

---

① 法语中“laicisme”源于雅各宾派（Jacobin），也同样赋予了国家机构非宗教的特征。跟英国的激进派相比，法国的雅各宾派主张更有力度和更激进的世俗主义（包括敌视国家机构中出现任何的“宗教符号”）。

② 19 世纪在埃及历史还没有和现代西方历史交汇之前，埃及人曾试图把“世俗”及其同源词翻译成阿拉伯语。今天常用的表示“世俗的”、“凡俗的”（lay）以及“世俗论者”、“俗人”（layman）等词语是“almaniyy”，而这是在 19 世纪后期才发明的。由这个词语衍生出了一个抽象的名词，“almaniyyah”来表示“世俗主义”或“政治还俗主义”（laicism）。

“世俗化”作为一个动词，在 19 世纪的埃及并没有一个对应的词语。直到最近才根据“alamiyyah”这个抽象名词发明出动词“almanac”（而按阿拉伯语的习惯，应该是先有动词，再衍生出名词）。更有趣的是，这个动词仅限于在法律意义上使用，指财产的转移。由此导出“世俗化”这个过程，乃是指“向尘世转移与宗教和崇拜相关的资产和捐赠”。

那么是什么使“世俗主义”的存在成为可能呢？阿萨德追溯了殖民地时期埃及法律概念上的变化，重点考察了法律机构、伦理道德和宗教权威的改变方式，试图去发现“世俗主义”产生的社会空间。阿萨德继而在一个更宽泛的背景下来审视这种文化变更和伊斯兰变革，指出了现代国家在这个发展过程中所起的重要作用。在这个背景下，现代国家不是“世俗化”的原因而是“世俗化”的推手。现代国家的建立需要有不同于宗教法典规定的道德规范为基础，由此产生了要把“由国家管理的法律”同“产生于宗教的伦理道德”分离成两个不同的领域的要求。埃及在殖民地时期对“sharia”（宗教法典）的管辖权不断削弱，以及与此同时引入欧洲法典的故事，刚好映射了一个特定的穆斯林社会通过对法律、伦理道德以及宗教权威的重构，来进行“世俗化”和“现代化”的过程。无论是世俗的民族主义者还是伊斯兰政治派，都认同“国家主义”（statist）的视角，认为“sharia”是一部应该受到限制的“宗教法典”，在任何情况下都必须由政府机构来妥善执行或进一步改革。现代国家所具有的前所未有的权力和野心，连同资本主义经济的力量，使这两个不同政治派别在限制宗教法典的影响上达成了一致，构成了现代社会巨大变革的核心。

现代的所谓公民自治的生活，其实是被现代官僚国家和市场经济所钳制的，需要一种特别的法律和法律主体。因为“自治政府”这个理念同时要求通过法律“教化”（civilize）它所辖治的人民，而法律管理机构和由它重建的权力就会变得尤为重要。现代性需要社会建立一种特别的伦理道德概念，使它与法律管理机构分离，并同时要求这二者都要同宗教分离。

在埃及的现代法律改革者看来，宗教是一个道德术语。正如康德所说，宗教的本质就是“道德伦理规范”。这种在法律上的改革，将“宗教”或其替代品，限制在它的私人领域，并由法律定义和管制，其实就是在为现代国家的“现代道德伦理规范”让出空间。而独立或区别于宗教的道德伦理规范，是实现“世俗化”的基础。

因此，阿萨德指出，世俗国家并非像其被描述的那样，对宗教是中立的，有理性的道德规范和行为准则，并具有政治上的宽容性。世俗国家的建立是由法律推理、道德实践和政治权威经过复杂的安排而形成。这个安排不是世俗理性与宗教权威斗争的简单结果。法律程序是任何类型的现代国家都不可或缺的，它是建立在强制基础上的。法律总是用武力去帮助或阻挠某种生活方式，回应不同的感情，为不同方式的痛苦和苦痛授权。法律试图去定义“人”的概念（正如现在进行的关于遗传和认知的革命），保护它所定义的人权，使它不受伤害，并用暴力惩罚越轨的行为。法律审判并不局限于对真理的认知领域及对超验规则的认可，还是实践惩罚和痛苦的领域的重要组成部分。

从以上对《世俗的形成》一书的逐章简要介绍中可以看到[①]，阿萨德的核心关注并不是“世俗化”，甚至也不是“世俗”，而是“世俗主义”，或者说，世俗主义如何在现代性背景下成为一种知识体系甚至“意识形态”。在这个意义上，阿萨德延续了他在《宗教的谱系》中展现出来的知识批判，而且更有力度，也不妨说是更为严厉和尖锐。

① 需要提到的是，这本书的七篇文章都独立成篇，其中有些部分的论证或观点反复出现。

第 3 节　阿萨德的知识批判与批判阿萨德

虽然阿萨德在英美知识世界中受教和授业，而且显然深受尼采和福柯的影响，但通过更仔细的考察可以发现，阿萨德对“世俗”、“世俗主义”、“世俗化”的解读，以及对它们与现代性的关系的分析，都是立足于伊斯兰知识体系，并对这些概念的西方基督教背景进行批判。阿萨德的这种批判固然难以免除政治立场先行的责难和质疑，但是其知识意义无疑仍然相当有价值。他对埃及现代化进程的考察对于理解多样化的现代性提供了一个上好的案例，有助于我们理解与之类似的印度、中国等国家的原有文明体系在遭遇西方现代文明的过程中所发生的重大变迁。尽管我们一直在批判那种简单的“冲击—变迁”二元历史叙事模式[①]，但是近五百年来的全球历史确实是无法脱离的大背景。正如杨念群[②]在讨论近代中国历史上中医与西医的相遇过程中所采用的“再造病人”这个隐喻一样，疾病及其治疗所涉及的并不仅仅是技术或知识而已，而更多的是两套知识体系，或者人类学家更喜欢说的两套宇宙观的相遇及互动变化的问题。

然而，与我们之前对阿萨德《宗教的谱系》的评述一样，我们一方面承认并欣赏伊斯兰知识体系对于西方基督教知识体系的批判性，另一方面则又不满于其以伊斯兰为其观察出发点或立论基础的方式。这种“反向的东方学”虽然提出了一种替代性的历史解释，但是从根本上来说却没有带来超越。这

---

① 黄剑波：《信仰、家庭与社区的再造》，见庄孔韶主编《人类学研究》第 2 卷，杭州：浙江大学出版社，2013 年。

② 杨念群：《再造“病人”——中西医冲突下的空间政治（1832—1985）》，北京：中国人民大学出版社，2006 年。

个评论同样适用于如今流行的种种强调“中国本体意识”的思考和知识生产。如果不加辨别地滥用这种“特色论”，本来对于批判西方知识霸权曾经起到重要积极作用的历史/文化特殊论就会沦落为仅仅为一些违背人类基本伦理和“常识”进行辩护和背书的“地方主义”或“特殊主义”。

所以，我们当然应当从伊斯兰/印度/中国知识体系出发来进行思考，但更重要的或许是寻找一种超越所有“地方”知识体系的可能性，或者说真正在比较意义上能够理解不同知识体系的可能性。然而，达成这种理解的前提不仅仅是回到我们祖先或想象的祖先的古老传统，也要求首先对于形塑我们的现代思想的那些东西有更全面的认识，因为事实上至少近代以来中国学者的思考已经相当“西方化”了。然而，这种西方化并不意味着我们对这个西方知识传统有了足够的认识，反而可以说充满了误解和误读。

正是在这个意义上，我们认为有必要认真梳理西方现代性的源流，无论是哲学家吉莱斯皮[①]、查尔斯·泰勒[②]，还是人类学家萨林斯[③]、阿萨德[④]的研究，都是值得我们尊敬的，也是值得继续深入的方向。

---

① ［美］吉莱斯皮：《现代性的神学起源》。

② Charles Taylor，*A Secular Age*，Cambridge，Massachusetts，London，The Belknap Press of Harvard University Press，2007.

③ ［美］马歇尔·萨林斯：《甜蜜的悲哀》。

④ Talal Asad，*Genealogies of Religion: Discipline and Reasons of Power in Christianity and Islam*；Talal Asad，*Formations of Secular: Christianity，Islam，Modernity*.

尾章　日常生活与人类学的中国思想资源

现代人类学是一门主要从西方思想传统中，面对不同的时代问题和社会议题，综合了不同的国家传统以及人类学家的个人经历所逐渐发展出来的一门学科。我们承认这个历史，因此也重视这些学界前辈的努力，并将此作为我们继续思考的基础和思想资源。也是因为如此，我们才在这个质疑传统、去除中心的时代精神下，仍然费时费力地从学科之外或之上来重新考量作为一门现代社会科学的人类学的思想发展史。

但是，我们确实也意识到，人类学并不仅仅只有现代学科这个维度。事实上，广义上的“人论”或“宇宙观”的问题是每个民族或文化向来具有的思考。这可见于近些年来中国知识界越来越强烈的主体意识，从 20 世纪末讨论“文化自觉”到现在方兴未艾的传统文化热都可被视为其中一种表现。而从国际上来看，最近这些年也出现了对复数的人类学（anthropologies）的强调，即人类学不仅是单数意义上的西方学术，也是全球意义上的多种文明、多种思想源头和理论的现代人文社会科学。

在这种背景之下，我们所述之“人类学的中国思想资源”不是以西方人类学理论为标准，以中国之材料为其做注脚，我们所强调者乃是“中国人类学”是复数的人类学的一个重要组成部分。在这个意义上，我们所述及、所期望者恰如沟口雄三所言之“作为方法的中国”——“以中国为方法，就是以世界为目的……以中国为方法的世界，就是把中国作为构成要素之一，把欧洲也作为构成要素之一的多元的世界”。①

众所周知，当代人类学的研究，特别是所谓的后现代思潮以来，日趋“碎片化”，缺乏宏观视野及普遍性理论层面的关照和思考。我们要进一步指出的是，为了突出人类学经验研究的长处，我们需要微观化的研究进路，但同时我们也不仅仅止于此，我们需要在此基础之上追求更大的理论关怀，将微观研究置于宏大的理论背景之下进行探讨。那么上述我们所追求的有关“人类学的中国思想资源”的思考在一定程度上是回归到古典人类学对于“人”及人论等此类的问题关怀上。带着这些关怀，需再加以强调的是，我们对中国思想资源的重视和挖掘，不仅仅是一种历史和文本的进路，而是在此基础上强调和突出人类学的经验性特征。这一特点便是我们在本文中对于“日常生活”的重视。那么，我们对于“人类学的中国思想资源”的思考，既重视历史与文本的进路，又强调日常生活实践的经验研究。此双重强调，我们期待做到对于中国文化“古今关联”②性关照的同时，回归到古典人类学对于“人”的关注，去思考有关中国“人论”、“宇宙观”等相关的理论问题。

有鉴于此，本书最后一章期待一方面梳理中国人类学作为现代学科所承接的理论传统和现状，另一方面简要讨论一些中国研究

---

① ［日］沟口雄三：《作为方法的中国》，孙军悦译，北京：生活·读书·新知三联书店，2011 年，第 130—131 页。

② 参见庄孔韶：《银翅——中国的地方社会与文化变迁》作者导言，北京：生活·读书·新知三联书店，2000 年。

者，特别是中国人类学者自身从中国处境及中国思想传统中得到的启发和相关的理论思考。这样，既能帮助中文读者更深地理解西方人类学的理论渊源及其演变过程，有助于中国人类学界的学科规范建设，也能从中国思想传统中寻求对国际人类学的可能资源，从而为人类学理论的发展提供新的可能性和创新点。

第 1 节　中国人类学：学术史的重述及其遗产

在讨论中国人类学的已有传承、人类学的中国处境，以及相关的问题意识和国家传统之前，有必要再次简要概括现代人类学理论的历史过程。

一、 人类学理论史小结

现代人类学兴起之初并没有什么成形的理论，主要是一些商人、传教士、探险家以及没有实际经验的作家所写作的游记或报道。随着知识的积累，人类学逐渐发展成为一门精致的现代学科，并出现了第一个系统理论范式：进化论。进化论者认为人类文化沿着单一的直线进化，从简单到复杂，从低级到高级，从原始到文明。作为进化论的代表人物，泰勒和摩尔根也都被尊为“人类学之父”。

然而，随着研究的进一步展开，人类学家发现文化中存在许多变异，无法用单线进化的学说来加以解释。于是，一些新的理论开始产生，着力于解释文化的差异。传播论试图将其归结为文化的采借，认为某些观念和发明通过模仿学习从文化中心向边缘扩散，在这个过程中影响和改变周边的文化区域图景。涂尔干则高度强调作为一个整体的社会的决定性，并在他的带动下形成了势力庞大的法国社会学派。博厄斯等人则高举文化相对论的旗帜，强调对个别文化的研究，注重特定区域内文化特征散布的形态。后来，他的一批学生进一步发展出文化与人格研究，对国民性格和文化心理展开探讨。

马林诺夫斯基和拉德克利夫-布朗的文化与结构功能研究代表了现实主义

人类学的成熟。他们都非常注重田野工作和实地调查，马林诺夫斯基还基本确立了现代人类学的田野工作方法和规范。在吸收和消化了功能学派基本理论之后，一些新一代的学者对功能论不能解释社会变迁的缺陷表示不满，并提出了不同的修正论。其中，平衡论和冲突论都可以算是新功能论的代表性观点。

功能主义逐渐失去优势地位之后，人类学在1960年代出现了一股强大的重新评估古典进化论的思潮，并形成了新进化论学派，其中又以文化生态学的研究最为突出。与这些强调生态、能量的学者旨趣完全不同的是象征人类学家，格尔茨和特纳等人将研究的关注放在了理解公共符号上。在这两大以美国为主战场的理论学派之外，法国人列维-斯特劳斯几乎只手创建了结构主义人类学，并迅速风靡整个人类学界，甚至成为了整个人文社会科学的主导理论。

经过了1960年代众多的社会运动之后，一些人类学家从马克思那里找到了新的思想资源，先后推动形成了结构马克思主义和政治经济学派。在西方社会理论界长期被忽视的马克思被重新发现，甚至可以说整个1970年代成为马克思主义的时代。布迪厄等人的实践理论尽管看上去只有一个非常简单的标签，但其目标却在于重新关注社会系统与人的能动性之间的关系。

考察最近几十年的人类学理论，一个不容忽视的事实就是后现代主义思潮的全方位冲击。其中一个主要的成果就是反思人类学对传统人类学在方法论上的批判，并推动形成了一股实验民族志的风潮。这一时期的人类学又重新回到了强调田野工作的经验方法上，但却更为关注民族志文本的写作。在经过了热闹非凡的反思和批判之后，人类学者又再次冷静下来，开始思考如何重构人类学理论大厦的问题。尽管目前还没有什么确切的构架，然而已经出现了一些建设性的意见，以及对旧有理论的综合性尝试。除此之外，时下进行的“本体论转向”和“伦理转向”的讨论亦在不同的层面上对学科及其理论带来了新的冲击。

在这个并不严格按照时间先后所展示的理论发展史中，可以看到一系列已经融入学科思想的关键词：进化、传播、功能、结构、符号、阐释、实践、后现代等等。它们所代表的不仅是一种时代性的主导性观点或理论范式，更是一些不同的观察文化和社会的视角。

二、 中国人类学的理论源流及其遗产

从一般意义上的人类学学科史回到中国人类学的讨论，我们知道，作为一门现代学科，人类学在中国一直面目不清，与历史学、语言学，特别是民族学、社会学的关系相当复杂。总体来说，中国的人类学与社会学、民族学关系难解难分，尤其是在中国的学科分类下，社会/文化人类学位置十分尴尬，被同时作为这两个一级学科之下的二级学科，“双重二奶”之说也由此而来。当然体质人类学被作为生物学的一个部分，语言人类学被划分到语言学，考古人类学也被划入考古学，以及广义的历史学。关于这个议题，学界已经多有讨论，此处不再详述。根据既有学科史的论述，我们就现代学科意义上的“中国人类学”学术史做一简要的回顾，从具体的社会圜局及脉络（context）中来看其发轫与长成，重新理解和承继其所留给我们的学术遗产。

作为一门从西方舶来的学科，其长成兴起于翻译。① 以此出发去追溯历史，有人将严复所译的《天演论》（1989）视为人类学在中国最早之著作，有

① 2018年9月初，华东师范大学人类学研究所召开了“人类学的中国思想资源工作坊”，根据会上王传、王锐等几位历史学者的发言，晚清民国的学术“翻译”，或称之为“译述”更加准确。彼时的翻译作品中，译者往往根据理解加入很多自己的想法，未必与原文逐字逐句相对应。故而，称其“译述”或更加准确。

人则将林琴南与魏易合作转译的《民种学》(1903)视为最早之作。[①] 但正如学者们指出的，直到蔡元培先生于1928年在中央研究院社会研究所设立民族学组开始，人类学才得以稳定地发展。从此以后至解放初，因研究的对象、主题及理论的不同，而有南北两大派之别。[②]

"北派"以燕京大学为主，多以汉人社会为主要研究对象，展开以参与观察为主的社区调查研究。在这一批社区研究的先辈学者当中，功能论人类学无疑扮演了极为重要的角色，这不仅与拉德克利夫-布朗曾亲自来华讲学有关，也与以吴文藻为代表的燕京大学社会学系有很大的关系。除了跟随马林诺夫斯基学习的费孝通以及到哈佛大学读书的林耀华之外，还有相当一批学者的研究都沿袭了以社区研究为特色的社会人类学方法。与此相对，"南派"则以中央研究院为中心，其研究对象更多是以少数民族为主，更为强调历史和语言。同社区研究有别的是，这些学者更多强调历史，以及语言对文化的影响，比较有代表性的有历史学家傅斯年、考古学家李济、语言学家赵元任和李方桂等。这一方面源于中国史学的传统，另一方面也与美国文化人类学的历史特殊、文化区域等概念有关。尽管两派的研究传统，在20世纪60年代发生李亦园先生所谓的"南北互易"[③]，但其留给我们的学术遗产(概而言之，汉与非汉民族之研究)却一直贯穿着整个中国人类学的学术史，值得我们不断地提及、回顾与反思。

在发生所谓的"南北互易"之前，对于中国非汉民族的研究，更多地集中在以中央研究院为中心的"南派"当中，其代表作首推凌纯声先生的《松

① 参见胡鸿保主编:《中国人类学史》，北京：中国人民大学出版社，2006年，第6页；王建民:《中国民族学史》(上卷)，昆明：云南教育出版社，1997年，第73—74页；唐美君:《人类学在中国》,《人类与文化》1976年第7期，第9页。

② 参见黄应贵:《光复后台湾地区人类学研究的发展》，《中研院民族学研究所集刊》1983年第55期，第106页；唐美君:《人类学在中国》,《人类与文化》1976年第7期，第9页。

③ 参见李亦园:《民族志学与社会人类学：台湾人类学研究与发展的若干趋势》，《台湾清华学报》(新)1993年第4期。

花江下游的赫哲族》一书。1950年以后，由于时局的变化，原来以汉人社区为研究阵地的许多学者都转移到少数民族的研究热潮当中去。且不论此种因时局、政治等缘由造成的“互易”，汉人社会研究与少数民族研究是中国人类学自长成之初至时下的重要组成部分。此处以前辈学者林耀华先生为例，略作叙述。林先生学术研究的两大主要组成部分即为汉人社会研究和少数民族研究，尽管他在研究早期就已经关注少数民族的研究，但从李亦园先生的论述来看，林先生也称得上是“南北互易”的代表性人物之一。

林耀华先生对于汉人宗族的研究贡献卓著，影响深远。陈奕麟先生指出，林耀华恐怕是第一位人类学家明显地采用拉德克利夫-布朗对社会构造的概念，来描述中国的宗族的功能性质。[①] 20世纪30年代，“林耀华选择了汉人家族宗族制度作为认知中国的窗口，在世界性的‘中国研究’中取得了重要学术地位，其作品至今仍被世界学术界广泛参考和征引，显示出永久的汉人社会研究学术魅力”[②]。在燕大就读的林耀华受到吴文藻先生倡导的社区研究，以及吴氏引介的英国结构功能主义的影响（所谓的“北派”传统），以人类学田野和中国传统文献相结合之法完成其硕士论文《义序的宗族研究》，并于其中提出了“宗族乡村”的重要概念。林氏言，宗族乡村乃是乡村的一种。宗族为家族的伸展，同一祖先传衍而来的子孙，称为宗族，村为自然结合的地缘团体，乡乃集村而成的政治团体，今乡村二字连用，乃采取地缘团体的意义，即社区的观念。[③] 后来，林氏又根据自己的亲身体验、记忆完成了其闻名世界的名著《金翼》[④]。该书再版时，林氏以平衡论分析了金翼黄村黄张

① 陈奕麟：《重新思考 Lineage Theory 与中国社会》，《汉学研究》1984年第2期，第423页。

② 杜靖：《林耀华汉人社会研究的开创与传承》，《广西民族大学学报》（哲学社会科学版）2010年第2期，第44页。

③ 林耀华：《义序的宗族研究》导言，北京：生活·读书·新知三联书店，2000年，第1页。

④ Lin Yueh-hwa，*The Golden Wing: A Family Chronicle*，New York，International Secretariat Institute of Pacific Relations，1944. 中译本，林耀华：《金翼：一个中国家族的史记》，庄孔韶、方静文译，北京：生活·读书·新知三联书店，2015年。

两家的兴衰变迁，于小说式叙事中加入了社会学理论分析。[①] 林耀华氏以“宗族乡村”的概念介入中国宗族的研究，以结构功能论、平衡论阐述了宗族组织的功能及其变迁，开启了汉人社会宗族研究本土解说的先河。20 世纪 80 年代以来，林氏的大弟子庄孔韶教授接续了林先生早期的学术兴趣。庄先生不仅完成对于金翼黄村的回访研究，还积极推动大陆学界汉人社会的研究。在庄先生的倡导与推动下，出现了一些不俗的成果。[②] 林先生的少数民族研究多集中于中国西南地区，从早期的贵州苗民研究、川康藏区研究再到后来的凉山彝家研究，亦是成果卓著，影响深远。

回溯人类学在中国的兴起及其研究传统，我们不难看到，曾经的南北两派所关注之对象今日依旧是中国人类学研究的重要组成部分，发生改变者乃在于借鉴之理论。当然，除此之外，对既有研究点的重访与再调查所形成的“追踪研究”，海外民族志研究以及跨国、跨境民族研究亦是当下及未来中国人类学研究的重要部分。

我们对于中国人类学学术史的简要回顾，除了理清所谓的学术传统之外[③]，我们想进一步强调的是，对于中国人类学发轫、兴起的具体情境、脉络以及其发生过程（process）的关注，这也是我们想讨论“人类学的中国思想资源”可能的路径之一。正如一些学者指出的，我们需要回到学科舶来之初的晚清民国，去看那些翻译（译述）作品是如何成形的，去关照彼时学者如何在中国既有的思想文献中找出对应的“译名”，[④] 接续此种思考与研究之

---

① 林耀华：《金翼：中国家族制度的社会学研究》，庄孔韶、林余成译，北京：生活 · 读书 · 新知三联书店，1989 年。

② 此一系列研究成果可参见杜靖的文章，杜靖：《林耀华汉人社会研究的开创与传承》，《广西民族大学学报》（哲学社会科学版）2010 年第 2 期。

③ 当然，我们仅将此段学术史历程以南北两派这样的二元分类来叙述是过于简单的，需承认的是，中国人类学兴起之初的学术研究是多元的，一些重要的先辈人物（如杨堃及学者们提到的“华西学派”等等）值得我们去发掘和研究。

④ 这里我们受到“人类学的中国思想资源工作坊”上王传、王锐两位老师的启发。

进路。这种思考的对应面则是，我们如何在当下的研究中把一些中国特有的词翻译成英文。这一系列的问题与思考是我们不断去发现、重述学术史的目的和意义所在。

第2节 “中国”：概念与表述问题

近年中国学界对于“何为中国”的讨论极为热烈，这其中有史学家、哲学家、考古学家等等，可谓时下的一个“学术热点”。以葛兆光教授为例，近年来他连续出版了三本论述“中国”的著作：《宅兹中国》①、《何为“中国”?》② 及《历史中国的内与外》③。他自己言道：

在出这三本书的几年里，大家可能也注意到，“中国”成了一个话题，讨论得很热烈。过去我们觉得“中国”是一个不言而喻、不需要讨论的概念。我们写中国文学史、中国思想史、中国宗教史、中国通史，似乎很少专门去讨论“什么是中国”。可是最近几年，除了我写的这三本书以外，有很多关于“中国”的书出版。比如考古学家许宏，他写了一本《何以中国》。他是讨论早期中国怎样从一个满天星斗的格局，逐渐转向月明星稀的格局。在这个月明星稀的过程中，“中国”怎样浮现出来？许倬云先生在前年（2015年）出版了一本书《说中国》，讨论中国这个复杂共同体的形成。这本书原来的书名叫《华夏论述》，出了以后影响很大。另外，新加坡王赓武先生也写了一本《更新中国》，英文版是*Renewly*。另外，香港中文大学出版社去年出版了刘晓原的《边疆中国》。我们的老朋友李零也在三联书店出版了四卷本《我们的

---

① 葛兆光：《宅兹中国——重建有关“中国”的历史论述》，北京：中华书局，2011年。
② 葛兆光：《何为“中国”？——疆域、民族、文化与历史》，香港：牛津大学出版社，2014年。
③ 葛兆光：《历史中国的内与外——有关“中国”与“周边”概念的再澄清》，香港：香港中文大学出版社，2017年。

中国》。这个“中国”成了讨论的大话题。[①]

很明显，诚如葛兆光教授之言，“中国”已然是一个讨论的大话题，除了上述他所列举的诸位历史学家、考古学家外，我们有必要提及赵汀阳的《惠此中国》一书，于其中我们看到一位哲学家从他自己的视角出发所理解的“中国”，或如他所说的中国的历史性问题。如此多关于“中国”概念的讨论，在我们这个时代蔚然成风，何以如此？我们今日为何要讨论“何为中国”？葛兆光从学术史的角度，指出了此问题意识的来源及其想要回应的点。其一，问题意识来自于中国历史学界过去若干年对于“中国”、“中国史”以及“民族史”的讨论，目的在于想要回应历史学界如何书写中国的问题。其二，回应中国政治领域。其三，更为主要者是回应国际学界的一些质疑和看法。[②]

葛兆光先生提到的最为主要的第三点，也是汪荣祖先生对“中国”概念何以成为一个问题提出质疑原因所在。他说，“什么是中国”之所以会成为问题，一个主因是，西方人一直坚持把中国人等同于汉人，他们心中的“Chinese”，就是汉人，所以满人、藏人、维吾尔人都不是 Chinese。[③] 这种中外学者对于“中国”的不同认识背后是一系列复杂的因素，有学者所受之学术脉络之影响，也有政治立场之左右。诚如汪荣祖所总结的那般：“人文社会科学虽同样有客体，然而对客体的认知有个人因素，以及不同的文化和价值判断，会有不同的解释，也就会出现主体性。不过，主体性并不是‘中心论’（ethnocentrism），

---

① 葛兆光：《什么时代中国要讨论“何为中国”？——在云南大学的演讲记录》，《思想战线》2017 年第 6 期，第 1 页。

② 葛兆光：《什么时代中国要讨论“何为中国”？——在云南大学的演讲记录》，《思想战线》2017 年第 6 期，第 7 页。

③ 汪荣祖：《“中国”概念何以成为问题——就“新清史”及相关问题与欧立德教授商榷》，《探索与争鸣》2018 年第 6 期，第 58 页。

也非‘文化相对论’（cultural relativism），应如以赛亚·柏林所说的‘文化多元论’（cultural pluralism）。即文化是多元的，无分优劣，可以并存。”[①]确然如是。

我们且跳出历史学者对于“中国”概念的理解与论述，从流行的“在____发现中国”出发，换一种思路去理解如何表述“中国”的问题。在一定程度上，这是人类学者参与有关“中国”概念讨论的一种路径。孙歌在《在生活中发现中国》[②]一文中，以自己的经历见闻来告诉我们“中国在哪儿”。她通过在广东黄埔村和马来西亚吉隆坡所接触和了解到的文化历史，向我们展示了她在“生活中发现的中国”——中国，并不仅仅是以国界为边界并享有现代国家主权的政治体，它更是生活人的“活法”，是顾炎武当年所说的“天下”。作为现代国家的中国是实体性的，走出这个实体性中国，我们会与另外一种非实体的然而却拥有体温的“中国”相遇，它并不妨碍海外华人认同其他的实体性国家，然而那个有温度的“中国”仍然把我们联结在一起。在日常生活中发现有“温度”的中国，让中国体现为活生生人的“活法”，此种路径不正是我们以经验研究见长的人类学的优势所在吗？套用流行语，我们可以说“在田野里发现中国”。再回到中国人类学的两大研究集中点——汉人社会和少数民族，那么我们可以进一步指出，在田野中发现的中国，既有汉人中国，亦有少数民族的中国。我们在田野中发现和表述的中国是一个“文化多元”的中国。我们跳过“中国”概念讨论中有关“实体”和“想象”的争论，从我们学科自身出发，所要强调的是中国当然是“一体”的，但同时也是“多元”的，或者更准确地说，具有多样和丰富的文化。在中国这个“文化生态体系”中，其活力和弹韧性（resilience）正在于其内部的多样和

---

① 汪荣祖：《“中国”概念何以成为问题——就“新清史”及相关问题与欧立德教授商榷》，《探索与争鸣》2018 年第 6 期，第 62 页。

② 孙歌：《在生活中发现中国》，《读书》2018 年第 6 期，第 42—50 页。

丰富性。

在田野中发现中国，表述中国，我们看到的是活生生的人，是有温度和情感的“中国”。那么由此出发，借用梁漱溟先生的词，我们所要表述的中国是一种“生活的样法”。这种“生活的样法”，是他们生命历程的具体展现，是他们处世之道或生活伦理的日常实践，是活着的、被实践着的“文化”。如此的生活样法便是“中国文化”，其中包含了汉人文化、儒家文化，但同时也不仅仅止于此。

第 3 节 从作为对象的中国到作为方法的中国

一、 作为研究对象的中国

从现代西方人类学的角度来说，确实中国在历史上原本仅仅是西方人类学的研究对象，就算是一些华人学者的中国研究也基本上是面对西方学界而言说的，例如费孝通的《江村经济》、林耀华的《金翼》，以及近些年比较重要的阎云翔的一系列论著，严格来说其首先面对的也是西方读者，其作品也都是先以英文完成，并基本采用的是西方人类学的研究进路。但这并不是说这些研究因此不具有所谓的中国问题意识，在此我们要强调的主要是这些包括了华人学者在内的研究对于世界人类学的贡献，并探讨那些继续将中国作为研究对象的人类学研究的知识可能。

在汉文明这个层面上，中国曾经为世界人类学的发展做出了一定的贡献。一方面体现为中国的人类学研究原本主要用于规模较小文化和人群的人类学研究，而今尝试去对庞大的文明体系进行研究；另一方面则在于中国人类学家对于中国的研究，为本地人研究本地文化开创了一个可能的路径。这也正是马林诺夫斯基当年在费孝通《江村经济》的序言中所表达的意思：所谓“人类学的中国学派”的期许，不仅仅是对自己高足的赞许，更是对一种研究范围和研究进路的可能性的展望。当然，实际上这种情况同样也见于其他地区的人类学研究，如印度、埃及等。然而，这种期许似乎更多是对于那些研究汉人的西方人类学家来说的。对于费孝通的研究，他的同门利奇就毫不客气地提出严厉的批评，质疑这样的研究。这样的质疑在 20 世纪 90 年代的中国人类学界再次成为一个热点话题，所用的理据基本上和利奇对费孝通的批评一样，只不过这一次主要的批评对象换成了受过人类学或民族学训练并且主要研究自己所属民族的少数民族学者。

公正地说，这些批评当然有其理由甚至创见，但这并不能掩盖中国研究，特别是作为一个悠久文明体系的汉文化的研究，对于功能论人类学一度以岛民、原始民、“有边界的社区”为主的研究传统，在研究范围，尤其是方法论上的冲击和超越。如果说费孝通的《江村经济》主要是一个规范的功能主义研究文本的话，那么他后来写作的《乡土中国》等作品就越来越有中国文人传统中那种“士”的关怀和历史感。而林耀华则在其《金翼》这一实验性文本的最后，用“把种子埋入土里”这个很文艺的隐喻传达了他对于中国历史传承以及社会文化变迁的看法。

20 世纪 50 年代以后，随着政治格局的改变，西方人类学家无法进入中国内地，只能主要以中国台湾地区或中国香港地区为“实验田”来展开对中国的研究，因此这几十年中的研究成果主要表现为对华南及东南地区汉人社会，特别是其家族/宗族制度以及民间信仰方面的探讨。在中国重新开放之后，一些西方人类学家得以先后进入中国内地展开研究，其中一些人表现出了对汉人以外的民族文化的兴趣，例如郝瑞的彝族研究、杜磊的穆斯林研究、王富文的苗族研究等。更值得关注的是，出于国内民族关系的实际需要，民族研究或民族政策研究一直是中国社会科学院相关机构以及民族院校系统的重点研究方向，这些研究一方面学习了苏联民族学的方法，另一方面也延续了 20 世纪 30 年代至 40 年代的边政学的问题意识，以及对于历史和语言的研究传统。

这些研究者中既有汉人学者，也有相当多的少数民族学者，特别是民族院校在几十年中所训练出来的少数民族学者。他们的研究存在一些局限：这些研究主要是对民族国家内部的“他者”或少数民族进行的研究，在研究者身份上也存在所谓“本民族学者能否有效地或更好地研究本民族”的问题，而且他们对民族文化和民族关系的思考在相当长时期内主要是沿用社会进化论的框架。尽管如此，我们也不能否认这些研究成果以及这些少数民族学者本身的价值和意义。正如费孝通所期待的那样，在“美美与共，天下大同”之前，首先需要的就是“各美其美，美人之美”。

在此还值得提到的就是在现代民族国家的框架下所谓跨境民族的问题，例如朝鲜族、哈萨克族、蒙古族、景颇族、傣族等。在这些方面的研究虽然已经有一些成果，但受限于民族国家的话语，其对于人类学跨文化研究的可能意义还有待进一步探讨。

二、 作为研究方法的中国

作为西方人类学的研究对象，中国已经为人类学的发展拓展了范围。而对于接受现代人类学训练的中国学者来说，就算其最初或最主要的写作对象是西方学术界，但其文化底蕴以及问题意识已经难以避免地具有中国色彩。我们可能也能看到那种评论印度人类学家时所说的“平时是印度人，一做研究就是西方人”的情况，但无论如何，中国学者是绝对不能完全等同于西方人类学家的，文化传统的深刻影响是一种润物细无声地缓慢融入血液的过程。

在这种对于研究者个体而言难以言说的文化渗入之外，我们期待的是发现和表述出中国如何作为一种研究方法或视角，以及我们更为关注的中国作为一种理论和思想资源的渐进发展。

如上文我们提到的，在近年来中国学界关于如何理解中国的论述中，“中国”作为一个概念，日渐出现作为研究对象或问题的中国与作为研究方法或视角的中国的区别。周宁的《天朝遥远》、复旦大学文史研究院编选的《从周边看中国》、葛兆光的《宅兹中国》和《何为中国》等这些作品的主要论述和材料都是“过去的”历史，而且都试图从他人的视角来重新审视何为中国。

与这些从“镜中之我”来认识中国的途径不同，王铭铭反其道而行之，将西方作为他者来重新叙述自周穆王以降的中国历史。然而，他的这些思考可以被理解为如何认识“何为中国”这个看似简单，却复杂无比的问题，以及如何从根本上构建对西方以及对自身的认识方式。在后一个意义上，王铭铭的这项研究更值得进一步的讨论和展开，亦即中国不再仅仅作为被叙述和研究的研究对象，而成为可以作为叙述主体的一种研究方法或视角。尽管这难免受到反向东方学的质疑，但它所可能产生的知识冲击仍然值得期待。

与王铭铭这个“西方作为他者”的主张类似，赵旭东近些年来也在呼唤中国人类学家们需要有更为明确的“中国意识”。他认为，中国人类学进入到了一个新的时代，以中国意识为核心的知识主体性话语的创造，要求人类学家必须从中国中心的角度去重新看待宏观的整个世界的构成。围绕中国而产生出来的地方社会、周边社会以及现代世界这三者可以用来构成人类学家审视自己田野资料的背景性构架。而以中国意识的构造为核心的多个世界图式的影响及其互动属于是一种不变的内核中的最为坚硬的一部分。我们要去承认这种多元世界的现实，并洞察到这多元背后作为整体的文化存在的可能，以此来促进人类学的文化反思及创造出具有新的意义且有着知识主体性的田野工作。①

我们都知道，作为一门现代学科意义上的人类学源起于对所谓“异文化”的追求，那么身处在当下一个急剧变化的全球化时代，除了寻找所谓的“异”，我们该如何面对自身的文化研究。上述学者们的主张无疑在很多方面给我们如何整体地理解中国，做好“中国人类学”提供了诸多启发。从“作为研究对象的中国”到“作为研究方法的中国”这一转变，在一定程度上是

---

① 赵旭东:《中国意识与人类学研究的三个世界》,《开放时代》2012 年第 11 期。

学者们“中国主体性”、“中国意识”的体现，也是中国人类学学者追寻自身传统、寻找自我“身世感”[①] 的彰显。由此出发，我们试图在说明中国特性的同时，超越中国特殊性，不再只满足于西方理论指导下的中国人类学，而是试图从其本身的思想传统和生活现实去生发理论。

① “身世感”的讨论集中于2017年9月下旬华东师范大学人类学研究所主办的中国青年人类学家的圆桌讨论会上，参见赵亚川：《时代、责任与中国人类学——“学术关怀与学术共同体”圆桌讨论会综述》，《民族学刊》2018年第1期。

第 4 节　日常生活与人类学的中国思想资源

既有的中国人类学史的著作，如具有代表性的《中国民族学史》、《中国人类学史》等著作，就理论层面来说，其实主要是一部对西方理论思想的接受史，而未充分展开探讨中国思想资源对于人类学理论的可能性及意义。而我们上述介绍到的王铭铭则希望从研究视角和言说方式上来一个根本性的转换，将中国从过去的被研究、被叙述，改为研究和叙述的主体。如果仔细体会赵旭东的观点，尽管也有将中国作为叙事主体这个意涵，但他似乎还希望能突破这个仅仅是方法论意义上的考虑，而试图去探讨中国思想的主体性以及对普遍人类学研究和理论的可能意义。

按照萨林斯在《甜蜜的悲哀》中的梳理，西方人类学以及整体的社会科学（包括经济学）其实在其思想底层是一种深厚的基督教人论的观念，其关于人之罪性与人神绝对差异的看法从根本上推动了西方资本主义经济的发展。虽然这只是一家之言，但如果我们加以借鉴，或许也可以从这一角度来审视中国文化的深层逻辑。确实，就中国来看，性善论可以说是对人性的一个主导性的基本认识，天人合一、阴阳五行、太极八卦等可以说是关于人与自然关系的理解，而天下观、孝悌观以及仁义礼智信等则是关于人与人、群与群之间关系的概念和规范。

中国学者在这方面一直都在进行探索，从费孝通以来，一些学者已经在讨论一些可能具有学科意义的中国概念，例如“面子”、“关系”、“无为”、“中庸”等。值得提到的是，庄孔韶在 20 世纪 90 年代明确提出了文化直觉主义，试图将中国思想中所蕴含的情感、体认、直觉等传统纳入到在当时一般被认为是更强调科学、客观、理性思考的人类学研究和写作中。而王铭铭在其一系列讨论中国古代思想和文明史的研究中，也不断强调“天下”这一类中国古代的概念之于人类学理论思考的挑战和意义。对这些概念进行深入探讨才有可能使中国人类学不再仅仅是“关于中国的人类学”，也是对“中国的人论”的讨论以及“中国的人类学”的真正建立。更进一步，这也才有可能使得中国人类学对于中国自身的研究能够综合并超越西方学术意义上的汉学或地区研究意义上的中国研究或单方面强调本土意识的国学，而具有真正的世界意义。

除了上述讨论，我们强调的“人类学的中国思想资源”中一个不可忽视的层面，便是对于日常生活的关注。学人类学的人都知道，像玛纳、萨满、图腾等一系列词已经成为我们人类学知识体系当中的重要术语。但是我们追根溯源会发现，这些概念、术语是原来学者们做研究的时候，在当地找到的一些词。后来，这些词成为一种学术性的、分析性的概念。但是我们认为，它们并不是真正意义上的学术性的、分析性的词汇，更多的是一种描述性或比喻性的说法。那么从此出发，我们所说的“日常生活与人类学的中国思想资源”的一个进路便是想要在我们中国人的日常生活里面去发现我们的“日常语言”，去发现那些真正深入人心的词汇、术语、概念。我们试图通过这些“日常生活的实践”去了解并理解，普通的中国人到底是怎么生活的？他们是如何理解、组织自身生活的？如我们近年来对于“修”、“修行”的关注。[①]“修”、“修行”等词在中国的传统文献中用法极广，同时处处体现于普通民众的日常生活之中，它也关涉到我们人类学所关注的文化习得、文化传承的议

① 关于“修行人类学”的关注与讨论可参见，陈进国：《修行人类学刍议》，《宗教人类学》第7辑，北京：社会科学文献出版社，2017年，第3—9页；杨德睿、黄剑波：《修行何为，何以修行？——修行人类学研究倡议》，《宗教人类学》第7辑，北京：社会科学文献出版社，2017年，第10—22页；杨德睿、陈进国、黄剑波、刘秀秀：《修行人类学：中国人类学家的话语构建——修行人类学访谈录》，《新视野》2017年第2期，第120—128页。

题。我们试图通过这样一个话题去探讨普通的民众"日常生活实践"的问题，同时这个话题也涉及到中国文化中的"修"及"修行"特征。我们强调，既要在历史文献中去寻找那些"沉默的修行"，从"修"的字形和字义梳理进行具体的考辨，对于"修"、"修行"等词本身的意义及其延伸加以研究和辨析，考察古人的修行实践及其意涵等等；亦从实际田野出发，寻找当下社会被普通大众实践着的"修"与"修行"。在此基础之上，不忘关照其间的关联性。

我们可以说，人类学是研究"空间中的人"的学问。选定具体的空间，继而关注生活于此的"人"的文化。关注这一空间中人的文化，我们强调这是一个动态的过程的研究，此即要关注历史或时间的问题。我们需要从人们当下日常实践的文化去"反观"过去，在这一动态变化的过程中认识我们所面对、研究的这个空间中的人的制度、礼俗及文化认同等等。这是我们在强调"人类学的中国思想资源"时突出日常生活的意义所在。我们确实需要回到古典文献，去考察原典之中的礼仪、制度及思想，同时也要突出人类学的经验性，强调立足日常生活实践之上的反观，体认寓于其中的古今关联性。在这个意义上，在具体的空间场景和时间脉络中，我们方可言说对于中国的一种整体性认识。也正是在这个意义上突出了我们在面对中国思想文化时的人类学特色。换言之，我们在重视中国既有历史文献、思想资源的同时，强调在"日常生活的实践中"发现"中国"，抑或是说"在田野中发现中国"。

再次指出，我们对于中国思想资源的重视和挖掘，不仅仅是一种历史和文本的进路，同时也坚决强调人类学研究的经验性（empirical），但绝不是经验主义（empiricism）。如同格尔茨在其文集《烛幽之光》的序言中所说的，在他看来，人类学正是不折不扣地在执行维特根斯坦的著名呼吁：回到粗糙的地面。冰面虽然理想，却无法行走，因为那里没有摩擦。[1] 进一步说，

---

① 参见［美］克利福德·格尔茨：《烛幽之光：哲学问题的人类学省思》，甘会斌译，上海：上海人民出版社，2013年。

人类学一旦失去其植根于日常生活的感知能力或经验性，也就不再具有其回应人类核心问题的知识冲击力，不过沦为另一种思考和言说的游戏。

法国人类学家杜蒙以印度研究而知名，他曾就他所倡导的“印度社会学”发表了如此看法——“印度社会学的研究必须置于社会学与印度学的结合之下”。[①] 这是杜蒙倡导的对于“文明社会”进行研究时对既有历史文献重视的体现。与印度相较，中国同样是一个有着悠久历史文化的“文明体”，其历史文献不可谓不浩瀚。在这一点上，中国人类学之研究便是要置于人类学与中国学（不仅仅指汉学）的结合之下。

在中国社会研究中对历史文献的（以汉文文献为主）重视，已有很多学者指出，如弗里德曼等，但我们要进一步指出，这种对于历史文献资料的重视并非简单地削足适履，去套用、迎合西方理论。我们对于历史资料的利用，同样要做到在其具体的时空语境中对其加以理解。这也是学者们在重回历史文献寻求诸多名词，如“孝”、“德”等时所强调的。这一强调与前文我们提到对于晚清以降社会学、人类学舶来之初的“译述”问题的重视，亦是一个道理。我们知道很多具体的概念、术语，需回到其产生的历史过程当中才能明白其在彼时的“意义”，由此才能更好地理解其所经历的变迁，明白其在此时的意涵。

再回到我们所强调的对于中国进行整体认识的话题。我们人类学所关注的往往是一个村庄或社区，此乃中国这个整体或“一”中的一个部分。当然我们如此表述，不是说想要去抹杀不同地方、不同区域的多样性。我们所说的“一”与“多元”并非对立之关系，而是“多元”含括于“一”之中。借用史学家的话，“中国既是‘一’，又是‘无数’”。“这个‘一’和‘无数’并不对立，而且‘一’并不是从无数中抽象出来的，相反，‘一’只能借助于

① 参见 Louis Dumont，“For a Sociology of India”，in Louis Dumont（ed.），*Religion*，*Politics and History in India*，Pairs，Mouton Publishers，1970，p. 6。

无数才能呈现自身”。[①] 我们强调我们的田野点（村庄、社区）其本身即为一个整体，其上的区域又是一个整体，区域之上的国家亦是整体，那么此层层递进的“阶序式”的含括关系，正好体现了“中国”的丰富性与多样性。那么我们所试图去表示的“中国”便内含于我们的田野之中，内含于当地人的具体生活之中。也是我们前文所说的“在田野中发现中国”。

基于此，我们可以说我们想要去寻求“中国人类学”是去寻求一种描述，一种杜蒙所述韦伯意义上的理解。我们同样也强调人类学与大中国学的结合，强调“一”对于“无数”的含括。强调在具体的历史语境中，在日常生活的实践中，求得我们对于“中国”这种生活“样法”的理解。从这些我们试图寻求的意义层面出发，或许中国人类学的方向不仅仅是更细致深入地研究中国社会，或者仅仅在拓展研究范围的意义上大力推动海外民族志的研究，以及仅仅将原来由西方掌握的话语权或叙事权抢夺过来，更是对于中国思想之于人类学之中国研究，以及中国人类学之于世界的认识能提供真正有创造力和想象力的概念和思考资源。或许这并不意味着进入所谓人类学的中国时代，与所谓政治经济角度上的“中国时代”同步，而更可能是为复数的“世界人类学”提供一种中国的图景，或者说“世界人类学的中国学派”，正如中国成为这个多样性的现代世界的合奏之重要部分一样。

---

① 刘志伟、孙歌：《在历史中寻找中国：关于区域史研究认识论的对话》，上海：东方出版中心，2016年，第111页。

参考文献

一、中文著作

[英] 阿兰·巴纳德：《人类学历史与理论》，王建民等译，北京：华夏出版社，2006年。

[美] 埃里克·沃尔夫：《欧洲与没有历史的人民》，赵丙祥等译，上海：上海人民出版社，2006年。

[法] 爱弥尔·涂尔干、马塞尔·莫斯：《原始分类》，汲喆译，上海：上海人民出版社，2005年。

[美] 埃尔曼·R·瑟维斯：《人类学百年争论：1860—1960》，贺志雄等译，昆明：云南大学出版社，1997年。

[美] 安德鲁·斯特拉森、帕梅拉·斯图瓦德：《人类学的四个讲座》，梁永佳、阿嘎佐诗译，北京：中国人民大学出版社，2005年。

[美] 贝格尔：《天使的传言》，高师宁译，北京：中国人民大学出版社，2003年。

[美] C·赖特·米尔斯：《社会学的想象力》，陈强、张永强译，北京：生活·读书·新知三联书店，2005年。

陈进国：《修行人类学刍议》，《宗教人类学》第7辑，北京：社会科学文献出版社，2017年。

陈奕麟：《重新思考 Lineage Theory 与中国社会》，《汉学研究》1984年第2期。

[英] 达尔文：《物种起源》，谢蕴贞译，北京：科学出版社，1972年。

[法] 德尼·贝多莱：《列维-斯特劳斯传》，于秀英译，北京：中国人民大学出版社，2007年。

[法] 迪尔凯姆：《社会学研究方法论》，胡伟译，北京：华夏出版社，1988年。

杜靖：《林耀华汉人社会研究的开创与传承》，《广西民族大学学报》（哲学社会科学版）2010年第2期。

[法] E·杜尔干：《宗教生活的初级形式》，林宗锦、彭守义译，北京：中央民族大学出版社，1999年。

费孝通：《走出江村》，北京：人民日报出版社，1997年。

葛兆光：《宅兹中国——重建有关“中国”的历史论述》，北京：中华书局，2011年。

葛兆光：《何为“中国”？——疆域、民族、文化与历史》，香港：牛津大学出版社，2014年。

葛兆光：《历史中国的内与外——有关“中国”与“周边”概念的再澄清》，香港：香港中文大学出版社，2017年。

葛兆光：《什么时代中国要讨论“何为中国”？——在云南大学的演讲记录》，《思想战线》2017年第6期。
［日］沟口雄三：《作为方法的中国》，孙军悦译，北京：生活·读书·新知三联书店，2011年。
［美］古塔、弗格森编著：《人类学定位》，骆建建、袁同凯、郭立新等译，北京：华夏出版社，2005年。
［美］古廷：《福柯》，王育平译，南京：译林出版社，2010年。
［英］哈登：《人类学史》，廖泗友译，济南：山东人民出版社，1988年。
［美］哈奇：《人与文化的理论》，黄应贵、郑美能编译，哈尔滨：黑龙江教育出版社，1988年。
胡鸿保主编：《中国人类学史》，北京：中国人民大学出版社，2006年。
［美］怀特：《文化的科学》，沈原等译，济南：山东人民出版社，1988年。
黄剑波：《甜蜜何以是一种悲哀?》，《世界宗教文化》2011年第6期。
黄剑波：《信仰、家庭与社区的再造》，见庄孔韶主编《人类学研究》第2卷，杭州：浙江大学出版社，2013年。
黄淑娉、龚佩华：《文化人类学理论方法研究》，广州：广东高等教育出版社，1996年。
黄应贵：《光复后台湾地区人类学研究的发展》，《中研院民族学研究所集刊》1983年第55期。
［美］吉莱斯皮：《现代性的神学起源》，张卜天译，长沙：湖南科学技术出版社，2012年。
［美］加里·古廷：《20世纪法国哲学》，辛岩译，南京：江苏人民出版社，2005年。
［美］卡尔迪纳、普里勃：《他们研究了人：十大文化人类学家》，孙恺祥译，北京：生活·读书·新知三联书店，1991年。
［美］克利福德·格尔兹：《文化的解释》，纳日碧力戈等译，上海：上海人民出版社，1999年。
［美］克利福德·格尔兹：《论著与生活》，方静文、黄剑波译，北京：中国人民大学出版社，2013年。
［美］克利福德·格尔茨：《烛幽之光：哲学问题的人类学省思》，甘会斌译，上海：上海人民出版社，2013年。
［法］克洛德·莱维-斯特劳斯：《结构人类学》，谢维扬、俞宣孟译，上海：上海译文出版社，1995年。
［法］克洛德·列维-斯特劳斯：《人类学讲演集》，张毅声等译，北京：中国人民大学出版社，2007年。
勒姆阿薇编：《中山四讲》，贵阳：贵州人民出版社，2018年。
［法］列维-斯特劳斯：《忧郁的热带》，王志明译，北京：生活·读书·新知三联书店，2000年。
［英］利奇：《列维-斯特劳斯》，王庆仁译，北京：生活·读书·新知三联书店，1986年。
［英］拉德克利夫-布朗：《社会人类学方法》，夏建中译，济南：山东人民出版社，1988年。
李亦园：《民族志学与社会人类学：台湾人类学研究与发展的若干趋势》，《台湾清华学报》（新）1993年第4期。
梁永佳：《地域的等级——一个大理村镇的仪式与文化》，北京：社会科学文献出版社，2005年。
梁永佳：《路易·杜蒙论印度种姓制》，《民俗研究》2005年第1期。
林耀华：《金翼》，庄孔韶、林余成译，北京：生活·读书·新知三联书店，1989年。
林耀华：《义序的宗族研究》，北京：生活·读书·新知三联书店，2000年。

林耀华：《金翼：一个中国家族的史记》，庄孔韶、方静文译，北京：生活·读书·新知三联书店，2015年。

刘志伟、孙歌：《在历史中寻找中国：关于区域史研究认识论的对话》，上海：东方出版中心，2016年。

[英] 罗伯特·莱顿：《他者的眼光——人类学理论入门》，蒙养山人译，北京：华夏出版社，2005年。

[挪威] 弗雷德里克·巴特等：《人类学的四大传统》，高丙中等译，北京：商务印书馆，2008年。

罗文宏：《人类学家格尔兹的哲学思考》，未刊稿。

[法] 路易·杜蒙：《个人主义论集》，黄柏棋译，台北：联经出版事业股份有限公司，2003年。

[法] 路易·迪蒙：《论个体主义：对现代意识形态的人类学观点》，谷方译，上海：上海人民出版社，2003年。

[法] 路易·迪蒙：《论个体主义：人类学视野中的现代意识形态》，桂裕芳译，南京：译林出版社，2014年。

[法] 路易·杜蒙：《阶序人》，王志明译，台北：远流出版事业股份有限公司，2007年。

[美] 路易斯·亨利·摩尔根：《古代社会》，杨东莼等译，北京：商务印书馆，1977年。

[英] 马雷特：《人类学》，吕叔湘译，上海：商务印书馆，1931年。

[英] 玛丽·道格拉斯：《洁净与危险》，黄剑波等译，北京：民族出版社，2008年。

[英] 马林诺夫斯基：《文化论》，费孝通等译，北京：中国民间文艺出版社，1987年。

[英] 马林诺夫斯基：《科学的文化理论》，黄剑波等译，北京：中央民族大学出版社，1999年。

[美] 马歇尔·萨林斯：《甜蜜的悲哀》，王铭铭、胡宗泽译，北京：生活·读书·新知三联书店，2000年。

[美] 马歇尔·萨林斯：《文化与实践理性》，赵丙祥译，上海：上海人民出版社，2002年。

[法] 孟德斯鸠：《论法的精神》，张雁深译，北京：商务印书馆，1978年。

[罗马尼亚] 米尔恰·伊利亚德：《神圣与世俗》，王建光译，北京：华夏出版社，2002年。

[法] 米歇尔·福柯：《知识考古学》，谢强、马月译，北京：生活·读书·新知三联书店，1998年。

Michael C. Howard：《文化人类学》，李茂兴、蓝美华译，台北：弘智文化事业有限公司，1997年。

[英] 莫里斯：《宗教人类学》，周国黎译，北京：今日中国出版社，1992年。

[巴] 穆罕默德·阿萨德：《通往麦加之路》，孔德军等译，兰州：甘肃民族出版社，2009年。

[美] 乔治·E. 马尔库斯、米开尔·M. J. 费彻尔：《作为文化批评的人类学：一个人文学科的实验时代》，王铭铭、蓝达居译，北京：生活·读书·新知三联书店，1998年。

孙歌：《在生活中发现中国》，《读书》2018年第6期。

唐美君：《人类学在中国》，《人类与文化》1976年第7期。

[苏] 托卡列夫：《外国民族学史》，汤正方译，北京：中国社会科学出版社，1983年。

[美] 托马斯·库恩：《科学革命的结构》，金吾伦、胡新和译，北京：北京大学出版社，2003年。

王建民：《中国民族学史》（上卷），昆明：云南教育出版社，1997年。

王铭铭主编：《中国人类学评论》（第15辑），北京：世界图书出版公司，2010年。

王晴锋:《路易·杜蒙的学术肖像:从“阶序人”到“平等人”》,《北方民族大学学报》(哲学社会科学版)2015 年第 4 期。
汪荣祖:《“中国”概念何以成为问题——就“新清史”及相关问题与欧立德教授商榷》,《探索与争鸣》2018 年第 6 期。
[美] 威廉·亚当斯:《人类学的哲学之根》,黄剑波、李文建译,桂林:广西师范大学出版社,2006 年。
吴文藻著,王庆仁、索文清编:《吴文藻人类学社会学研究文集》,北京:民族出版社,1990 年。
夏建中:《文化人类学理论学派》,北京:中国人民大学出版社,1997 年。
夏希原:《发现社会生活的阶序逻辑——路易·杜蒙和他的〈阶序人〉》,《社会学研究》2008 年第 5 期。
[美] 雪莉·B. 奥特娜:《晦暗的人类学及其他者:二十世纪八十年代以来的理论》,王正宇译,《西南民族大学学报》(人文社会科学版)2019 年第 4 期。
杨德睿、黄剑波:《修行何为,何以修行?——修行人类学研究倡议》,《宗教人类学》第 7 辑,北京:社会科学文献出版社,2017 年。
杨德睿、陈进国、黄剑波、刘秀秀:《修行人类学:中国人类学家的话语构建——修行人类学访谈录》,《新视野》2017 年第 2 期。
杨念群:《再造“病人”——中西医冲突下的空间政治(1832—1985)》,北京:中国人民大学出版社,2006 年。
[德] 伊曼努尔·康德:《实用人类学》,邓晓芒译,上海:上海人民出版社,2005 年。
袁方主编《社会研究方法教程》,北京:北京大学出版社,1997 年。
赵旭东:《中国意识与人类学研究的三个世界》,《开放时代》2012 年第 11 期。
赵亚川:《时代、责任与中国人类学——“学术关怀与学术共同体”圆桌讨论会综述》,《民族学刊》2018 年第 1 期。
赵亚川、黄剑波:《阶序、个人主义与价值——杜蒙及其“文明社会”研究》,《西北民族研究》2020 年第 1 期。
张金岭:《杜蒙的人类学思想》,《国外社会科学》2010 年第 3 期。
庄孔韶:《银翅——中国的地方社会与文化变迁》,北京:生活·读书·新知三联书店,2000 年。
庄孔韶主编《人类学通论》,太原:山西教育出版社,2002 年。
庄孔韶主编《人类学经典导读》,北京:中国人民大学出版社,2008 年。
庄锡昌、孙志民:《文化人类学的理论构架》,杭州:浙江人民出版社,1988 年。

二、英文著作

A. R. Radcliff-Brown, *The Andaman Islanders*, Cambridge, Cambridge University Press, 1922.
A. R. Radcliff-Brown, *Structure and Function in Primitive Society*, London, The Free Press, 1952.
Abner Cohen, *Two Dimensional Man: An Essay on the Anthropology of Power and Symbolism in Complex Society*, Berkeley, University of California Press, 1974.
Adam Kuper, *Anthropology and Anthropologists: the Modem British School*, London, Routledge, 1991.
Amos Funkenstein, *Theology and the Scientific Imagination from the Middle Ages to 17th Century*, New

Jersey, Princeton University Press, 1989.

André Celtel, *Categories of Self: Louis Dumont's Theory of the Individual*, New York · Oxford, Berghahn Books, 2005.

Annette B. Weiner, *Women of Value, Men of Renown: new perspectives in Trobriand exchange*, Austin, University of Texas Press, 1976.

Anthony Giddens, *Capitalism and Modern Social Theory*, Cambridge, Cambridge University Press, 1971.

Barbara A. Babcock, "Obituary: Victor W. Turner (1920 - 1983)", *The Journal of American Folklore*, 1984, 97 (386): 461 - 464.

Bruce Knauft, *Genealogies for the Present in Cultural Anthropology*, New York, Routledge, 1997.

Bruno Latour, *An Inquiry into Modes of Existence*, translated by Catherine Porter, Cambridge, Massachusetts, Harvard University Press, 2013.

Charles Taylor, *A Secular Age*, Cambridge, Massachusetts, London, The Belknap Press of Harvard University Press, 2007.

Cheryl Mattingly, Jason Throop, "The Anthropology of Ethics and Morality", *Annual Review of Anthropology*, 2018, 47: 475 - 492.

Chris Knight, *Blood Relations: Menstruation and the Origins of Culture*, New Haven and London, Yale University Press, 1991.

Christian Delacampagne, "Louis Dumont and the Indian Mirror: An interview with Louis Dumont" (Originally published in *Le Monde*, January 25, 1981.), *RAIN*, 1981, (43): 4 - 7.

David Scott and Charles Hirschkind (eds.), *Powers of the Secular Modern: Talal Asad and His Interlocutors*, California, Stanford University Press, 2006.

Denis Hollier, *The College of Sociology (1937 - 1939)*, translated by Betsy Wing, Minneapolis, University of Minnesota Press, 1988.

E. Adamson Hoebel, *Anthropology: The Study of Man*, New York, McGraw-Hill, 1966.

E. E. Evans-Pritchard, *Witchcraft, Oracles and Magic among the Azande*, Oxford, Clarendon, 1937.

E. E. Evans-Pritchard, The Nuer, Oxford, Clarendon Press, 1940.

Edmund Leach, *Political System of Highland Burma*, Boston, Beacon Press, 1954.

Eduardo Kohn, "Anthropology of Ontologies", *Annual Review of Anthropology*, 2015, 44: 311 - 327.

Eduardo Viveiros de Castro, *Cannibal Metaphysics*, translated and edited by Peter Skafish, Minneapolis, Univocal, 2014.

Edward Burnett Tylor, *Religion in Primitive Culture*, New York, Harper & Row, 1958 (1871).

Edward Said, *Orientalism*, London, Routledge, 1978.

Elman Service, *Profiles in Ethnology: A Revision of a Profile of Primitive Culture*, New York, London, Harper & Row, 1963.

Emily Martin Ahern, "Rules in Oracles and Games", *Man*, NS, 1982, 17: 302 - 312.

Fredrik Barth, *Political Leadership among Swat Pathans*, London, Berg Publishers, 1965.

Eric R. Wolf, *Europe and the People Without History*, Berkeley, University of California Press, 1982.

George Marcus and Dick Cushman, "Ethnographies as Texts", *Annual Review of Anthropology*, 1982, 11: 25 - 69.

George W. Stocking, Jr., *The Ethnographer's Magic and Other Essays in the History of Anthropology*, Madison, The University of Wiconsin Press, 1992.

Gregory Bateson, *Naven*, California, Stanford University Press, 1958.

Herbert Spencer, *First Principles*, London, Williams and Norgate, 1862.

Ivan Strenski, *Dumont on Religion*, London, Equinox Publishing Ltd, 2008.

Jacob Collins, "French Liberalism's 'Indian Detour': Louis Dumont, the Individual, and Liberal Political Thought in Post-1968 France", *Modern Intellectual History*, 2015, 12 (3): 685 - 710.

Jacques Derrida, *The Development of Cognitive Anthropology*, Cambridge, Cambridge University Press, 1976.

Jacques Derrida, *Writing and Difference*, London, Routledge, 1978.

James Clifford and George Marcus (eds.), *Writing Culture: the poetics and politics of ethnography*, Berkeley, University of California Press, 1986.

Jean-Claude Galey, "A Conversation with Louis Dumont, Paris, December 12, 1979", *Contributions to Indian Sociology*, 1981, 15 (1 - 2): 13 - 22.

J. H. M. Berattie and R. G. Lienhardt (eds), *Studies in Social Anthropology: Essays in Memory of E. E. Evans-Pritchard*, Oxford, Oxford University Press, 1975.

Leslie White, *The Evolution of Culture*, New York, McGraw-Hill, 1959.

Joel Robbins, "Beyond the suffering subject: toward an anthropology of the good", *The Journal of the Royal Anthropological Institute*, 2013, 19 (3): 447 - 462.

Lin Yueh-hwa, *The Golden Wing: A Family Chornicle*, New York, International Secretariat Institute of Pacific Relations, 1944.

Louis Dumont (ed.), *Religion, Politics and History in India*. Paris, Mouton Publishers, 1970.

Louis Dumont, *From Mandeville to Marx: The Genesis and Triumph of Economic Ideology*, Chicago, The University of Chicago Press, 1977.

Louis Dumont, *Essays on Individualism: Modern Ideology in Anthropological Perspective*, Chicago, The University of Chicago Press, 1986.

Louis Dumont, *A South Indian Subcaste: Social Organization and Religion of the Pramalai*, translated by Michael Moffatt and A. Morton, Oxford, Oxford University Press, 1986.

Louis Dumont, *German Ideology: From France to Germany and Back*, Chicago, The University of Chicago Press, 1994.

Louis Dumont, *Homo Hierarchicus: The Caste System and Its Implications*, translated by Mark Saainsbury, Louis Dumont and Basla Gulati, New Delhi, Oxford University Press, 1998.

Ludwik Fleck, *Genesis and Development of a Scientific Fact*, Chicago, The University of Chicago Press, 1981.

Martin Holbraad, Morten Axel Pedersen, *The Ontological Turn: An Anthropological Exposition*, Cambridge, Cambridge University Press, 2017.

Marvin Harris, *The Rise of Anthropological Theory*, New York, Crowell, 1968.

Mary Douglas, Baron Isherwood, *The World of Goods*, New York, Basic, 1979.

Mary Douglas, *Edward Evans-Pritchard*, New York, Viking Press, 1980.

Mary Douglas, *Purity and Danger: An Analysis of Concept of Pollution and Taboo*, London, Routledge and Kegan Paul, 1966.

Mary Douglas, Richard Fardon (ed.), *A Very Personal Method: Anthropological Writings Drawn from Life*, London, Sage, 2013.

Max Gluckman, *Rituals of Rebellion in Southeast Africa*, Manchester, Manchester University Press, 1954.

Max Gluckman, *Custom and Conflict in Africa*, Oxford, Basil Blackwell, 1956.

Max Gluckman, *Order and Rebellion in Tribal Africa*, London, Routledge, 1961.

N. J. Allen, "Obituary: Louis Dumont (1911 - 1998) ", *Journal of the Anthropological Society of Oxford* (*JASO*), 1998, 29 (1): 1 - 4.

P. Steven Sangren, *History and Magical Power in a Chinese Community*, Stanford, Stanford University Press, 1987.

Paolo Heywood, "Anthropology and What There Is: Reflections on 'Ontology' ", *The Cambridge Journal of Anthropology*, 2012, 30 (1): 143 - 151.

Paul Rabinow, *Reflections on Fieldwork in Morocco*, Berkeley, University of California Press, 1977.

Philippe Descola, *Beyond Nature and Culture*, translated by Janet Lloyd, Chicago, The University of Chicago Press, 2013.

Pierre Bourdieu, *Outline of a Theory of Practice*, Cambridge, Cambridge University Press, 1977.

Richard Fardon, *Mary Douglas: An Intellectual Biography*, London and New York, Routledge, 1999.

Richard Schechner, "Victor Turner's Last Adventure", *Anthropologica*, New Series, 1985, 27 (1 - 2): 190 - 205.

Robert Deliège, *Lévi-Strauss Today: An Introduction to Structural Anthropology*, translated by Nora Scott, New York, Berg, 2004.

Robert Layton, *An Introduction to Theory in Anthropology*, Cambridge, Cambridge University Press, 1998.

Robert Parkin, *Louis Dumont and Hierarchical Opposition*, New York • Oxford, Berghahn Books, 2003.

Robert Parkin and Anne de Sales (eds.), *Out of The Study and Into The Field: Ethnographic Theory and Practice in French Anthropology*, New York • Oxford, Berghahn Books, 2010.

Roland Lardinois, "The Genesis of Louis Dumont's Anthropology: The 1930s in France Revisited", *Comparative Studies of South Asia*, *Africa and the Middle East*, 1996, 16 (1): 27 - 40.

Ronald Meek, *Social Science and the Ignoble Savage*, Cambridge, Cambridge University Press, 2011.

Roy Rappaport, *Pigs for the Ancestors: Ritual in the Ecology of a New Guinea People*, New Haven and London, Yale University Press, 1971.

Sherry Ortner, "Theory in Anthropology Since the Sixties", *Comparative Studies of Society and*

History, 1984, 26: 127 – 160.

Sherry Ortner, "Dark Anthropology and Its Others: Theory since the Eighties", *HAU: Journal of Ethnographic Theory*, 2016, 6 (1): 47 – 73.

Talal Asad, *Anthropology and the Colonial Encounter*, London, Ithaca Press, 1973.

Talal Asad, *Genealogies of Religion: Discipline and Reasons of Power in Christianity and Islam*, Baltimore and London, The Johns Hopkins University Press, 1993.

Talal Asad, *Formations of the Secular: Christianity, Islam, Modernity*, California, Stanford University Press, 2003.

Talal Asad, *On Suicide Bombing*, New York, Columbia University Press, 2007.

Talal Asad, *Secular Translations: Nation State, Modern Self, and Calculative Reason*, New York, Columbia University Press, 2018.

Thomas H. Eriksen and Finn S. Nielsen, *A History of Anthropology*, London, Pluto Press, 2001.

T. N. Madan, *Sociological Tradition: Methods and Perspectives in the Sociology of India*, New Delhi, SAGE Publications, 2011.

Timothy Larsen, *The Slain God — Anthropologists and the Christian Faith*, Oxford, Oxford University Press, 2014.

Victor Turner, *The Ritual Process: Structure and Anti-Structure*, Chicago, Aldine Publishing Company, 1969.

Victor Turner, Edith Turner (eds.), *On the Edge of the Bush*, Arizona, University of Arizona Press, 1985.

William Haviland, *Cultural Anthropology*, Orlando, Harcourt, 1993.

William Pawett, *Georges Bataille: The sacred and society*, New York, Routledge, 2016.